机床夹具设计实例教程

第二版

李名望 主编

化学工业出版社

·北京·

图书在版编目（CIP）数据

机床夹具设计实例教程/李名望主编．—2版．—北京：化学工业出版社，2014.7（2024.7重印）
ISBN 978-7-122-20776-0

Ⅰ.①机… Ⅱ.①李… Ⅲ.①机床夹具-设计-教材 Ⅳ.①TG750.2

中国版本图书馆CIP数据核字（2014）第106666号

责任编辑：贾　娜
责任校对：宋　玮　　　　　装帧设计：刘丽华

出版发行：化学工业出版社（北京市东城区青年湖南街13号　邮政编码100011）
印　　装：北京虎彩文化传播有限公司
787mm×1092mm　1/16　印张12　字数293千字　2024年7月北京第2版第13次印刷

购书咨询：010-64518888　　　　　售后服务：010-64518899
网　　址：http://www.cip.com.cn
凡购买本书，如有缺损质量问题，本社销售中心负责调换。

定　　价：39.00元　

随着科学技术的迅速发展和市场需求的变化及竞争的加剧，传统的制造技术发展到一个崭新的阶段。机械制造以满足市场的需求作为战略决策的核心，以取得理想的技术经济效果。机床夹具在机械制造中发挥着重要作用，大量专用机床夹具的采用为大批量生产提供了必要条件。

本书第一版自2009年出版以来，备受工程技术人员和高校师生的欢迎和支持，多次重印。为了适应制造技术的发展和教学改革的需要，本书第二版在保持第一版特色的基础上，根据读者使用后反馈的意见和建议，对内容进行了改写和更新。在保留原有典型机床夹具设计要点的基础上，精简内容，以通俗的文字、丰富的图表，将机床夹具设计原理、典型机床夹具设计及夹具设计等内容有机地融合；同时，增加了更多的夹具设计实例，以供读者学习参考。

本书重视机床夹具设计实践知识，在阐述机床夹具设计原理的基础上，较大篇幅地讲解了典型机床夹具的设计方法，尽可能采用最新国家标准和行业标准，并提出一些具有探索性的思路和观点，以培养读者的创新思维和创新能力。在选用零件和夹具时，注重体现系统性、实用性、代表性和由浅入深等特点。本书可为机械制造领域的设计人员和工程技术人员提供帮助，也可作为高校相关专业的教材供师生学习和参考。

本书由湖南铁道职业技术学院李名望副教授主编并负责统稿，李旭勇、薛娟、段继承、胡钢、胥周、凌铁军、李旭艳、谭留等参加了编写，由陈湘舜副教授主审。本书在编写过程中得到了各界同仁和朋友的大力支持、鼓励和帮助，在此表示衷心的感谢！

由于作者水平所限，书中不足之处在所难免，敬请广大读者和专家批评指正。

编　者

第1章　机床夹具的组成与分类　1

第2章　工件的定位及定位元件　9

第3章　工件的夹紧和夹紧装置　49

第1章 机床夹具的组成与分类

机械制造过程中，为了保证产品质量、提高生产率、降低生产成本、实现生产过程自动化，除了需使用制造设备（金属切削机床等）以外，还需使用各种工艺装备，包括夹具、模具、刀具、测量工具及辅助工具。各种金属切削机床上用于装夹工件的工艺装备称为机床夹具。

1.1 机床夹具的组成

1.1.1 实例分析

（1）实例

如图1-1所示为法兰钻孔工序图。本工序需在法兰上钻 ϕ5mm 孔，应满足零件加工要求。

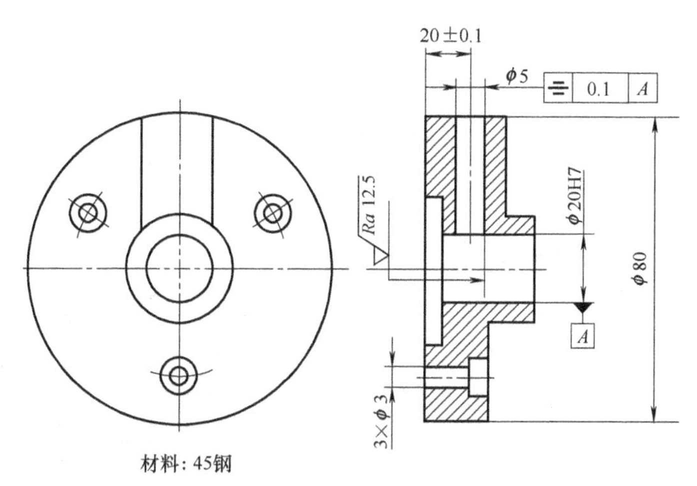

图1-1　法兰钻孔工序图

（2）分析

从法兰钻孔工序图上可以看出，应满足 ϕ5mm 的孔轴线到端面距离为 20mm±0.1mm，

ϕ5mm 孔对 ϕ20H7 孔的对称度为 0.1mm。可以按划线找正方式定位，在钻床上用平口虎钳进行装夹，但是效率较低，精度难以保证。如果采用机床夹具，能够直接装夹工件而无需找正，达到工件的加工要求。

1.1.2 相关知识

(1) 工件装夹的实质

钢套钻孔加工时，为了使该孔能够达到图纸规定的尺寸、几何形状以及位置精度等技术要求，在加工前必须将工件装好夹牢。

工件的装夹是指工件的定位和夹紧。

把工件装好称为定位。把工件装好，就是要在机床上确定工件相对刀具的正确加工位置。工件在夹具中定位的任务是使同一工序中的一批工件都能在夹具中占据正确的位置。

工件位置的正确与否，用加工要求来衡量。能满足加工要求的为正确，不能满足加工要求的为不正确。

一批工件逐个在夹具上定位时，各个工件在夹具中占据的位置不可能完全一致，也不必要求它们完全一致，但各个工件的位置变动量必须控制在加工要求所允许的范围之内。

将工件定位后的位置固定下来，称为夹紧。工件夹紧的任务是使工件在切削力、离心力、惯性力和重力的作用下不离开已经占据的正确位置，以免发生不应有的位移而破坏了定位，以保证机械加工的正常进行。

(2) 工件装夹的方法

从法兰钻孔加工方法的分析中可知，为了保证机床、刀具、工件的正确位置，工件能按划线找正装夹，也可用夹具直接装夹。所以，在机械加工工艺过程中，常见的工件装夹方法，按其实现工件定位的方式来分，可分为如下两种。

① 按找正方式定位的装夹方法。找正装夹方法是以工件的有关表面或专门划出的线痕作为找正依据，用划针或百分表进行找正，以确定工件的正确定位的位置，然后再将工件夹紧，进行加工。找正装夹又可分为直接找正装夹和划线找正装夹。

a. 直接找正装夹。直接找正定位是利用百分表、划针测量或目测等方法，在机床上直接找正工件加工面的设计基准，使其获得正确位置的定位方法。例如图 1-2 磨削导套。可将工件装在四爪卡盘上，缓慢回转磨床主轴，用百分表直接找正外圆表面，从而保证在磨削内孔时与外圆的同轴度要求。

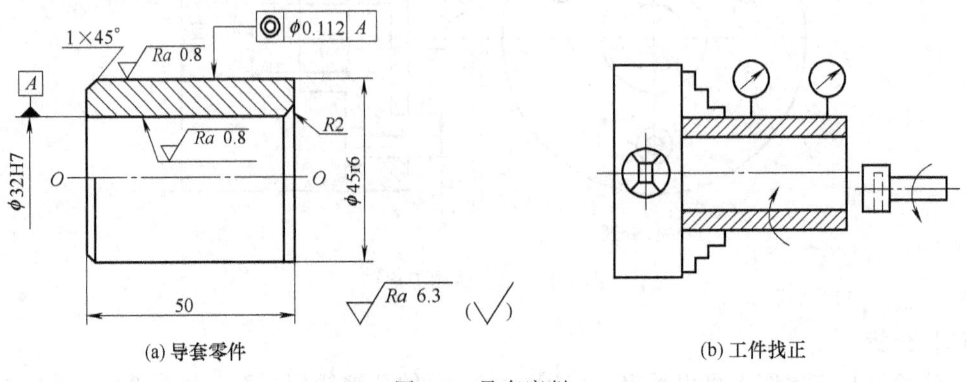

图 1-2 导套磨削

b. 划线找正装夹。划线找正装夹定位是用划针根据毛坯或半成品上所划的线（由上道工序的划线钳工完成）为基准找正它在机床上正确位置的一种装夹方法。如图 1-3 所示，铣削连杆零件上下两平面时，若零件批量不大，则可在机用平口虎钳中，按侧边划出的加工线痕，用划针进行找正。又如图 1-4 所示，若钢套零件的数量不多时，也可按划线找正的方法定位，在钻床上用机用平口虎钳进行装夹。

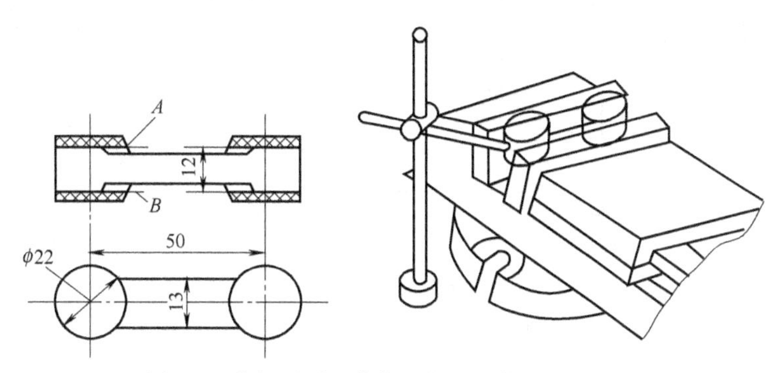

图 1-3　在机用平口虎钳上找正和装夹连杆零件

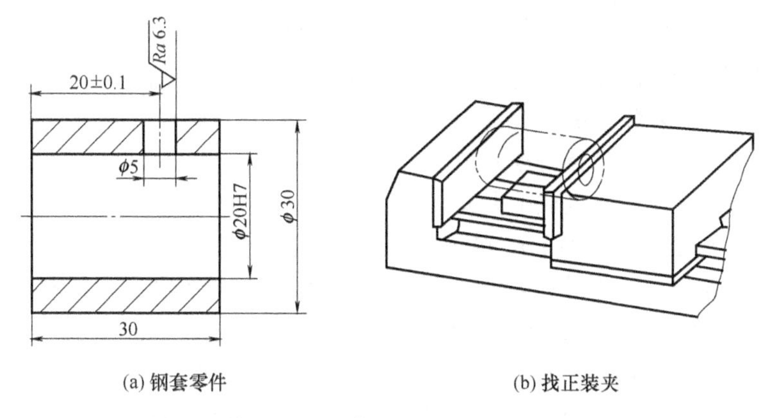

图 1-4　在机用平口虎钳上找正和装夹钢套零件

找正装夹法常用于单件小批量生产中装夹工件，无需专用装备，但生产效率低，劳动强度大，工人技术水平要求高，还要增加划线工序。

② 用专用夹具装夹工件的方法。当零件批量大时，采用划线找正的方法，效率低，强度大，必须使用专用夹具装夹工件。如图 1-5 所示为钢套钻孔所用的钻床夹具。

工件是以内孔及其端面作为定位基准，与夹具上的定位元件（定位心轴 2 及其端面支承板 7）保持接触，从而确定了工件在夹具中的正确位置。拧紧螺母 6，通过开口垫圈 5，将工件端面牢固地压在定位元件上。由于钻模板 3 上的钻套 4 的中心到定位元件端面的距离，是根据工件上 φ5mm 的孔中心到工件端面的尺寸20mm±0.1mm（见图 1-4）来确定的，因此，保证了钻套 4 导引的钻头，在工件上有一个正确的加工位置，并且在加工中又能防止钻头的轴线引偏。

由此可知，机床夹具装夹方法是靠夹具将工件定位、夹紧，以保证工件相对于刀具、机床的正确位置。批量较大时，大都采用机床夹具装夹工件。

(3) 机床夹具的组成

机床夹具的组成可分为下面几个部分。

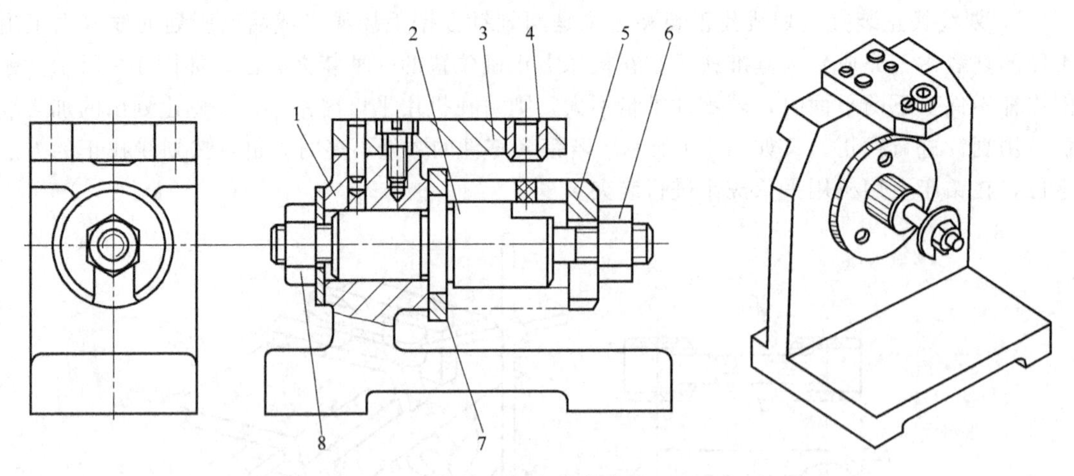

图 1-5　钢套钻床夹具

1—夹具体；2—定位心轴；3—钻模板；4—固定钻套；5—开口垫圈；6—螺母；
7—支承板；8—锁紧螺母

① 定位元件。定位元件的作用是使工件在夹具中占据正确的位置。

如图 1-4 所示钢套钻 ϕ5mm 的孔，其钻床夹具如图 1-5 所示。夹具上定位心轴 2 及其端面支承板 7 都是定位元件，通过它们使工件在夹具中占据正确的位置。

② 夹紧装置。夹紧装置的作用是将工件压紧夹牢，保证工件在加工过程中受到外力（切削力等）作用时不离开已经占据的正确位置。图 1-5 中的螺杆 2（与定位心轴合成一个零件）、螺母 6 和开口垫圈 5 就组成了夹紧装置。

③ 对刀或导向装置。对刀或导向装置用于确定刀具相对于定位元件的正确位置。如图 1-5 中钻套 4 和钻模板 3 组成导向装置，确定了钻头轴线相对于定位元件的正确位置。铣床夹具上的对刀块和塞尺为对刀装置，如图 1-6 中件 4 为对刀块。

④ 连接元件。连接元件是确定夹具在机床上正确位置的元件。如图 1-5 中夹具体 1 的底面为安装基面，保证了钻套 4 的轴线垂直于钻床工作台以及定位心轴 2 的轴线平行于钻床工作台。因此，夹具体可兼作连接元件。车床夹具所使用的过渡盘、铣床夹具所使用的定位键（如图 1-6 中件 6）都是连接元件。

⑤ 夹具体。夹具体是机床夹具的基础件，通过它将夹具的所有元件连接成一个整体，如图 1-5 中的件 1 是夹具体。

⑥ 其他元件或装置。是指夹具中因特殊需要而设置的元件或装置。根据加工需要，有些夹具上设置分度装置、靠模装置；为能方便、准确定位，常设置预定位装置；对于大型夹具，常设置吊装元件等。

上述各组成部分中，定位元件、夹紧装置和夹具体是机床夹具的基本组成部分。

(4) 机床夹具在机械加工中的作用

机床夹具在机械加工中起着十分重要的作用，归纳起来有如下几点。

① 保证加工精度，稳定加工质量。用夹具装夹工件时，工件相对于刀具及机床的安装位置均已确定，因而工件在加工过程中的位置精度不会受到各种主观因素以及操作者技术水平的影响，可使一批工件的加工精度趋于一致，加工质量稳定。

② 缩短辅助时间，提高劳动生产率。使用夹具装夹工件方便、快速，工件不需要划线找正，可显著地减少辅助工时；工件在夹具中装夹后提高了工件的刚性，因此可加大切削用

量，提高劳动生产率；可使用多件、多工位装夹工件的夹具，并可采用高效夹紧机构，有效地提高劳动生产率。

③ 扩大机床的使用范围，实现“一机多能”。在批量不大、工件种类和规格较多、机床类型有限的生产条件下，可以通过设计机床夹具，改变机床的工艺范围，实现“一机多能”。例如，在普通铣床上安装专用夹具铣削成形表面；在车床的溜板上或在摇臂钻床上安装镗模可以加工箱体孔系等。

④ 改善工人劳动条件，降低生产成本。在批量生产中使用夹具后，工件的装卸比较方便、省力、安全，采用扩力机构、气动夹紧，都能改善工人的劳动条件。由于劳动生产率提高、使用技术等级较低的工人以及废品率下降等原因，明显地降低了生产成本。夹具制造成本分摊在一批工件上，每个工件增加的成本是极少的。工件批量愈大，使用夹具所取得的经济效益就愈显著。

⑤ 保证工艺纪律。夹具设计往往是工艺人员解决高难度零件的主要工艺手段之一，是提高企业整体技术水平的主要措施。生产中使用夹具，可确保生产周期、生产调度等工艺纪律。

1.1.3 实例思考

如图1-6所示为圆轴铣槽铣床夹具。分析该夹具各组成部分，指出用序号标注的零件所起的作用。

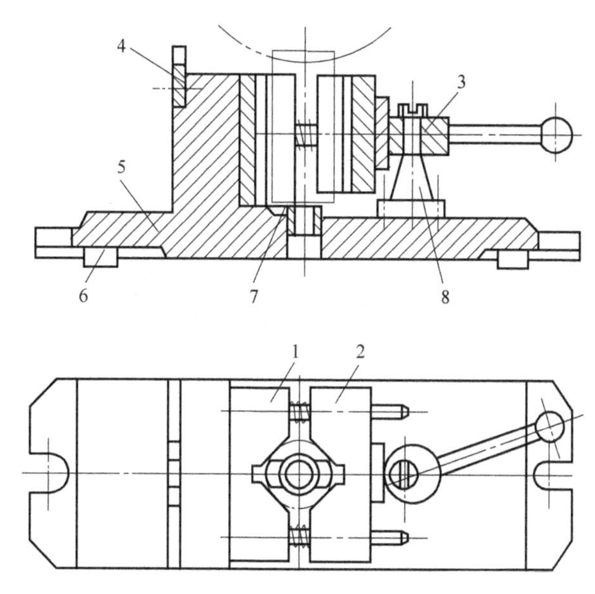

图1-6 圆轴铣槽铣床夹具

1,2—V形块；3—偏心轮；4—对刀块；5—夹具体；6—定位键；7—支承套；8—支架

1.2 机床夹具的分类

1.2.1 实例分析

(1) 实例

如图1-7所示为主轴螺母工序图。在车床上车削M90×2mm的螺纹，并保证螺纹的轴

心线与外圆轴心线的同轴度精度和端面对螺纹轴心线的垂直度精度要求。

(2) 分析

① 加工主轴螺母 M90×2mm 的螺纹，可以直接用三爪卡盘（见图 1-8）夹住螺母找正加工，也可以用夹具（见图 1-9）在车床上进行车削加工。但采用三爪卡盘直接装夹，由于壁厚太薄，夹紧力会使工件产生变形，达不到加工精度。如图 1-9 所示将工件径向夹紧改变为轴向夹紧，避免工件变形。

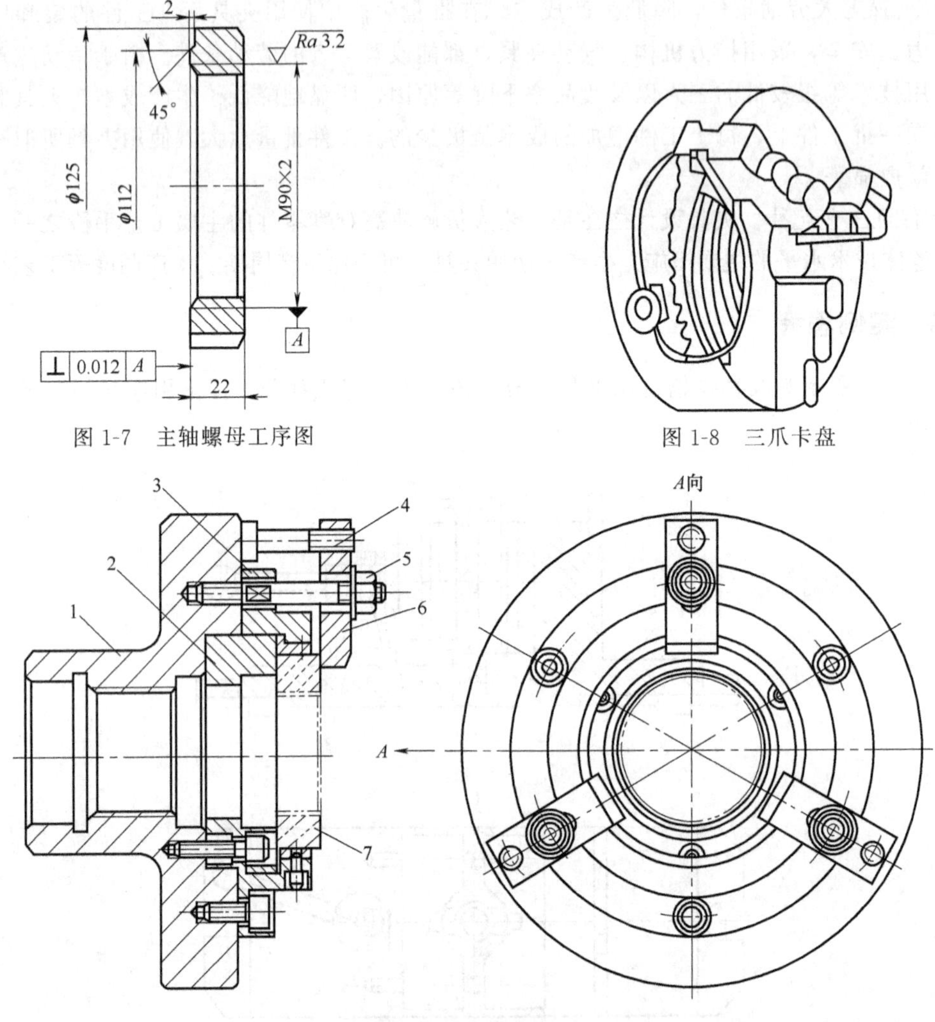

图 1-7 主轴螺母工序图

图 1-8 三爪卡盘

图 1-9 车削螺母夹具

1—夹具体；2—安装圈；3—压紧圈；4—螺杆；5—螺母；6—压板；7—工件；8—定位套

② 如图 1-3 所示连杆零件上下两平面铣削时，若零件批量不大时，可在机用平口虎钳上，按侧边划出的加工线痕，用划针进行找正。当大批量生产时，可采用如图 1-10 所示的专用铣床夹具。毛坯先放在工位Ⅰ上铣出第一端面（图 1-3 中 A 面），然后将此工件翻过来放入Ⅱ工位铣出第二端面（图 1-3 中 B 面）。夹具可同时装夹两个工件。

1.2.2 相关知识

随着机械制造业的不断发展，机床夹具的种类很多，形状千差万别，可以从不同的角度

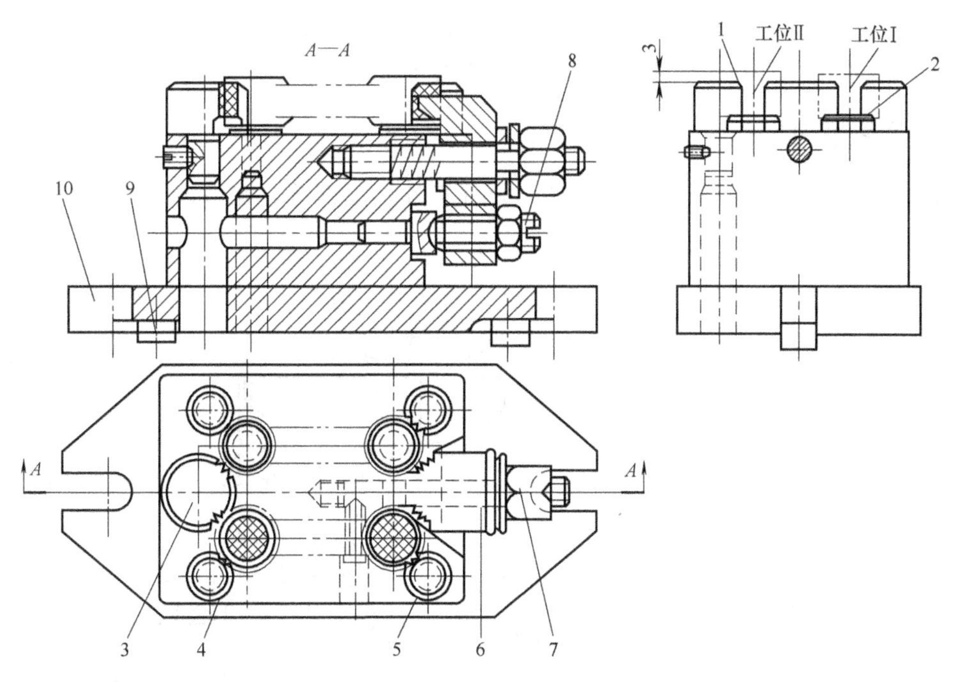

图 1-10 铣削连杆零件两面的双工位专用夹具

1—对刀块；2—固定支承；3～5—挡销；6—压板；7—螺母；8—压板支承钉；9—定位键；10—底座

对机床夹具进行分类。常用的分类方法有以下几种。

① 按夹具的使用特点分类

a. 通用夹具。通用夹具是指结构、尺寸已经标准化，且具有一定通用性，可加工一定范围内不同工件的夹具，如三爪自定心卡盘、四爪单动卡盘、机用平口虎钳、万能分度头、磁力工作台等。这些夹具已作为机床附件由专门工厂制造供应，只需选购即可。其特点是适用性好，不需调整或稍加调整即可装夹一定形状范围的各种工件。主要用于单件小批量生产。

b. 专用夹具。专用夹具是针对某一工件的某道工序的加工要求而专门设计制造的夹具。其特点是针对性强，可获得较高的生产率和加工精度，但制造周期较长。主要用于批量生产。本书主要介绍专用夹具的设计。

c. 可调夹具。可调夹具是针对通用夹具和专用夹具的缺陷而发展起来的一类新型夹具。夹具的某些元件可调整或可更换，以适应多种工件的加工。它还分为通用可调夹具和成组夹具两类。可调夹具在多品种、小批量生产中得到广泛应用。

d. 组合夹具。组合夹具是一种模块化的夹具，已实现商品化，是采用标准的组合夹具元件、部件，专为某一工件的某道工序组装的夹具。组合夹具在单件、中小批多品种的生产和数控加工中，是一种较经济的夹具。

e. 拼装夹具。拼装夹具是一种用专门的标准化、系列化的拼装夹具零部件拼装而成的夹具。它具有组合夹具的优点，但比组合夹具精度高、效能高、结构紧凑。它的基础板和夹紧部件中常带有小型液压缸。此类夹具更适合在数控机床上使用。

② 按夹具使用的机床分类。夹具按使用机床可分为车床夹具、铣床夹具、钻床夹具、镗床夹具、齿轮机床夹具、数控机床夹具、自动机床夹具、自动线随行夹具以及其他机床夹具。这是专用夹具设计所用的分类方法。工厂也是按所使用的机床类别结合夹具的结构形式进行分类编号。

③ 按夹具所用夹紧的动力源分类。夹具按夹紧的动力源可分为手动夹具、气动夹具、液压夹具、气液增力夹具、电磁夹具以及真空夹具等。

1.2.3 实例思考

如图 1-11 所示为回转分度钻床夹具。分析其各组成部分，并写出各序号所指元件的名称。

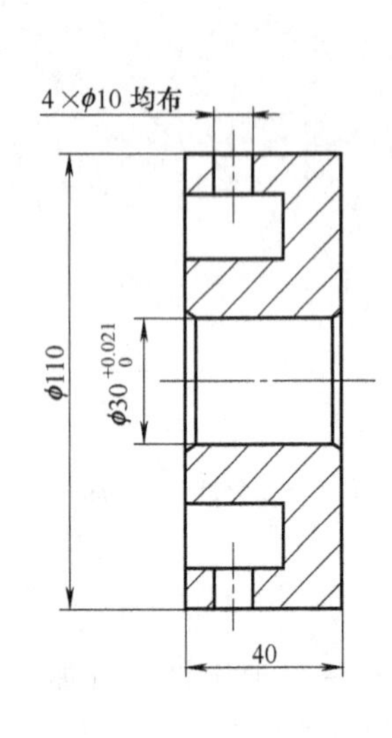

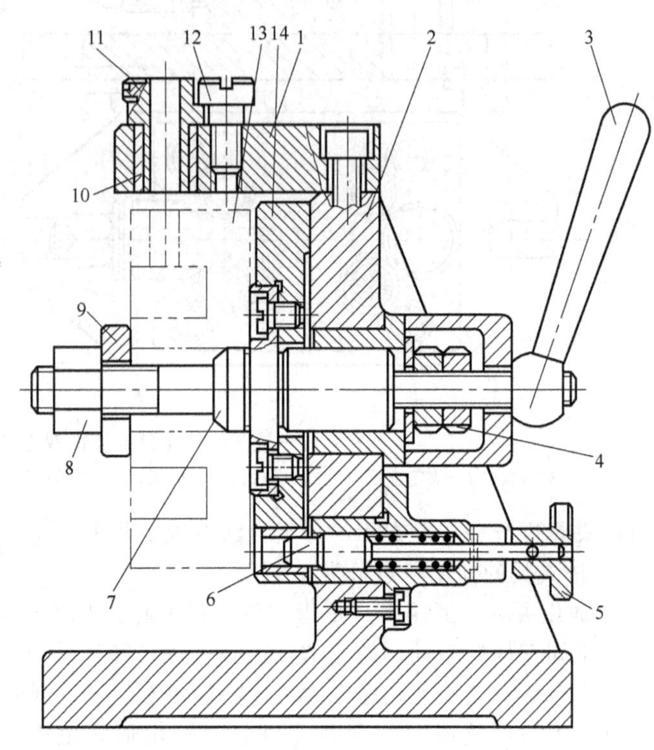

图 1-11 回转分度钻床夹具

1-1 什么是机床夹具？它在机械加工中有何作用？

1-2 机床夹具由哪些部分组成？各部分的作用是什么？

1-3 什么叫专用夹具？简述其特点和应用范围。

第2章 工件的定位及定位元件

工件的定位就是确定工件在机床上或夹具中占有正确位置的过程。定位方案不确定，其他有关问题就无法进行设计。定位方案一经确定，则夹具的总体配置基本形成。因此，无论是设计夹具，还是分析现场夹具，都是从工件在夹具中的定位着手来解决问题。

2.1 工件在夹具中的定位

2.1.1 实例分析

(1) 实例

如图2-1所示是一个长方体工件。现在要在这个工件上铣出一条通槽，槽宽20mm±0.05mm，槽底面距长方体的底平面的尺寸为$60_{-0.2}^{0}$mm，且平行度要求为0.1mm，槽的一个侧面距长方体的同一个侧面的尺寸为30mm±0.1mm，且平行度要求为0.1mm。大批量生产，材料：Q235。

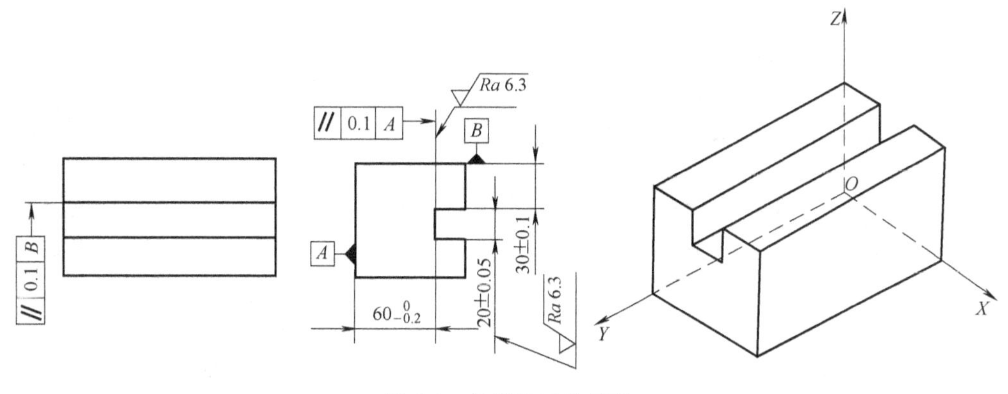

图2-1 铣槽的工件简图

(2) 分析

根据上述加工要求，选定工件上的A面和B面作为定位基准。由于槽底面要求与A面保持$60_{-0.2}^{0}$mm的尺寸且平行，因此，A面必须搁置在与铣床工作台平面相平行的水平面上。其次，槽的侧面要求与 B 面保持 30mm±0.1mm 的尺寸且平行，实际上也就是要求槽的侧面和 B 面都与铣床工作台的直线进给运动方向平行。

2.1.2 相关知识

(1) 基准的概念

工件在夹具中定位是通过工件的定位面和定位元件的支承面接触和配合实现的。

基准是用来确定生产对象上几何要素间的几何关系所依据的那些点、线、面。基准按照其功用不同，分为设计基准和工艺基准，工艺基准又包含工序基准、定位基准、测量基准和装配基准。

① 设计基准。在设计图样上用以标注尺寸或确定表面相互位置的基准称为设计基准。如图 1-7 所示主轴螺母工序图中，两端面垂直度的设计基准是内孔的中心线。

② 定位基准。在工件加工的工序图中，用来确定本工序加工表面位置的基准，称为工序基准。通过工序图上标注的加工尺寸与形位公差来确定工序基准。

工件定位时，代表工件在夹具中所占位置的面、线或点称为定位基准。如图 1-4（a）所示钢套的端面和内孔的中心线是加工孔 $\phi5$ 的定位基准。

③ 定位副。工件的定位是通过一定的表面和定位元件相接触或配合而实现的。将工件上的定位基面和与之相接触（或配合）的定位元件的限位基面合称为定位副。

如图 2-2 所示，工件以圆孔在心轴上定位，工件的内孔面称为定位基面，它的轴线称为定位基准。与此对应，心轴的圆柱面称为限位基面，心轴的轴线称为限位基准。工件的内孔表面与定位元件心轴的圆柱表面就合称为一对定位副。

工件以平面与定位元件接触时，如图 2-3 所示，工件上那个实际存在的面是定位基面，它的理想状态（平面度误差为零）是定位基准。如果工件上的这个平面是精加工过的，形状误差很小，可认为定位基面就是定位基准。同样，定位元件以平面限位时，如果这个面的形状误差很小，也可认为限位基面就是限位基准。

工件在夹具上定位时，理论上，定位基准与限位基准应该重合，定位基面与限位基面应该接触。

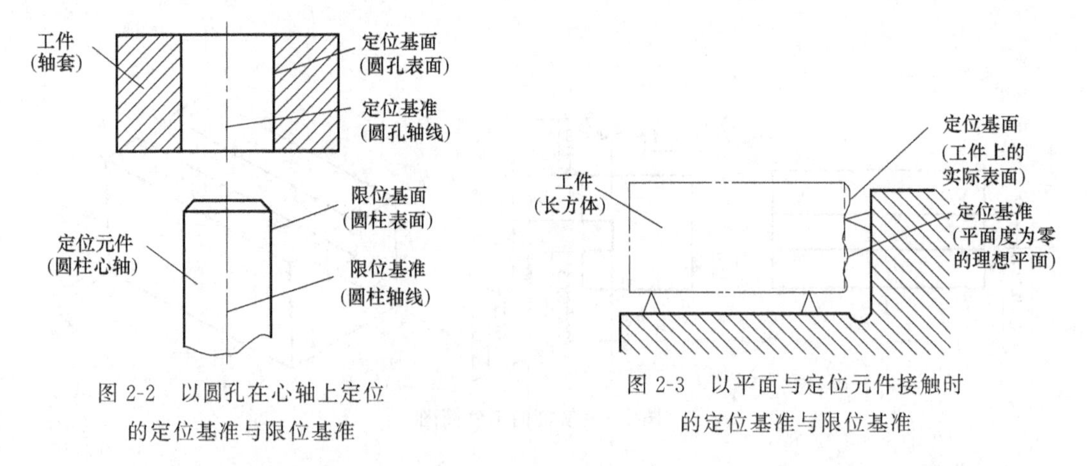

图 2-2 以圆孔在心轴上定位的定位基准与限位基准

图 2-3 以平面与定位元件接触时的定位基准与限位基准

(2) 工件定位的基本原理

① 工件的自由度。运动件相对于固定坐标系所具有的独立运动称为自由度。如图 2-1 所示的长方体工件，其空间位置是不确定的，这种位置的不确定性可描述如下。如图 2-4 所

示，将未定位工件（双点划线所示工件）放在空间直角坐标系中，工件可以沿 X、Y、Z 轴有不同的位置，称作工件沿 X、Y、Z 轴的位置自由度，用$\vec{X}$、$\vec{Y}$、$\vec{Z}$表示；也可以绕 X、Y、Z 轴有不同的位置，称作工件绕 X、Y、Z 轴的角度自由度，用$\overset{\frown}{X}$、$\overset{\frown}{Y}$、$\overset{\frown}{Z}$表示。用以描述工件位置不确定性的$\vec{X}$、$\vec{Y}$、$\vec{Z}$和$\overset{\frown}{X}$、$\overset{\frown}{Y}$、$\overset{\frown}{Z}$称为工件的六个自由度。

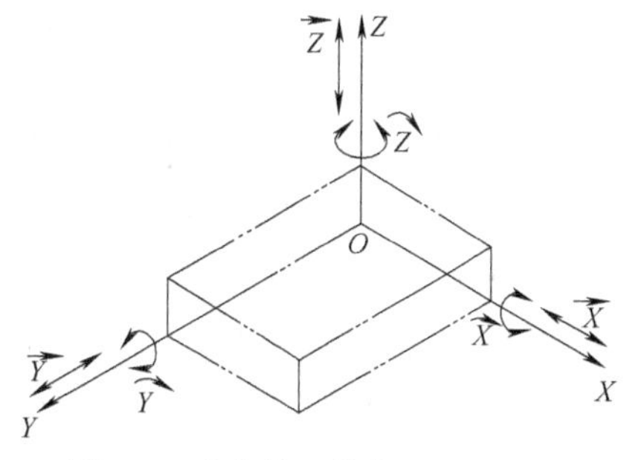

图 2-4　未定位工件的六个自由度

工件定位的实质就是要限制对加工有不良影响的自由度，使工件在夹具中占有某个确定的正确加工位置。也就是说要对$\vec{X}$、$\vec{Y}$、$\vec{Z}$和$\overset{\frown}{X}$、$\overset{\frown}{Y}$、$\overset{\frown}{Z}$六个自由度，加以必要的约束条件。

② 工件定位原理

a. 六点定位规则。设空间有一固定点，工件的底面与该点保持接触，那么工件沿 Z 轴的位置自由度便被限制了。如果按图 2-5 所示设置六个固定点，工件的三个面分别与这些点保持接触，工件的六个自由度便都限制了。这些用来限制工件自由度的固定点，称为定位支承点，简称支承点。

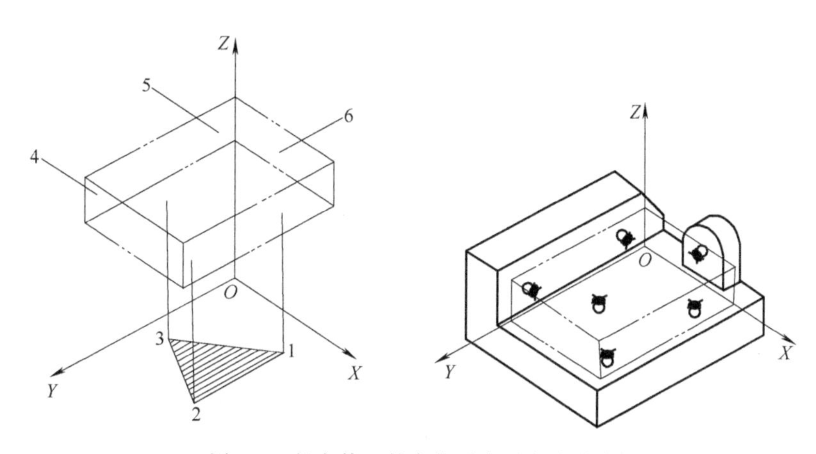

图 2-5　长方体工件定位时支承点的分布

无论工件的形状和结构怎么不同，它们的六个自由度都可以用六个支承点限制，只是六个支承点的分布不同而已。

用合理分布的六个支承点限制工件的六个自由度，使工件在夹具中的位置完全确定，这就是“六点定位规则”，简称“六点定则”。

六个支承点的分布必须合理，否则六个支承点限制不了工件的六个自由度，或不能有效地限制工件的六个自由度。如图 2-1 中所示的平行六面体上加工通槽时，为保证加工尺寸 $60_{-0.2}^{\ 0}$mm，底面上的三个支承点限制了工件的$\vec{Z}$、$\overset{\frown}{X}$、$\overset{\frown}{Y}$三个自由度，它们应放成三角形，三角形的面积越大，定位越稳定。为保证加工尺寸 30mm±0.1mm，侧面上的两个支承点限制工件的$\vec{X}$、$\overset{\frown}{Z}$两个自由度，它们不能垂直放置，否则，工件绕 Z 轴的角度自由度$\overset{\frown}{Z}$便不能限制。

六点定则是工件定位的基本法则，用于实际生产时，起支承点作用的是一定形状的几何体，这些用来限制工件自由度的几何体就是定位元件。

这里必须指出，“定位”与“夹紧”的任务是不同的，两者不能相互取代。认为工件被夹紧后，其位置不能动了，所有自由度都已限制了，这种理解是错误的。夹紧是在工件定位好了之后发生的，夹紧不能代替定位，但有的元件具有定位和夹紧的双重功能。定位时，必须使工件的定位基准紧贴在定位元件上，否则不称其为定位。

b. 限制工件自由度与加工要求的关系。在生产实际中，由于工件结构特点不同，所以定位元件的结构及其在夹具中的位置也是千变万化的，但不管怎样变化，与加工技术要求有关的自由度在定位时必须限制，必须服从六点定则。例如图 2-6 为圆盘形工件在外圆柱面上钻一小孔。工件的装夹如图 2-6(a) 所示，其定位情况可简化为图 2-6(b)。定位销台肩 A 的作用相当于三点支承，限制$\overrightarrow{X}$、$\overset{\curvearrowright}{Y}$、$\overset{\curvearrowright}{Z}$三个自由度；圆柱面 B 与工件的轴线相比为短销接触，故它的作用相当于两点支承，限制$\overrightarrow{Y}$、$\overrightarrow{Z}$两个自由度；挡销 C 属 1 点接触，限制$\overset{\curvearrowright}{X}$一个自由度。由此可见，这些定位件相当于六点支承，限制了工件六个自由度。工件的端面是主要定位基准，工件的内孔是导向定位基准，工件的键槽侧面是止推定位基准。

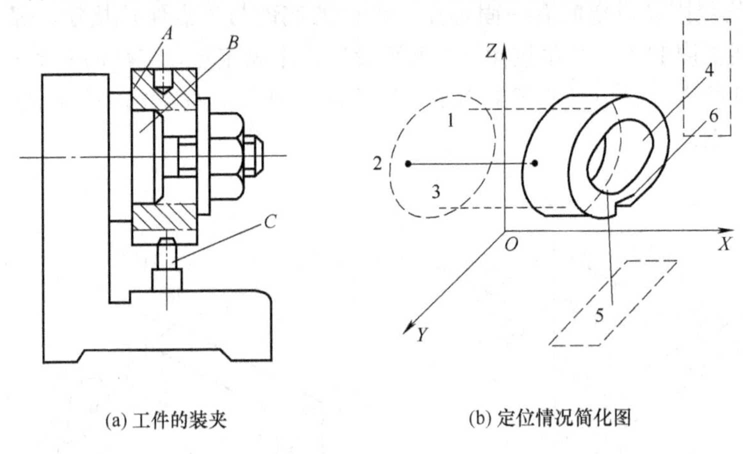

(a) 工件的装夹　　(b) 定位情况简化图

图 2-6　圆盘形工件定位

例如，如图 2-7 所示在平面磨床上磨平板，工序要求保证尺寸 a。因此，不但应限制$\overrightarrow{Z}$，还要限制$\overset{\curvearrowright}{X}$、$\overset{\curvearrowright}{Y}$两个自由度，共限制三个自由度就可满足工序要求，而工件剩下$\overrightarrow{X}$、$\overrightarrow{Y}$、$\overset{\curvearrowright}{Z}$的自由度不影响平面磨削尺寸精度。因此，工件放在电磁工作台上就完成了限制以上三个自由度的要求。

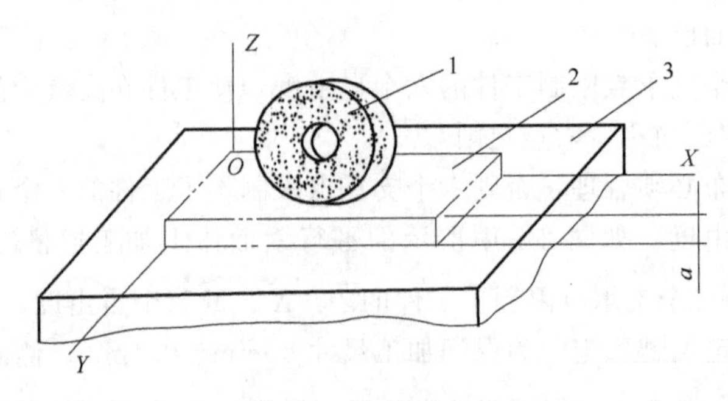

图 2-7　平面磨削

1—砂轮；2—工件；3—工作台

表 2-1 为满足工件的加工要求所必须限制的自由度。

表 2-1　满足加工要求必须限制的自由度

序号	工 序 简 图	加 工 要 求	必须限制的自由度
1	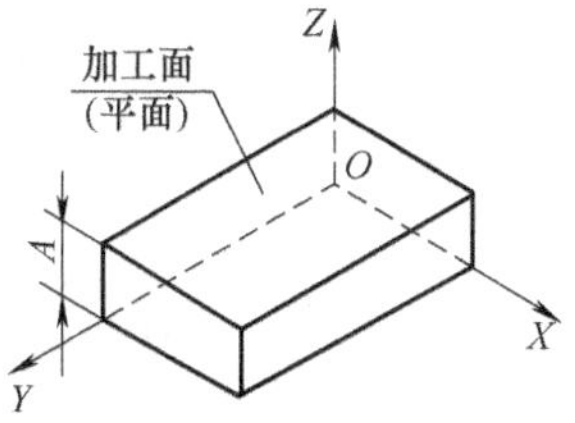 加工面（平面）	(1)尺寸 A (2)加工面与底面的平行度	$\overrightarrow{Z}$、$\overset{\curvearrowright}{X}$、$\overset{\curvearrowright}{Y}$
2	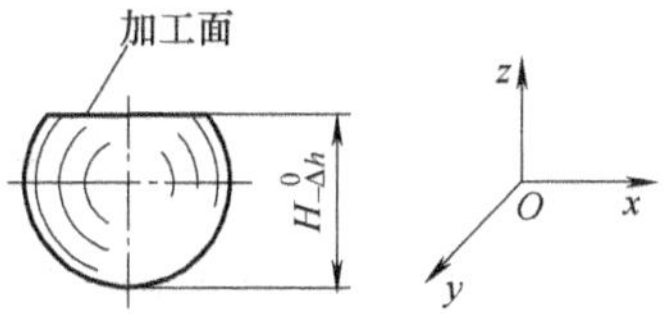 加工面	尺寸 H	$\overrightarrow{Z}$
3	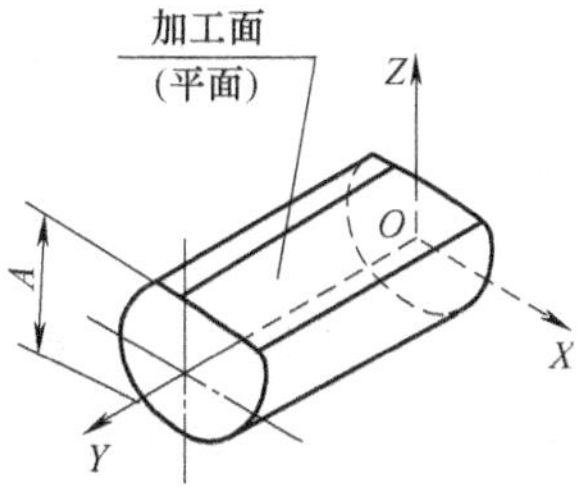 加工面（平面）	(1)尺寸 A (2)加工面与下母线的平行度	$\overrightarrow{Z}$、$\overset{\curvearrowright}{X}$
4	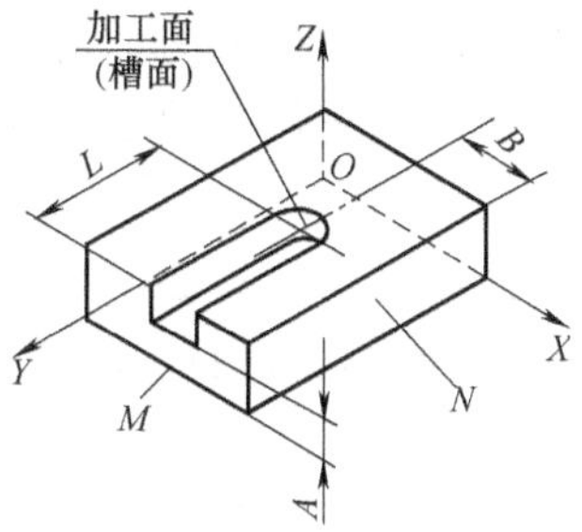 加工面（槽面）	(1)尺寸 A (2)尺寸 B (3)尺寸 L (4)槽侧面与 N 面的平行度 (5)槽底面与 M 面的平行度	$\overrightarrow{X}$、$\overrightarrow{Y}$、$\overrightarrow{Z}$ $\overset{\curvearrowright}{X}$、$\overset{\curvearrowright}{Y}$、$\overset{\curvearrowright}{Z}$
5	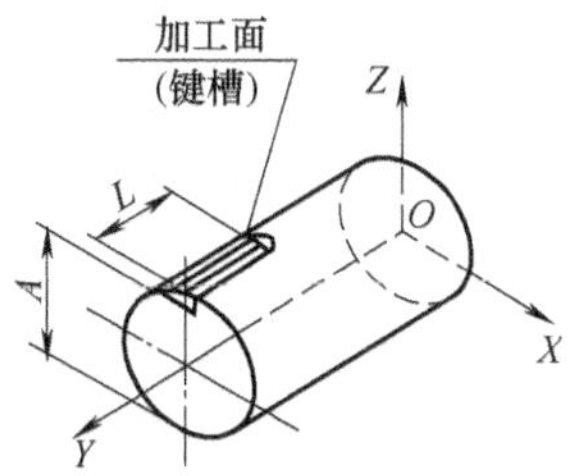 加工面（键槽）	(1)尺寸 A (2)尺寸 L (3)槽与圆柱轴线平行并对称	$\overrightarrow{X}$、$\overrightarrow{Y}$、$\overrightarrow{Z}$ $\overset{\curvearrowright}{X}$、$\overset{\curvearrowright}{Z}$
6	加工面（圆孔）	(1)尺寸 B (2)尺寸 L (3)孔轴线与底面的垂直度	通孔：$\overrightarrow{X}$、$\overrightarrow{Y}$ $\overset{\curvearrowright}{X}$、$\overset{\curvearrowright}{Y}$、$\overset{\curvearrowright}{Z}$ 不通孔：$\overrightarrow{X}$、$\overrightarrow{Y}$、$\overrightarrow{Z}$ $\overset{\curvearrowright}{X}$、$\overset{\curvearrowright}{Y}$、$\overset{\curvearrowright}{Z}$

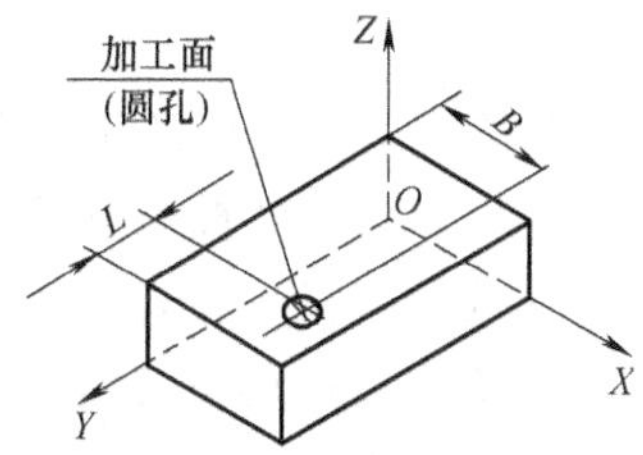

续表

序号	工序简图	加工要求	必须限制的自由度	
7	加工面(圆孔)	(1)孔与外圆柱面的同轴度 (2)孔轴线与底面的垂直度	通孔	$\overrightarrow{X}$、$\overrightarrow{Y}$ $\overset{\curvearrowright}{X}$、$\overset{\curvearrowright}{Y}$
			不通孔	$\overrightarrow{X}$、$\overrightarrow{Y}$、$\overrightarrow{Z}$ $\overset{\curvearrowright}{X}$、$\overset{\curvearrowright}{Y}$
8	加工面(两圆孔)	(1)尺寸 R (2)以圆柱轴线为对称轴，两孔对称 (3)两孔轴线垂直于底面	通孔	$\overrightarrow{X}$、$\overrightarrow{Y}$ $\overset{\curvearrowright}{X}$、$\overset{\curvearrowright}{Y}$
			不通孔	$\overrightarrow{X}$、$\overrightarrow{Y}$、$\overrightarrow{Z}$ $\overset{\curvearrowright}{X}$、$\overset{\curvearrowright}{Y}$

(3) 工件定位的类型

工件定位时，影响加工要求的自由度必须限制；不影响加工要求的自由度，有时要限制，有时可不限制，视具体情况而定。根据工件自由度被约束的情况，工件定位可分为以下几种类型。

① 完全定位。工件的六个自由度不重复地全部被限制了的定位称为完全定位。当工件在 X、Y、Z 三个坐标方向均有尺寸要求或位置精度要求时，一般采用这种定位方式，如图2-6所示圆盘形工件定位。

② 不完全定位。工件限制的自由度少于六个，但能保证加工要求的定位称为不完全定位。如图2-7所示，平面磨床磨削平板只需限制工件的三个自由度，就能保证工件的厚度和平行度要求。

在工件定位时，以下几种情况允许不完全定位：

a. 加工通孔或通槽时，沿贯通轴的位置自由度可不限制。

b. 毛坯（本工序加工前）是轴对称时，绕对称轴的角度自由度可不限制。

c. 加工贯通的平面时，除可不限制沿两个贯通轴的位置自由度外，还可不限制绕垂直加工面的轴的角度自由度。

③ 欠定位。按照工件加工要求，应该限制的自由度没有被限制的定位称为欠定位。欠定位无法保证加工要求。确定工件在夹具中的定位方案时，欠定位是绝不允许发生的。如图2-6圆盘形工件定位，如果没有防转销C，$\overset{\curvearrowright}{X}$自由度没有限制，就不能保证径向孔与轴向键槽在同一个平面内的位置关系。

④ 重复定位。夹具上的定位元件重复限制工件的同一个或几个自由度的定位称为重复定位（又称过定位）。重复定位分两种情况：当工件的一个或几个自由度被重复限制，但仍能满足加工要求，即不但不产生有害影响，反而可增加工件装夹刚度的定位，称为可用重复定位。当工件的一个或几个自由度被重复限制，并对加工产生有害影响的重复定位，称为不可用重复定位。它将造成工件定位不稳定，降低加工精度，使工件或定位元件产生变形，甚

至无法安装和加工。因此，不可用重复定位是不允许的。

避免不可用重复定位的方法：一是改变定位元件的结构，使定位元件在重复限制自由度的部分不起定位作用；二是提高定位基准之间以及定位元件工作表面之间的位置精度。

如图 2-8 所示为加工齿轮用的夹具。工件齿坯以端面和内孔在心轴 1 上定位。因端面与支承凸台 2 接触面积大，限制$\overrightarrow{Z}$、$\overset{\curvearrowright}{X}$、$\overset{\curvearrowright}{Y}$三个自由度；又因心轴相当于长轴，限制$\overrightarrow{X}$、$\overrightarrow{Y}$、$\overset{\curvearrowright}{X}$、$\overset{\curvearrowright}{Y}$四个自由度，因此，工件的$\overset{\curvearrowright}{X}$、$\overset{\curvearrowright}{Y}$被重复限制，即重复定位。按六点定则，这是不允许的，其原因是装夹时，它们之间发生干涉，会影响加工精度。如果齿轮坯件内孔中心线与端面存在较高垂直度误差，可认为是可用重复定位。在轴与孔的配合为一对定位副的情况下，判断可用重复定位的条件是

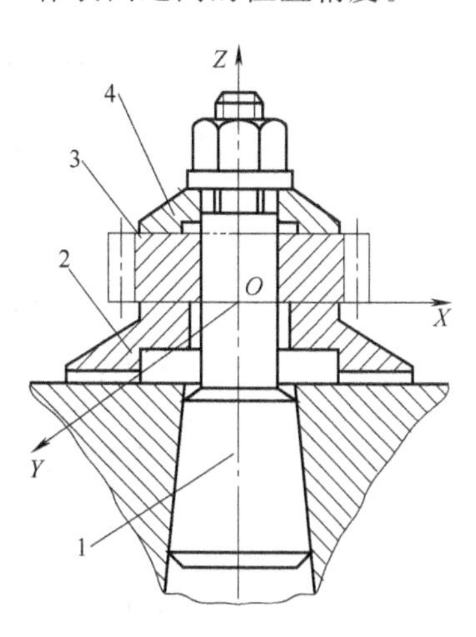

图 2-8 加工齿轮的夹具

1—心轴；2—支承凸台；3—工件；4—压板

$$\delta_{\perp} \leqslant X_{\min} + \varepsilon$$

式中 $\delta_{\perp}$——工件孔与端面的垂直度误差；

$X_{\min}$——孔与定位心轴的最小配合间隙；

ε——允许的定位副弹性变形量。

如图 2-9 所示为加工主轴箱孔系的定位简图。采用两个短圆柱销 1 限制$\overrightarrow{X}$、$\overrightarrow{Z}$、$\overset{\curvearrowright}{X}$、$\overset{\curvearrowright}{Z}$四个自由度；长条支承板 2 限制$\overset{\curvearrowright}{X}$、$\overset{\curvearrowright}{Y}$两个自由度；挡销 3 限制$\overrightarrow{Y}$自由度。其中$\overset{\curvearrowright}{X}$被重复限制了。若处理不当，将引起工件与两个短圆柱销 1 及长条支承板 2 接触不良，造成定位不稳或夹紧变形等，这是不允许的。但若箱体上的 V 形槽和 A 面经过精加工保证 V 形面和 A 面的平行度误差小，夹具上的支承板装配后又磨削，且与短圆柱轴线平行，使产生的误差在允许范围内。这种过定位是允许的。符合可用重复定位的条件是 V 形面与 A 面的平行度误差 $\delta_{/\!/}$ 小于工件允许的弹性变形量 ε，即 $\delta_{/\!/} \leqslant \varepsilon$。

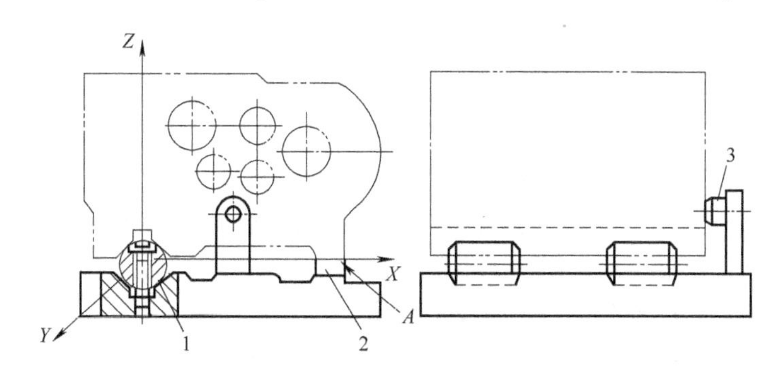

图 2-9 床头箱定位简图

1—短圆柱销；2—长条支承板；3—挡销

(4) 定位基准的选择

① 如何选择定位基准。定位基准的选择，应尽量使工件的定位基准与工序基准相重合；尽量用精基准作为定位基准；遵守基准统一原则；应使工件安装稳定，加工中所引起的变形最小；应使工件定位方便，夹紧可靠。

② 定位符号和夹紧符号的标注。在选定定位基准及确定了夹紧力的方向和作用点后，

应在工序图上标注定位符号和夹紧符号。定位、夹紧符号已有机械工业部的部颁标准（JB/T 5061—91），可参看相关资料。图 2-10 为典型零件定位、夹紧符号的标注。

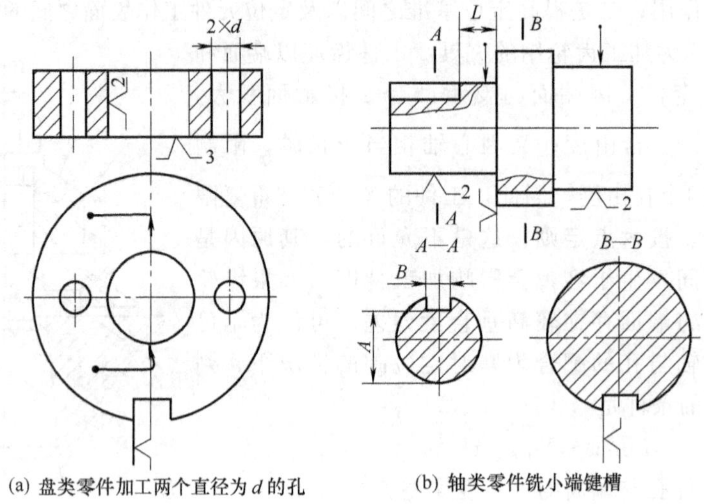

图 2-10 典型零件定位、夹紧符号的标注

③ 对定位元件的基本要求

a. 足够的精度。定位元件的精度将直接影响工件的加工精度。因此，限位基面应有足够的精度，以适应工件的加工要求。

b. 足够的强度和刚度。定位元件不仅限制工件的自由度，还有支承工件、承受夹紧力和切削力的作用，因此，应有足够的强度和刚度，以免使用中变形或损坏。

c. 耐磨性好。定位元件的工作表面因与工件接触而易磨损，导致定位精度下降。为此，要求定位元件应有较好的耐磨性。

d. 工艺性好。定位元件的结构应力求简单、合理，便于制造、装配和维修。

e. 便于清理切屑。定位元件工作表面的形状应有利于清理切屑。否则，会因切屑而影响定位精度，切屑还会损伤定位基准表面。

(5) 工件定位方式及其定位元件

定位方式和定位元件的选择包括定位元件的结构、形状、尺寸及布置形式等，主要取决于工件的加工要求、工件定位基准和外力的作用状况等因素。

① 工件以平面定位。工件以平面作为定位基准时，所用定位元件一般可分为主要支承和辅助支承两类。主要支承用来限制工件的自由度，具有独立定位的作用。辅助支承用来加强工件的支承刚性，不起限制工件自由度的作用。

a. 主要支承

(a) 固定支承

• 支承钉（JB/T 8029.2—1999）。如图 2-11 所示，在使用过程中，它们都是固定不动的。

图 2-11(a) 为平头支承钉，适用于精基面定位。图 2-11(b) 为圆头支承钉，适用于粗基面定位。图 2-11(c) 为齿纹头支承钉，也适用于粗基面定位，因其表面有齿纹，具有较大的摩擦因数，可防止工件滑动，常用在工件的侧面。

支承钉可用过盈配合 H7/r6 或过渡配合 H7/n6 压入夹具体内。若支承钉需要经常更换，应加衬套，如图 2-11(d) 图所示。衬套外径与夹具体用 H7/n6 配合，内径与支承钉用 H7/h6 配合。

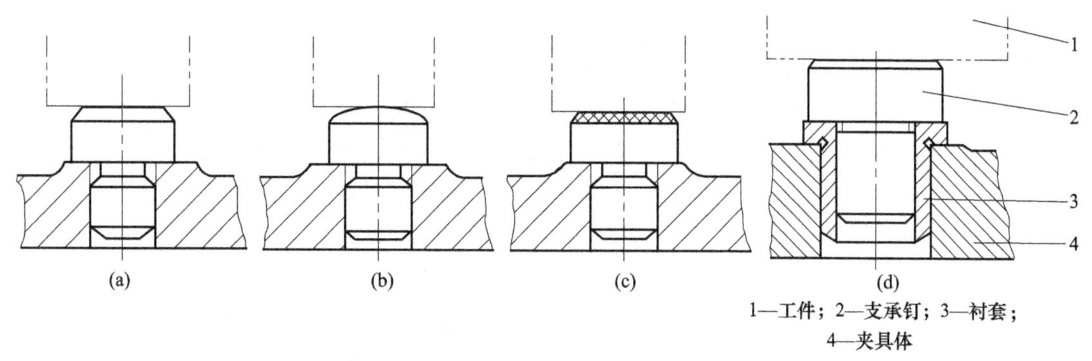

图 2-11　支承钉

支承钉已标准化，设计时可查阅有关资料。

• 支承板（JB/T 8029.1—1999）。工件以较大的精基准定位时，可采用图 2-12 所示的支承板。如图 2-12(a) 所示支承板的结构简单，制造方便。安装时固定螺钉的头部比支承板的定位表面低 1～2mm，孔边切屑不易清除干净，故适用于侧面和顶面定位。如图 2-12(b) 所示支承板带有排屑槽，切屑易于清除，适用于底面定位。

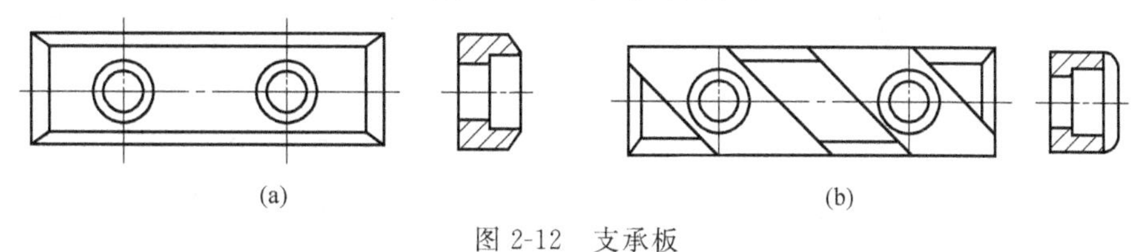

图 2-12　支承板

支承板已标准化，设计时可查阅有关资料。

当要求几个支承钉或支承板在装配后等高时，应装配后采用一次磨削，以保证它们的限位基面在同一平面内。

工件以平面定位，除采用支承钉和支承板外，当工件定位基准面尺寸较小或刚性较差时，可在断续平面上定位或把定位元件设计成与工件相适应的平面。

(b) 可调支承（JB/T 8026.3—1999，GB/T 2230—91）。在工件定位过程中，支承钉的高度需要调整时，采用如图 2-13 所示的可调支承。

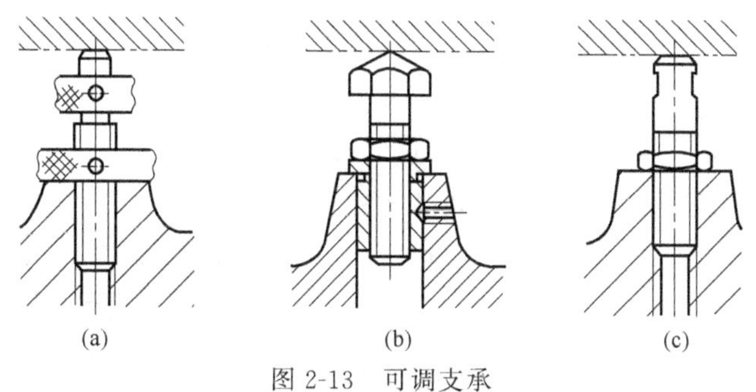

图 2-13　可调支承

可调支承主要用于毛坯质量不高，而又以粗基准定位。这时若采用固定支承，由于毛坯尺寸不稳定，将引起工件上要加工表面的加工余量发生较大的变化，影响加工精度。例如图 2-14 所示的箱体零件，第一道工序是铣顶面。这时，以未经加工的箱体底面作为粗基准来定位。由于毛坯质量不高，因此对于不同批毛坯而言，其底面至毛坯孔中心的尺寸 L 发生的变化量 ΔL 很大，使加工出来的各批零件，其顶面到毛坯孔中心的距离发生由 H_1 到 H_2

的变化。其中：$H_2-H_1=\Delta L$。

这样，以后以顶面定位镗孔时，就会像图 2-14 中实线孔所表示的那样，使镗孔余量偏在一边，加工余量极不均匀。更为严重的是，使单边没有加工余量。因此，必须按毛坯的孔心位置划出顶面加工线，然后根据这一划线的线痕找正，并调节与箱体底面相接触的可调支承，使其高度调节到找正位置，使可调支承的高度，大体满足同批毛坯的定位要求。当毛坯质量极差时，则同批毛坯每一件均需划线、找正、调节，这样方可实现正确定位，以保证后续工序的加工余量均匀。

用同一夹具加工形状相同而尺寸不等的工件时，也可用可调支承。例如图 2-15 是在一种规格化的销轴端部铣台肩。台肩的尺寸相同，但销轴长度不同。这时，不同规格的销轴可以共用一个夹具加工。工件在 V 形块上定位，而工件的轴向定位则采用可调支承。

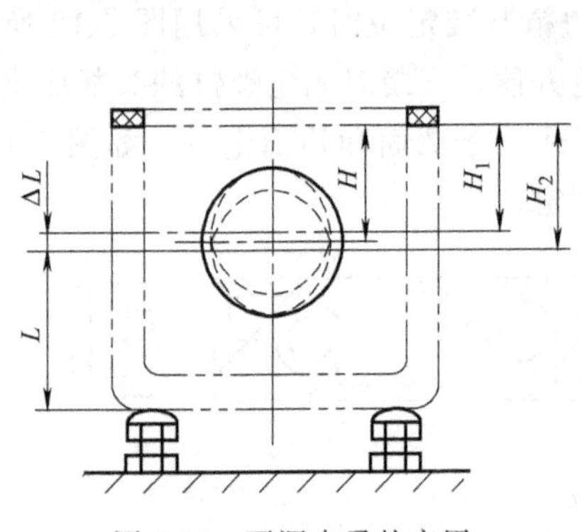

图 2-14　可调支承的应用

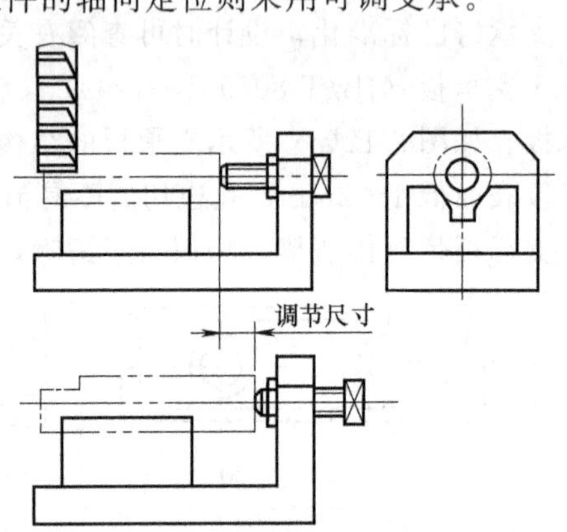

图 2-15　使用可调支承加工不同尺寸的零件

可调支承在调节后必须用螺母锁紧，以防松动。

(c) 自位支承（浮动支承）。在工件定位过程中，能自动调整位置的支承称为自位支承，或浮动支承。它是随工件定位基准面位置的变化而自动与之适应的。

图 2-16(a) 为球面式自位支承，与工件三点接触；图 2-16(b) 为杠杆式自位支承，与工件两点接触；图 2-16(c) 为三点式自位支承。由于自位支承是活动的，支承点的位置能随着工件定位基面的不同而自动调节，定位基面压下其中一点，其余点便上升，直至各点都与工件接触。接触点数的增加，提高了工件的装夹刚度和稳定性。但是一个自位支承实质上仍

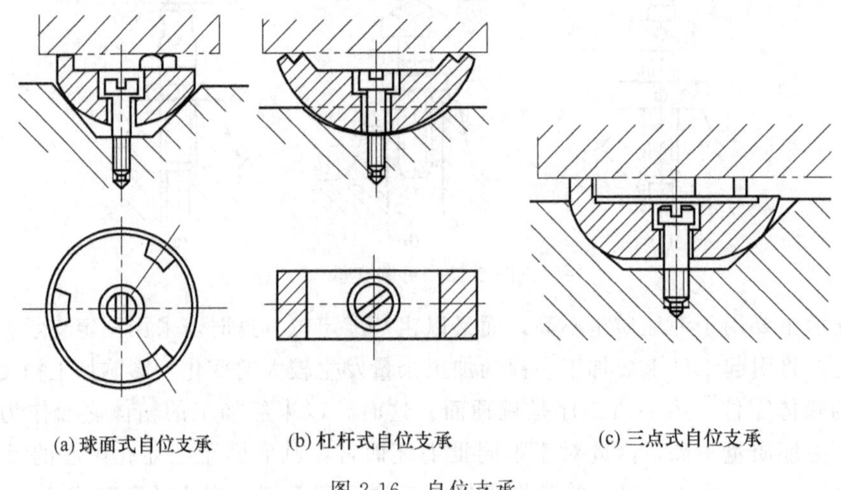

图 2-16　自位支承

然只起一个定位支承钉的作用，只限制工件一个自由度。

自位支承适用于工件以毛坯面定位或刚性不足的场合。

b. 辅助支承。辅助支承用来提高工件的装夹刚度和稳定性，不起定位作用。

辅助支承一般用于以下场合。

(a) 起预定位作用。如图 2-17 所示，当工件的重心越出主要支承所形成的稳定区域时，工件重心所在一端便会下垂，而使另一端向上翘起，于是使工件上的定位基准脱离定位元件。为了避免出现这种情况，在将工件放在定位元件上时，能基本上接近其正确定位位置，这时应在工件重心所在部位下方设置辅助支承，以实现预定位。

(b) 提高夹具工作的稳定性。如图 2-18 所示，在壳体零件 1 的大头端面上，需要沿圆周钻一组紧固用的通孔。这时，工件是以其小头端的中央孔和小头端面作为定位基准，而由夹具上的定位销 2 和支承盘 3 来定位。由于小头端面太小，工件又高，钻孔位置离开工件中心又远，因此受钻削力后定位很不稳定。为了提高工件定位稳定性，需在图示位置相应增设三个均匀分布的辅助支承 4。在工件从夹具上卸下前先要把辅助支承调低，工件每次定位夹紧后又需予以调节，使辅助支承顶部刚好与工件表面接触。

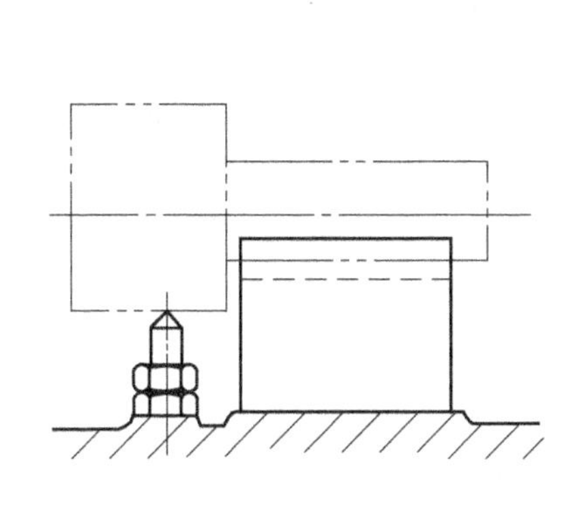

图 2-17　辅助支承起预定位作用

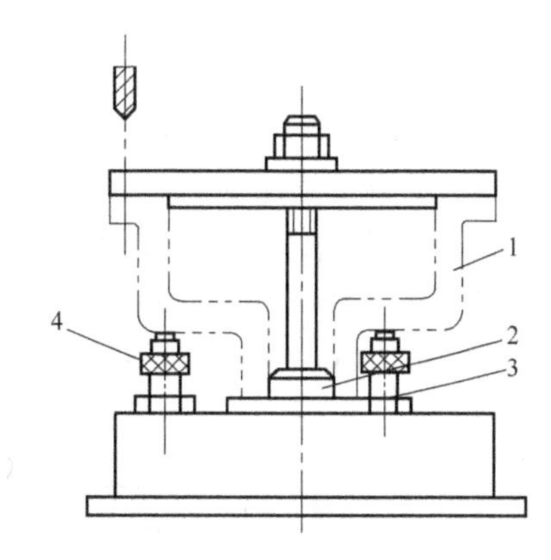

图 2-18　辅助支承提高夹具工作的稳定性
1—壳体零件；2—定位销；3—支承盘；4—辅助支承

(c) 提高工件的刚性。如图 2-19 所示，连杆以内孔及端面定位，加工右端小孔。若右端不设支承，工件装夹好后，右边为一悬臂，刚性差。若在 A 处设置固定支承，属不可用重复定位，有可能破坏左端的定位。于是在右端设置辅助支承。工件定位时，辅助支承是浮动的（或可调的），待工件夹紧后再固定下来，提高工件的刚性，以承受切削力。

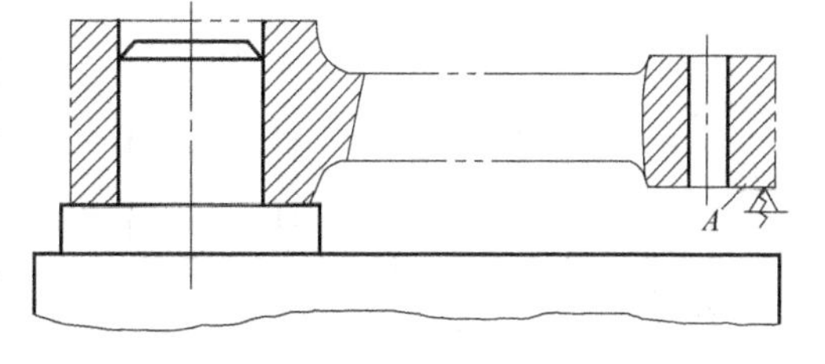

图 2-19　辅助支承提高工件的刚性

上述所用辅助支承是结构简单的螺旋式辅助支承，不用螺母锁紧。

如图 2-20 所示的是自动调节支承。弹簧 2 推动滑柱 1 与工件接触，转动手柄通过顶柱 3 锁紧滑柱 1，使其承受切削力等外力。此结构的弹簧力应能推动滑柱，但不能顶起工件，不会破坏工件的定位。

c. 推引式辅助支承。如图 2-21 所示，工件定位后，推动手轮使滑销与工件接触，然后转动手轮使斜楔开槽部分涨开而锁紧。

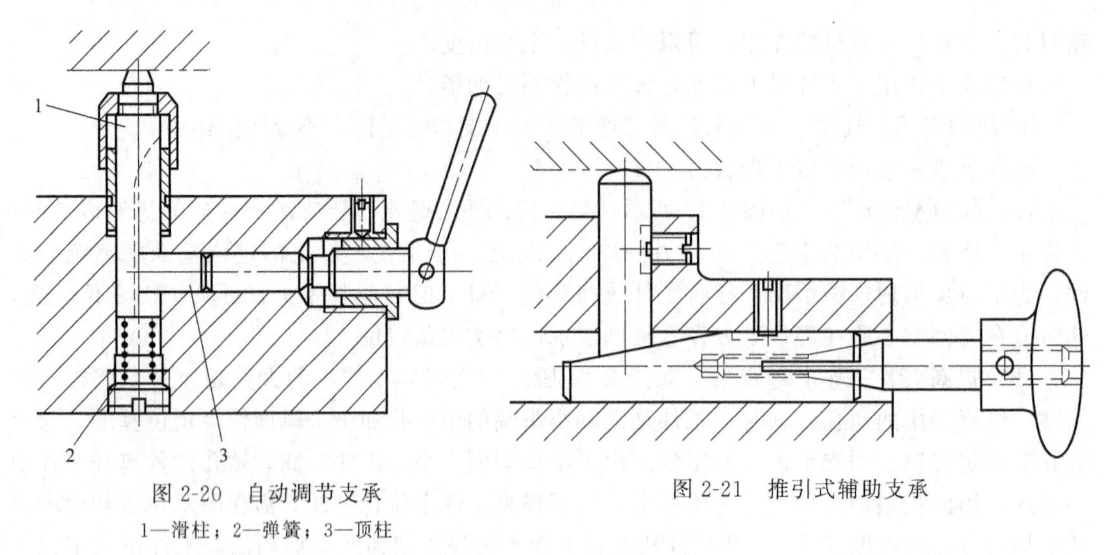

图 2-20 自动调节支承

1—滑柱；2—弹簧；3—顶柱

图 2-21 推引式辅助支承

② 工件以圆柱孔定位。工件以圆柱孔为定位基准，如套类、齿轮、拨叉等。此种定位方式所用的定位元件有圆柱定位销、定位心轴和圆锥定位销等。

a. 圆柱定位销。圆柱定位销（以下简称定位销）有固定式（JB/T 8014.2—1999）、可换式（JB/T 8014.3—1999）和定位插销（JB/T 8015—1999）。

图 2-22 为固定式定位销，A 型称圆柱销，B 型称菱形销。它们将直接用过盈配合（H7/r6）装在夹具体上。定位销直径 D 为 3～10mm 时，为避免在使用中折断，或热处理时淬裂，通常把根部倒成圆角 R。夹具体上应有沉孔，使定位销的圆角部分沉入孔内而不影响定位。为了便于定位销的更换，可采用可换式定位销（见图 2-23）。为便于工件装入，定

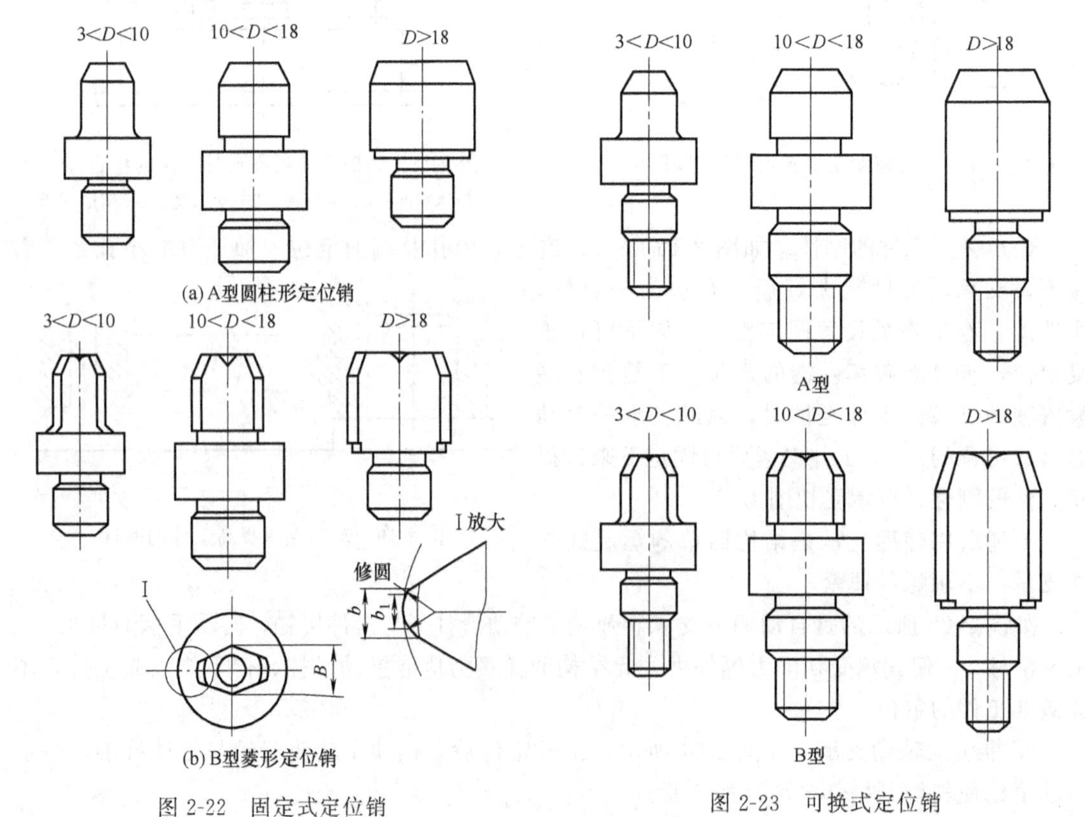

图 2-22 固定式定位销

图 2-23 可换式定位销

位销的头部有 15°倒角，与夹具体配合的圆柱面与凸肩之间有退刀槽，以保证装配质量。

图 2-24 为插销式定位销，主要用于定位基准孔是加工表面本身。使用时，待工件装后取下。

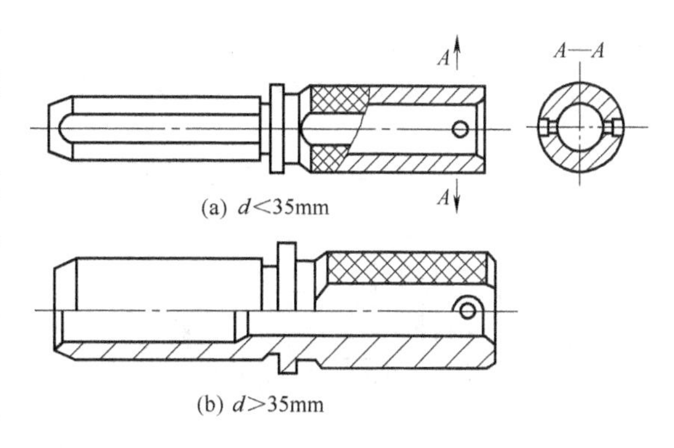

图 2-24　插销式定位销

b. 圆柱心轴。如图 2-25 所示为常用的几种圆柱心轴的结构形式。

图 2-25(a) 为间隙配合心轴。心轴的限位基面一般按 h6、g6 或 f7 制造，其装卸工件方便，但定心精度不高。为了减少因配合间隙而造成的工件倾斜，工件常以孔和端面联合定位，因而要求工件定位孔与定位端面之间、心轴限位圆柱面与限位端面之间都有较高的垂直度，最好能在一次装夹中加工出来。

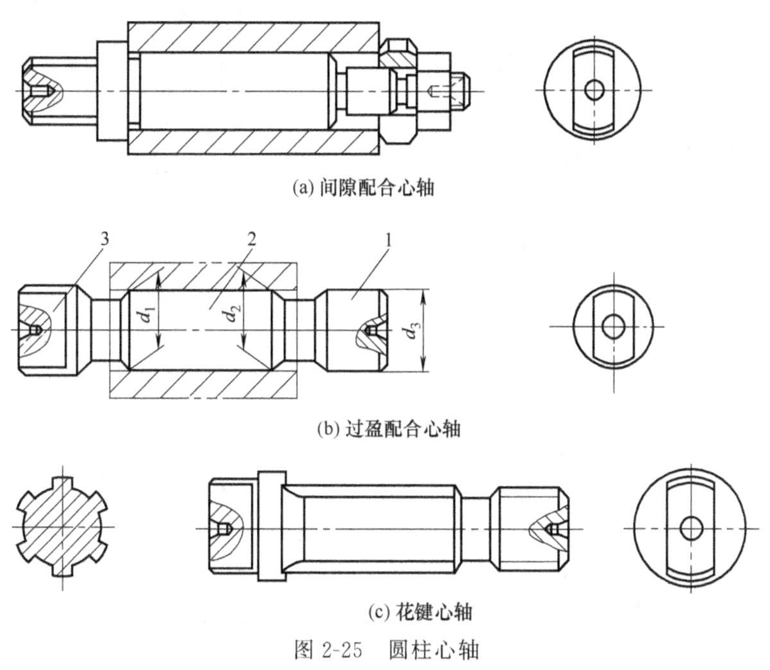

图 2-25　圆柱心轴

1—引导部分；2—工作部分；3—传动部分

图 2-25(b) 为过盈配合心轴，由引导部分 1、工作部分 2、传动部分 3 组成。引导部分的作用是使工件迅速而准确地套入心轴，其直径 d_3 按 e8 制造，d_3 的基本尺寸等于工件孔的最小极限尺寸，其长度约为工件定位孔长度的一半。工作部分的直径按 r6 制造，其基本尺寸等于孔的最大极限尺寸。当工件定位孔的长度与直径之比 $L/d>1$ 时，心轴的工作部分应略带锥度，这时，直径 d_1 按 r6 制造，其基本尺寸等于孔的最大极限尺寸，直径 d_2 按 h6 制造，其基本尺寸等于孔的最小极限尺寸。这种心轴制造简单、定心准确、不用另设夹紧装置，但装卸工件不便，易损伤工件定位孔，因此，多用于定心精度要求高的精加工。

图 2-25(c) 是花键心轴，用于加工以花键孔定位的工件。当工件定位孔的长径比 $L/d>1$ 时，工作部分可略带锥度。设计花键心轴时，应根据工件的不同定心方式来确定定位心轴的结

构，其配合可参考上述两种心轴。

心轴在机床上的常用安装方式如图 2-26 所示。

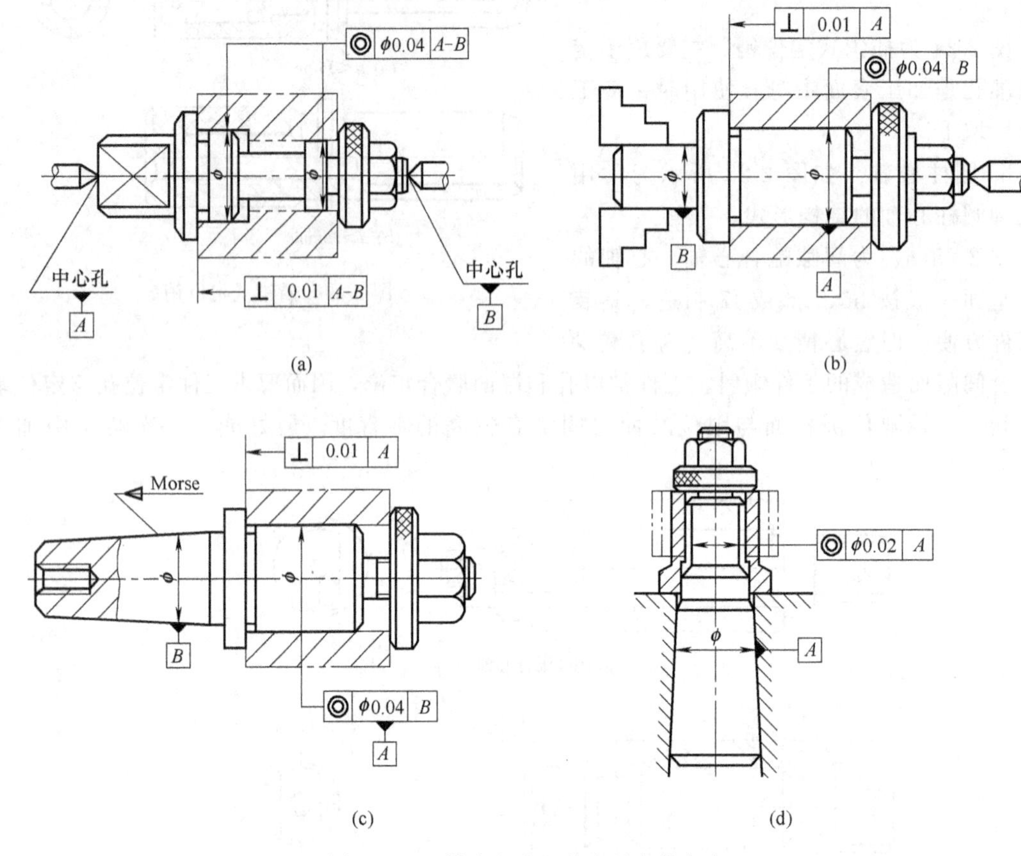

图 2-26　心轴在机床上的常用安装方式

c. 圆锥定位销。圆锥定位销（简称圆锥销）常见结构如图 2-27 所示。图 2-27(a) 用于圆柱孔为粗基准面，图 2-27(b) 用于圆柱孔为精基准面。采用圆锥定位销消除了孔与销之间的间隙，定心精度高，装卸工件方便。圆锥定位销限制了工件的$\vec{X}$、$\vec{Y}$、$\vec{Z}$三个自由度。

工件在单个圆锥销上定位容易倾斜，为此，圆锥销一般与其他定位元件组合定位，如图 2-28 所示。图 2-28(a) 为圆锥-圆柱组合心轴，锥度部分使工件准确定心，圆柱部分可减少

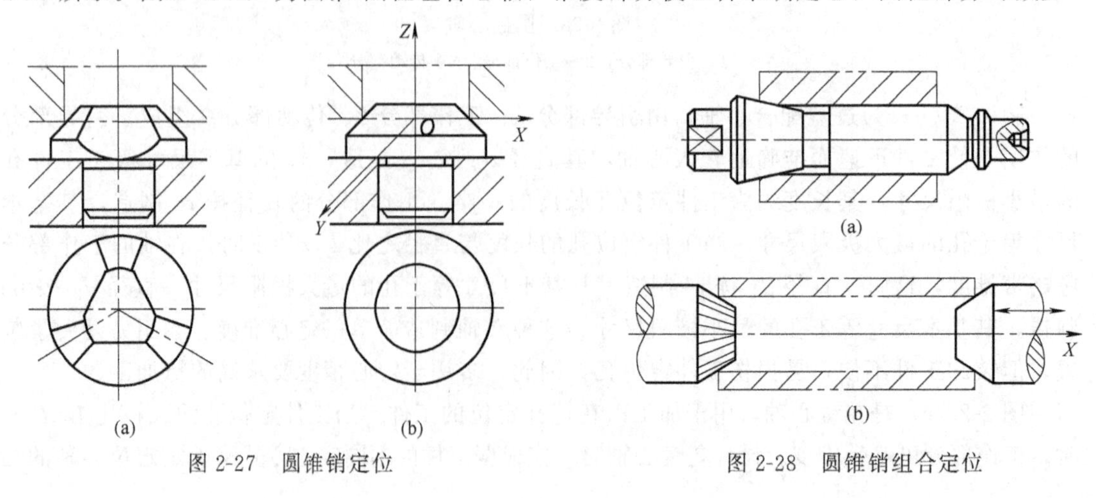

图 2-27　圆锥销定位

图 2-28　圆锥销组合定位

工件倾斜。图 2-28(b) 为工件在双圆锥销上定位，左端固定锥销限制$\vec{X}$、$\vec{Y}$、$\vec{Z}$三个自由度，右端为活动锥销，限制$\widehat{Y}$、$\widehat{Z}$两个自由度。以上定位方式均限制工件五个自由度。

d. 锥度心轴（JB/T 10116—1999）。如图 2-29 所示，工件在锥度心轴上定位，并靠工件定位圆孔与心轴限位圆柱面的弹性变形夹紧工件。

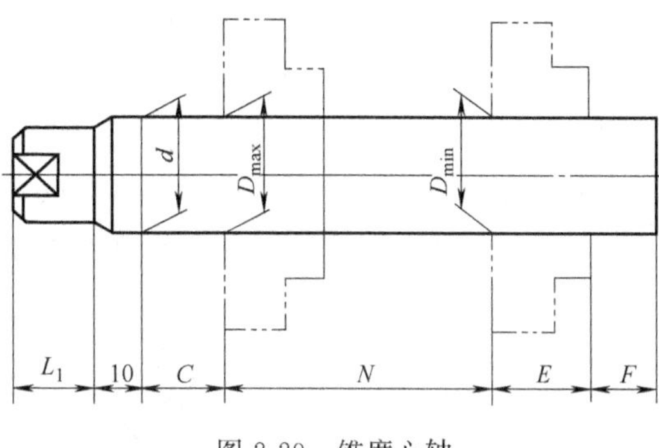

图 2-29　锥度心轴

这种定位方式的定心精度较高，可达 ϕ0.01～0.02mm，但工件的轴向位移误差较大，适用于工件定位孔精度不低于 IT7 的精车和磨削加工，不能加工端面。

③ 工件以外圆柱面定位。工件以外圆柱面定位时，常用如下定位元件。

a. V 形块（JB/T 8018.1—1999）。如图2-30所示，V 形块的主要参数有：

D——V 形块的设计心轴直径，D 为工件定位基面的平均尺寸，其轴线是 V 形块的限位基准；

α——V 形块两限位基面间的夹角。有 60°、90°、120°三种，以 90°应用最广；

H——V 形块的高度；

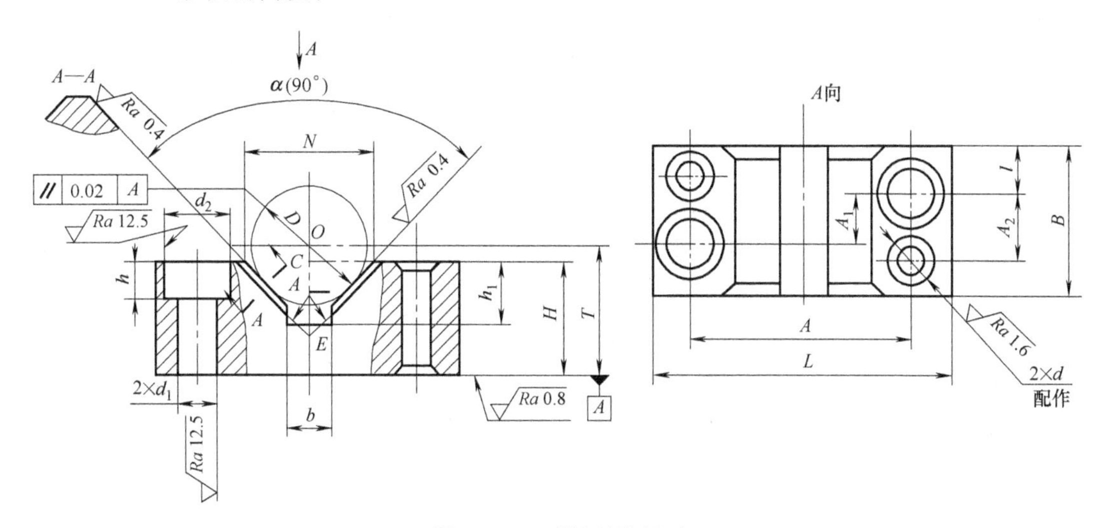

图 2-30　V 形块结构尺寸

N——V 形块的开口尺寸；

T——V 形块的定位高度，即 V 形块的限位基准至 V 形块底面的距离。

V 形块已标准化，H、N 可查，但 T 必须计算。由图 2-31 可知

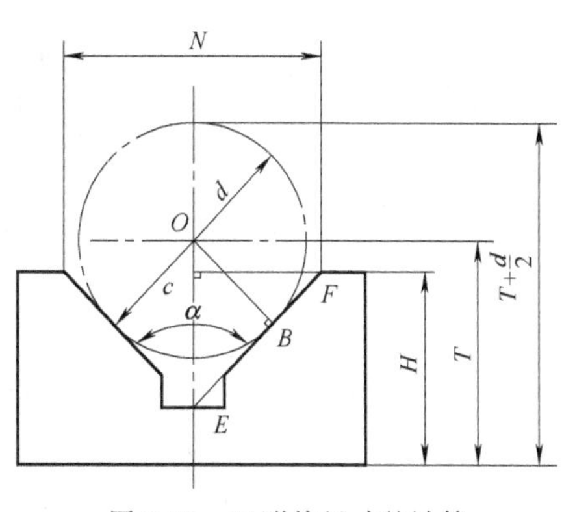

图 2-31　V 形块尺寸的计算

$$T=H+OC=H+(OE-CE)$$

$$OE=d/(2\sin\alpha/2) \qquad CE=N/(2\tan\alpha/2)$$

所以

$$T=H+\frac{1}{2}\left(\frac{d}{\sin\frac{\alpha}{2}}-\frac{N}{\tan\frac{\alpha}{2}}\right) \tag{2-1}$$

当 $\alpha=60°$ 时，$T=H+d-0.867N$；当 $\alpha=90°$ 时，$T=H+0.707d-0.5N$；当 $\alpha=120°$ 时，$T=H+0.578d-0.289N$。

图 2-32 为常用 V 形块的结构形式。图 2-32(a) 用于较短的精基准面定位；图 2-32(b) 用于较长的粗基准面和阶梯定位；图 2-32(c) 用于两段精基准面相距较远的场合；V 形块不一定做成整体钢件，可采用铸铁底座镶淬火钢垫或硬质合金板，如图 2-32(d) 所示。

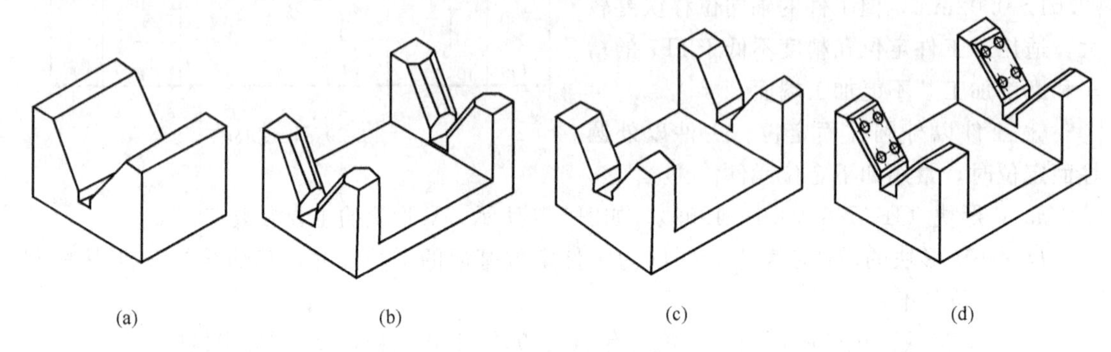

图 2-32　V 形块结构形式

V 形块有固定式（JB/T 8018.2—1999）、可调整式（JB/T 8018.3—1999）和活动式（JB/T 8018.4—1999）之分。图 2-33(a) 为加工连杆孔的定位方式，左边的 V 形块是固定的，起定位作用。右边的 V 形块是活动的，不仅起定位作用，还起夹紧作用。活动 V 形块限制工件的一个自由度。图 2-33(a) 中活动 V 形块限制 $\overset{\curvearrowright}{Z}$ 自由度，图 2-33(b) 中活动 V 形块限制 $\overset{\curvearrowright}{Y}$ 自由度。固定 V 形块一般采用两个销钉和 2～4 个螺钉与夹具体连接。

V 形块定位的对中（使工件的定位基准总处于 V 形块两限位基面的对称面内）作用好。

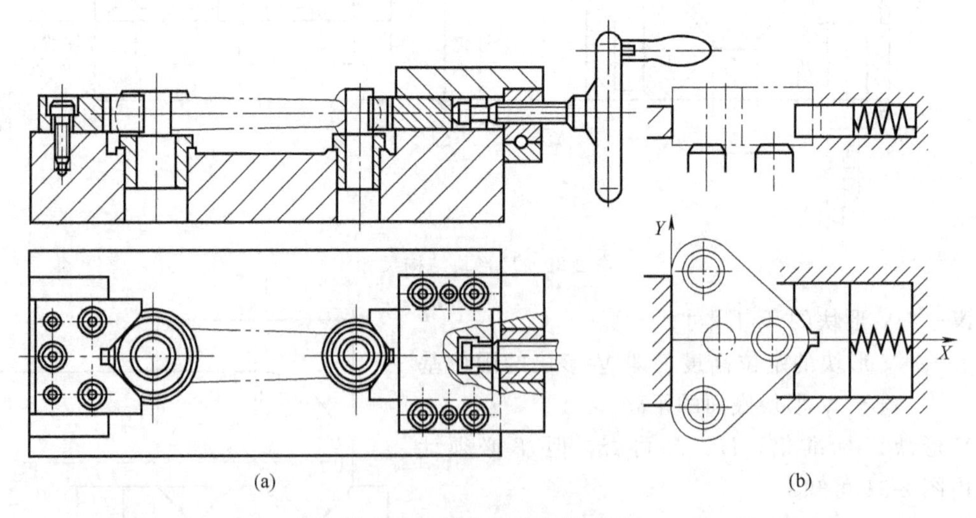

图 2-33　活动 V 形块的应用

b. 定位套和半圆套。工件以外圆柱面在定位套中定位，是把工件的精基准插于定位套中。图 2-34 为定位套的几种类型。其内孔轴线是限位基准，内孔面是限位基面。为了限制工件沿轴向的自由度，常与端面联合定位。图 2-34(a) 为短套；图 2-34(b) 为长套；图2-34

(c) 为锥套；图 2-34(d) 为半圆套。图 2-34(d) 中下面的半圆套是定位元件，上面的半圆套起夹紧作用，主要用于大型轴类零件及不便于轴向装夹的零件。定位基面的精度不低于 IT8～IT9，下半圆套的最小内径应取工件定位基面的最大直径。

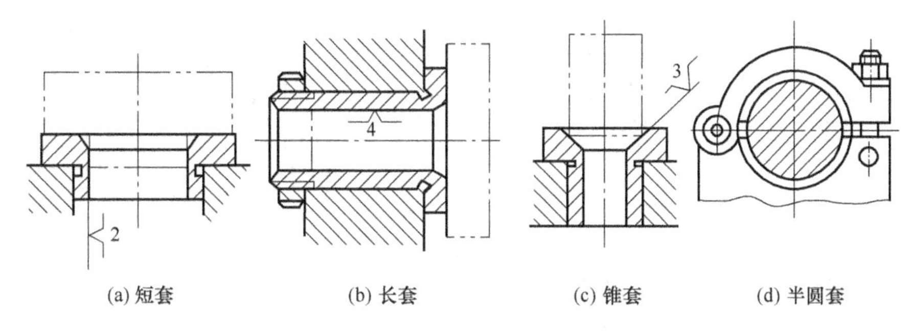

(a) 短套　(b) 长套　(c) 锥套　(d) 半圆套

图 2-34　定位套

④ 工件以特殊表面定位。工件除用上述几种典型表面作定位基准外，有时还采用某些特殊表面作定位基准。

a. 工件以 V 形导轨面定位。车床滑板等零件，常以底部的 V 形导轨面作为定位基准，采用如图 2-35 所示短圆柱-V 形座定位装置。它是在固定 V 形座上放置两个短圆柱，限制 $\vec{Y}$、$\vec{Z}$、$\overset{\frown}{Y}$、$\overset{\frown}{Z}$ 四个自由度；在活动 V 形座上面也放了两个短圆柱，限制 $\overset{\frown}{X}$、$\overset{\frown}{Y}$ 两个自由度；可调支承限制 $\vec{X}$；$\overset{\frown}{Y}$ 被重复限制，但因工件与定位元件精度高，属可用重复定位。

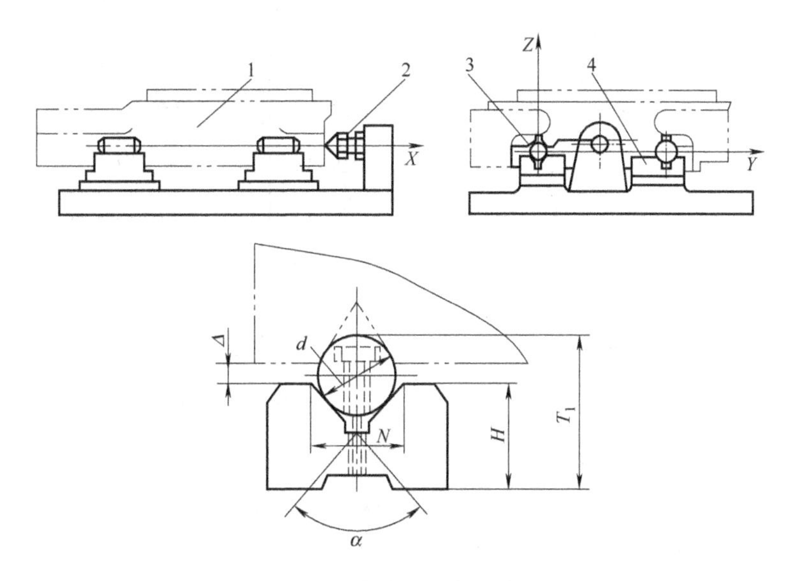

图 2-35　车床滑板定位简图

1—工件（车床滑板）；2—可调支承；3—短圆柱；4—活动 V 形块

b. 工件以燕尾导轨面定位。工件以燕尾导轨面作为定位基面时，其定位装置有两种：其一如图 2-36 所示，与上述滑板定位相似，采用两短圆柱-支座与一平面作为定位元件，限制工件五个自由度。其二是以对应的燕尾定位装置定位，如图 2-37 所示。左右两边都是形状与燕尾槽对应的钳口，其中一边是可移动的。

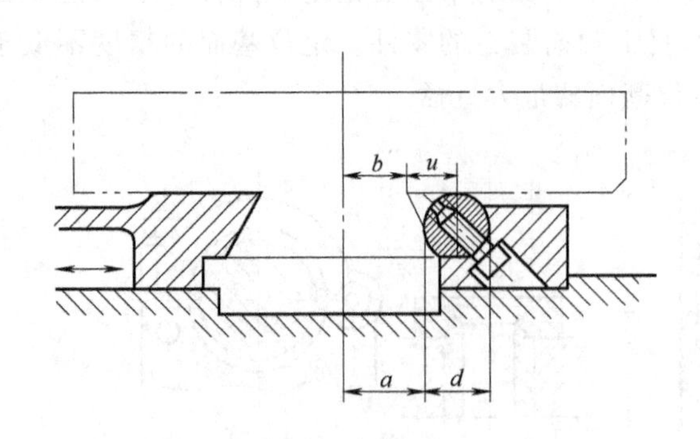

图 2-36　工件以燕尾导轨面定位

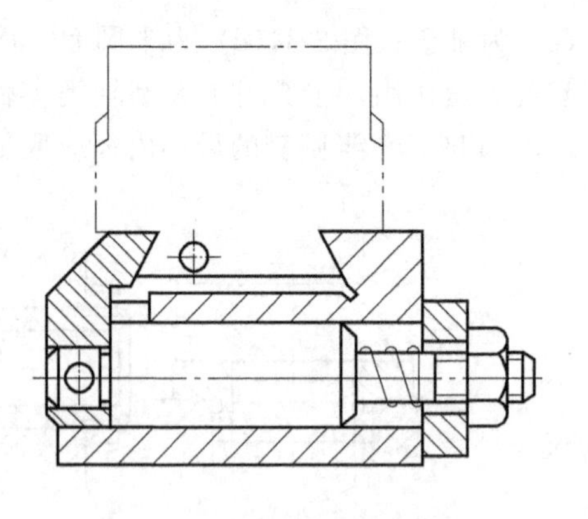

图 2-37　在燕尾面中定位

c. 工件以渐开线齿形面定位。对于整体淬火的齿轮，一般要在淬火后对孔和齿侧面分别进行磨削加工。为了保证磨齿时齿侧面余量均匀，先以齿形面定位磨内孔，再以内孔定位磨齿的侧面。以齿形面定位磨内孔时，如图 2-38（a）所示，在齿槽内均布三个精度很高的滚柱 6，套上保持架 4，再放入图 2-38（b）所示的膜片卡盘里。当气缸推动推杆 9 右移时，卡盘上的薄壁弹性变形，使卡爪 3 张开，此时可装卸工件。推杆左移时，卡盘弹性恢复，工件 5 被定位夹紧。

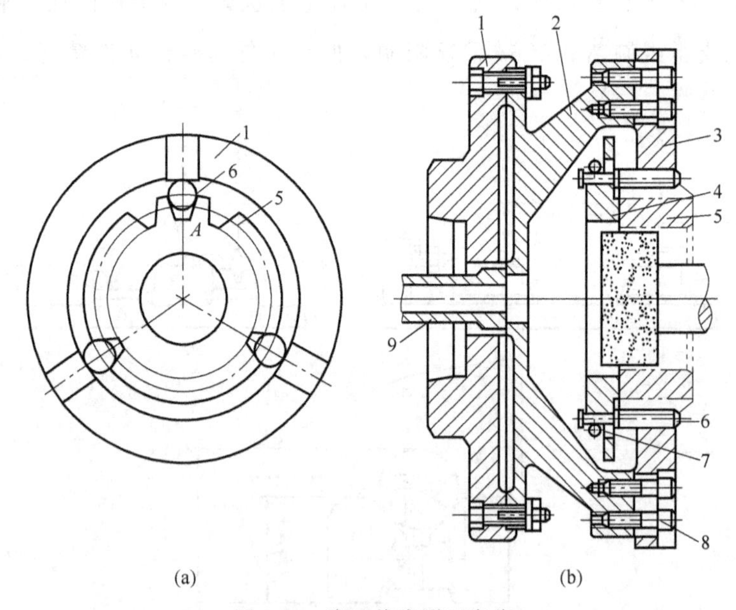

图 2-38　渐开线齿形面定位

1—夹具体；2—鼓膜盘；3—卡爪；4—保持架；5—工件；6—滚柱；7—弹簧；8—螺钉；9—推杆

⑤ 工件的组合定位

a. 工件组合定位的方式。工件以多个定位基准组合定位可以是平面、外圆柱面、内圆柱面、圆锥面等各种组合。

如图 2-39（a）所示为拨叉零件铣槽 $13.5^{+0.012}_{0}$ mm 的组合定位。它是以长圆柱孔 $\phi12^{+0.105}_{+0.045}$ mm 端平面及侧弧面为定位基准，采用长圆柱销、可调支承和支承钉来限制工件的六个自由度。

图 2-39（b）所示为法兰盘钻孔组合定位。它以工件底面作主要定位基面，用两条支承板限制$\vec{Z}$、$\overset{\frown}{X}$、$\overset{\frown}{Y}$，采用活动圆锥销，限制$\vec{X}$、$\vec{Y}$，即使工件的孔径变化较大，也能实现准确定位。

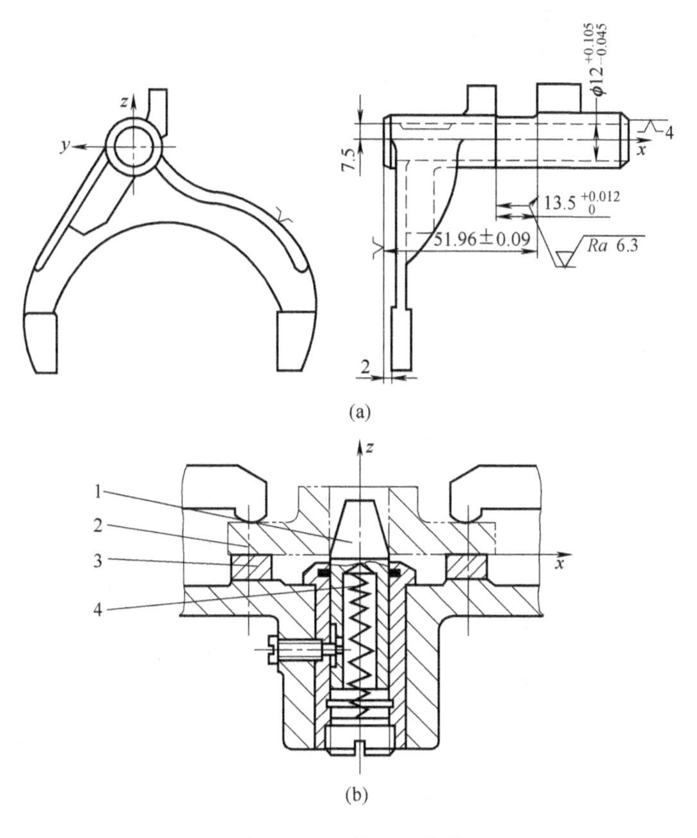

图 2-39 工件组合定位

1—圆锥销；2—工件；3—支承板；4—弹簧

b. 工件采用组合定位时应注意的问题

（a）合理选择定位元件，实现工件的完全定位或不完全定位，不能发生欠定位。对于重复定位应区别对待。

（b）按基准重合的原则选择定位基准，首先确定主要定位基准，然后确定其他定位基准。

（c）组合定位中，一些定位元件在单纯作用时限制位置自由度，而在组合定位时则转化为角度自由度。

（d）从多种定位方案中选择定位元件时，应特别注意定位元件所限制的自由度与加工精度的关系，以满足加工要求。

常用定位元件所能限制工件的自由度见表 2-2。

2.1.3 实例思考

根据六点定则，分析图 2-40 零件各定位方式中，定位元件所限制的自由度，有无重复定位现象？是否合理？如何改进？

表 2-2 常用定位元件能限制的工件自由度

工件定位基面	定位元件	工件定位简图	定位元件特点	限制的自由度
平面	支承钉			1、5、6——$\vec{Z}$、$\overset{\frown}{X}$、$\overset{\frown}{Y}$ 3、4——$\vec{Y}$、$\overset{\frown}{Z}$ 2——$\vec{X}$
	支承板		长支承板	1、2——$\vec{Z}$、$\overset{\frown}{X}$、$\overset{\frown}{Y}$ 3——$\vec{Y}$、$\overset{\frown}{Z}$
外圆柱面	支承板		长支承板	$\vec{Z}$、$\overset{\frown}{X}$
	定位套		短套	$\vec{X}$、$\vec{Z}$
			长套	$\vec{X}$、$\vec{Z}$、$\overset{\frown}{X}$、$\overset{\frown}{Z}$
	V 形块		短 V 形块	$\vec{X}$、$\vec{Z}$
			长 V 形块	$\vec{X}$、$\vec{Z}$、$\overset{\frown}{X}$、$\overset{\frown}{Z}$

续表

工件定位基面	定位元件	工件定位简图	定位元件特点	限制的自由度
外圆柱面	锥套	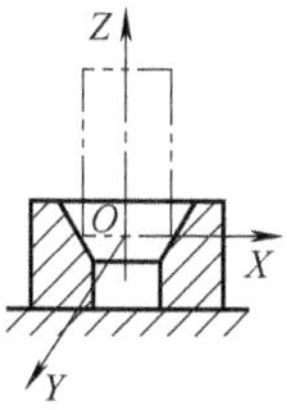		$\vec{X}$、$\vec{Y}$、$\vec{Z}$
圆孔	定位销	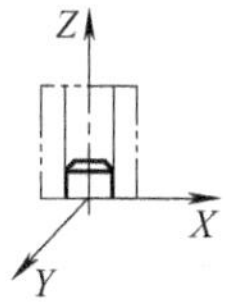	短销	$\vec{X}$、$\vec{Y}$
		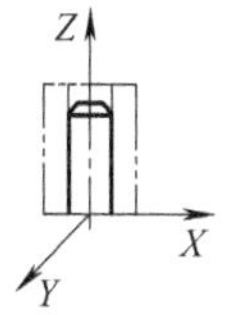	长销	$\vec{X}$、$\vec{Y}$、$\overset{\frown}{X}$、$\overset{\frown}{Y}$
	心轴	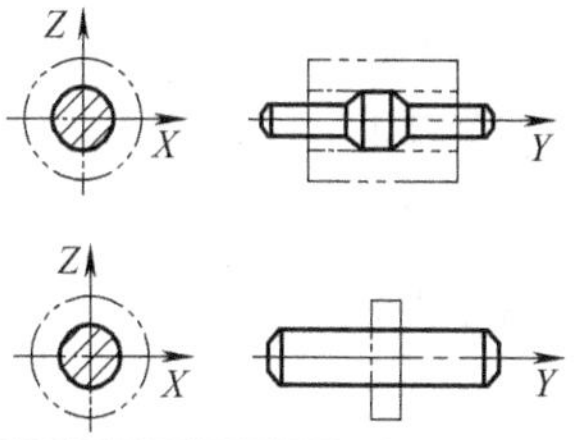	短心轴	$\vec{X}$、$\vec{Z}$
		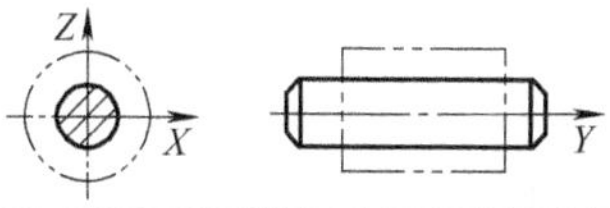	长心轴	$\vec{X}$、$\vec{Z}$、$\overset{\frown}{X}$、$\overset{\frown}{Z}$
	菱形销	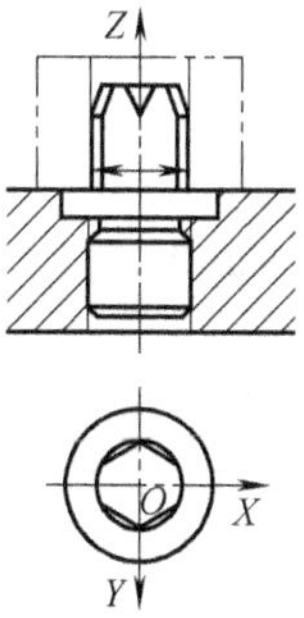	短菱形销	$\vec{X}$
			长菱形销	$\vec{X}$、$\overset{\frown}{Y}$
	锥销	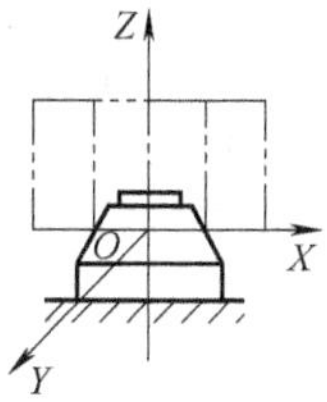		$\vec{X}$、$\vec{Y}$、$\vec{Z}$

续表

工件定位基面	定位元件	工件定位简图	定位元件特点	限制的自由度
锥孔	锥形心轴	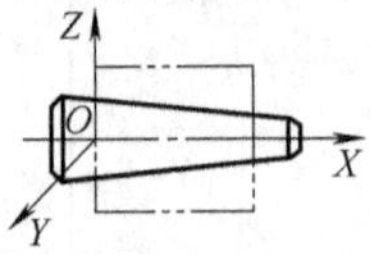	小锥度	$\vec{X}$、$\vec{Y}$、$\vec{Z}$ $\overset{\curvearrowright}{Y}$、$\overset{\curvearrowright}{Z}$
	顶尖	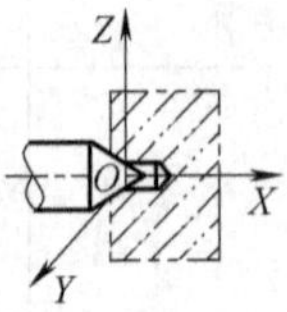		$\vec{X}$、$\vec{Y}$、$\vec{Z}$
二锥孔组合	两顶尖	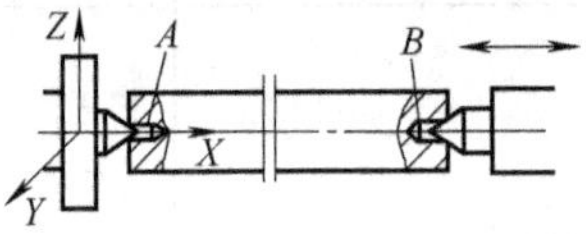	一个固定、一个活动的顶尖组合	$\vec{X}$、$\vec{Y}$、$\vec{Z}$ $\overset{\curvearrowright}{Y}$、$\overset{\curvearrowright}{Z}$
平面与孔组合	支承板、短销和菱形销	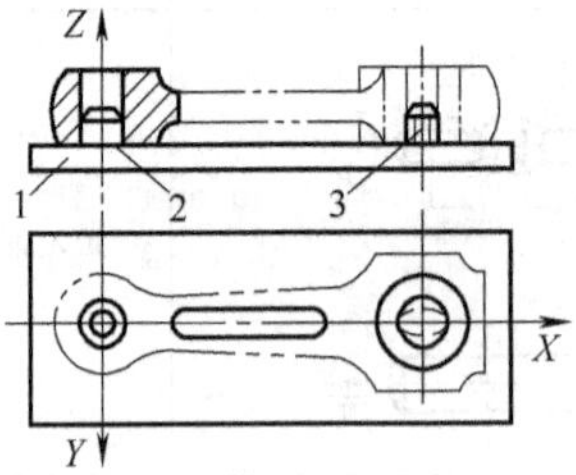 1—支板；2—短销；3—菱形销	支承板、短销和菱形销的组合	$\vec{X}$、$\vec{Y}$、$\vec{Z}$ $\overset{\curvearrowright}{X}$、$\overset{\curvearrowright}{Y}$、$\overset{\curvearrowright}{Z}$
	支承条、短销和菱形销	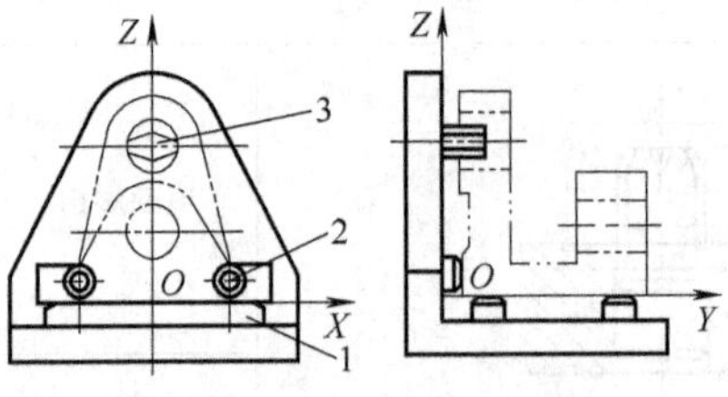 1—支承条；2—短圆柱销；3—菱形销	支承条、短销和菱形销的组合	$\vec{X}$、$\vec{Y}$、$\vec{Z}$ $\overset{\curvearrowright}{X}$、$\overset{\curvearrowright}{Y}$、$\overset{\curvearrowright}{Z}$
V形面和平面组合	圆柱销、支承条和挡销	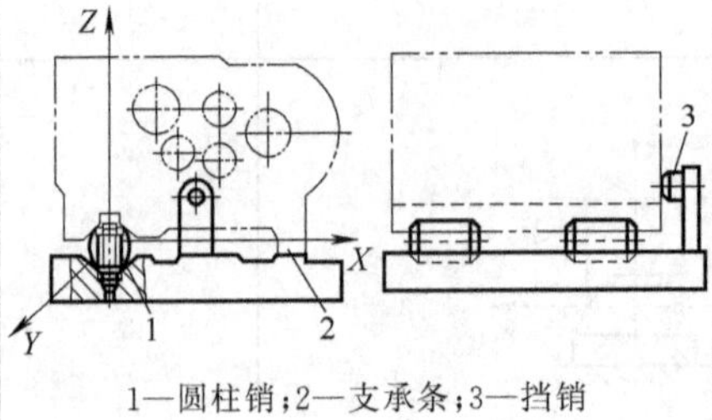 1—圆柱销；2—支承条；3—挡销	圆柱销、支承条和挡销的组合（$\overset{\curvearrowright}{X}$被重复限制）	1——$\vec{X}$、$\vec{Z}$、$\overset{\curvearrowright}{X}$、$\overset{\curvearrowright}{Z}$ 2——$\overset{\curvearrowright}{X}$、$\overset{\curvearrowright}{Y}$ 3——$\vec{Y}$

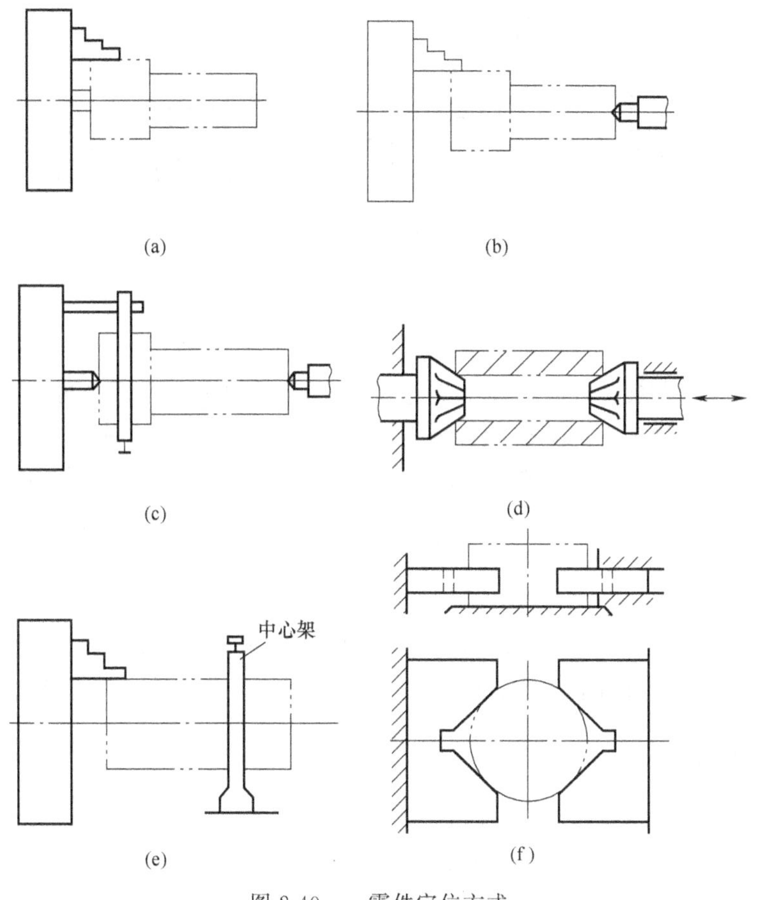

图 2-40 零件定位方式

2.2 定位误差的分析与计算

在设计工件的定位装置时，除根据六点定则确定限制的自由度和选用定位元件外，还必须考虑工件的定位精度是否足够。由于定位基准和定位表面的误差以及基准不重合误差的影响，工件在夹具中的位置发生变动，使得工序尺寸也产生最大变动（误差），这就是定位误差，用 Δ_D 表示。这种定位误差一般小于工序尺寸公差或位置公差的 1/3～1/5，该定位方案才能满足该工序加工精度要求，否则就必须重新考虑定位方案或在该定位方案上采取措施。

2.2.1 实例分析

(1) 实例

有一套筒以圆孔（圆孔直径为 $\phi30^{+0.021}_{0}$mm）在间隙配合圆柱心轴上定位车外圆，见图 2-41。要求保持内外圆同轴度允差为 $\delta_k=0.06$mm。如果圆孔与心轴按基孔制（H7/g6）配合，则采用这样的心轴定位，能否保证同轴度允差要求？

(2) 分析

圆孔与心轴按基孔制（H7/g6）配合，则定位心轴的直径应为 $\phi30^{-0.007}_{-0.020}$mm，圆孔的直径公差 $\delta_D=0.021$mm，心轴的直径公差 $\delta_d=0.013$mm，圆孔与心轴的最小配合间隙 $X_{min}=$

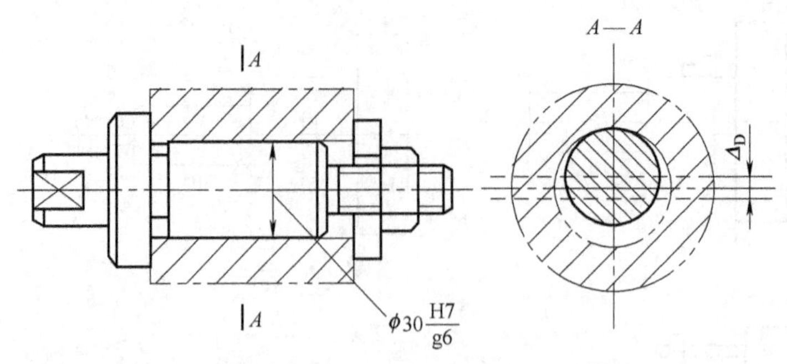

图 2-41　套筒在圆柱心轴上定位车外圆

0.007mm。在机床上装夹工件时，通常先把工件装入心轴中夹紧后，再把心轴装上机床；也有先把工件装入心轴后，装上机床再进行夹紧。但是在拧紧螺母时，常会引起工件的走动，所以上述两种办法都不能保证接触情况始终是固定在某一边。虽然心轴是水平放置，其定位误差不能按固定单边接触来考虑，但车床加工是靠心轴旋转来实现的，所以也应考虑工件定位孔中心相对心轴中心的偏心量。故同轴度总加工误差应是其定位误差与偏心量的和，再与之比较，能否保证同轴度允差要求。

如果不能保证同轴度允差要求，那就要根据具体情况采取相应措施，如提高工件圆孔和心轴的配合精度；或改用精密自动定心心轴，消除工件圆孔和心轴的配合间隙。

2.2.2 相关知识

(1) 造成定位误差的原因

造成定位误差的原因有两个：一是定位基准与工序基准不重合，由此产生基准不重合误差 Δ_B；二是定位基准与限位基准不重合，由此产生基准位移误差 Δ_Y。

① 基准不重合误差。图 2-42 是在工件上铣缺口，图 2-42(a) 为工序简图，加工尺寸为 A 和 B。图 2-42(b) 为加工示意图，工件以底面和 E 面定位。C 是确定夹具与刀具相互位置的对刀尺寸，在一批工件的加工过程中，C 的大小是不变的。加工尺寸 A 的工序基准是 F 面，定位基准是 E 面，两者不重合。当一批工件逐个在夹具上定位时，受尺寸 $S\pm\delta_s/2$ 的影响。若某个工件前道工序尺寸为 S_{max} 时，本道工序尺寸为 A_{max}；若某个工件前道工序尺

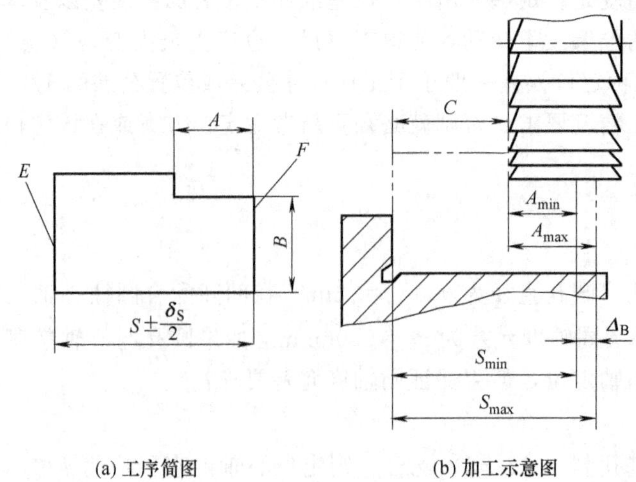

图 2-42　基准不重合误差分析

寸为 S_{min} 时，本道工序尺寸为 A_{min}。因此，工序基准 F 面相对定位基准有一个最大变动范围 δ_s，它影响工序尺寸 A 的大小，造成 A 的尺寸误差。Δ_s 就是这批工件由于定位基准与工序基准不重合而产生的定位误差，简称基准不重合误差，用 Δ_B 表示。

由此可见，基准不重合误差的大小应等于因定位基准与工序基准不重合而造成的加工尺寸的变动范围。由图 2-42(b) 可知

$$\Delta_B = A_{max} - A_{min} = S_{max} - S_{min} = \delta_s \tag{2-2}$$

S 是定位基准 E 面与工序基准 F 面间的距离尺寸，称为定位尺寸。

当工序基准的变动方向与加工尺寸的方向不一致，存在一夹角 α 时，基准不重合误差等于定位尺寸的公差在加工尺寸方向上的投影，即

$$\Delta_B = \delta_s \cos\alpha \tag{2-3}$$

当工序基准的变动方向与加工尺寸的方向相同时，即 $\alpha=0$，$\cos\alpha=1$，这时基准不重合误差等于定位尺寸的公差，即

$$\Delta_B = \delta_s \tag{2-4}$$

因此，基准不重合误差 Δ_B 是一批工件逐个在夹具上定位时，定位基准与工序基准不重合而造成的加工误差，其大小为定位尺寸的公差 δ_s 在加工尺寸方向上的投影。

图 2-42 上加工尺寸 B 的工序基准与定位基准均为底面，基准重合，所以 $\Delta_B=0$。

② 基准位移误差。有些定位方式，即使是基准重合，也可能产生另一种定位误差。如图 2-43 所示为圆盘钻孔夹具简图，图 2-43(a) 工序图中孔的尺寸 D_1 由钻头保证，孔的位置尺寸 $h \pm \frac{1}{2}\delta_h$ 由夹具保证。图 2-43(b) 为该工件在夹具中定位钻孔简图，定位基准和工序基准都是内孔中心线，两基准重合。钻套中心与定位销中心之距离 $h \pm \frac{1}{2}\delta_{h_1}$，按工序尺寸 $h \pm \frac{1}{2}\delta_h$ 而定，钻头经钻套引导钻削孔 D_1。

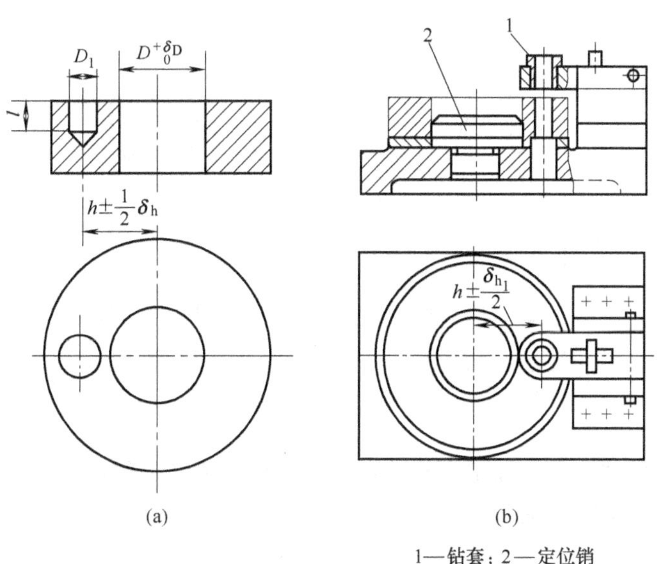

1—钻套；2—定位销

图 2-43　圆盘钻孔工序图

由于工件的定位基准内孔 D 和定位销直径 d 总有制造误差，且为了使工件内孔易于套于定位销，二者间还留有最小间隙 X_{min}，因此，工件的定位基准和定位销中心就不可能完

全重合，如图 2-44 所示。工件的定位基准中心相对定位销中心上下左右等任意方向变动，定位基准 O 的变动就造成工序尺寸的变动，其定位基准在工序尺寸方向上的最大变动范围，称为定位基准位移误差，简称基准位移误差，用 Δ_Y 表示。

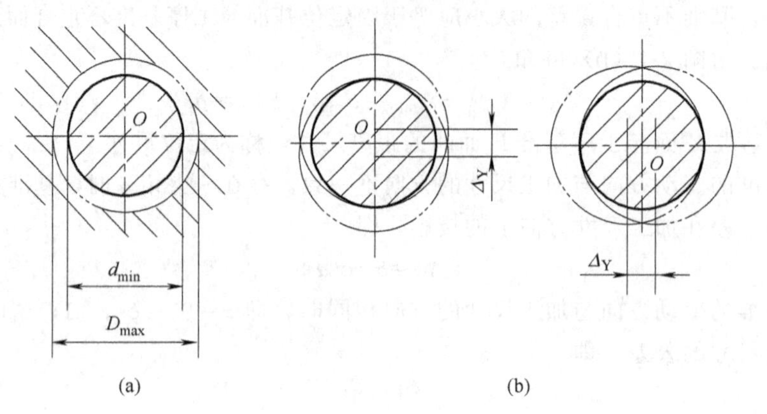

图 2-44　基准位移误差示意图

一批工件定位基准在工序尺寸方向上的最大可能变动范围，是定位最不利的情况。

由图 2-45 可知，当工件孔的直径为最大（D_{max}），定位销直径为最小（d_{0min}）时，定位基准的位移量 i 为最大（$i_{max}=OO_1$），加工尺寸 h 也最大（h_{max}）；当工件孔的直径为最小（D_{min}），定位销直径为最大（d_{0max}）时，定位基准的位移量 i 为最小（$i_{min}=OO_2$），加工尺寸也最小（h_{min}）。因此

$$\Delta_Y=h_{max}-h_{min}=i_{max}-i_{min}=\delta_i$$

式中　i——定位基准的位移量；

δ_i——一批工件定位基准的变动范围。

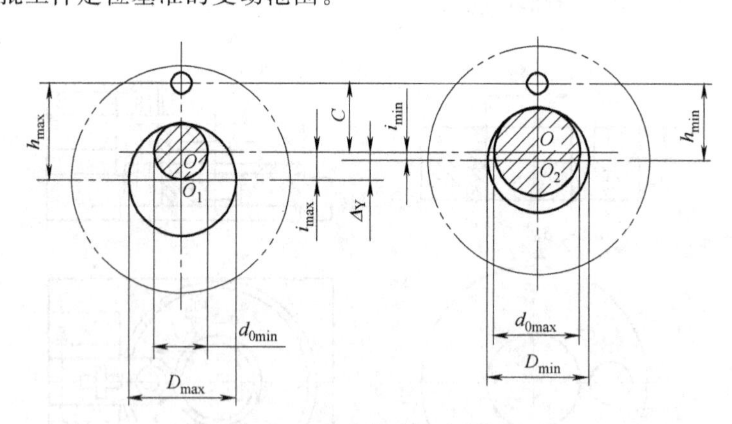

图 2-45　基准位移误差分析

当定位基准的变动方向与加工尺寸的方向不一致，两者之间成夹角 α 时，基准位移误差等于定位基准的变动范围在加工尺寸方向上的投影，即

$$\Delta_Y=\delta_i\cos\alpha \tag{2-5}$$

当定位基准的变动方向与加工尺寸的方向一致时，即 $\alpha=0$，$\cos\alpha=1$，基准位移误差等于定位基准的变动范围，即

$$\Delta_Y=\delta_i \tag{2-6}$$

因此，基准位移误差 Δ_Y 是一批工件逐个在夹具上定位时，定位基准相对于限位基准的

最大变化范围 δ_i 在加工尺寸方向上的投影。

在上述分析的各例中，定位误差的产生只是单方面存在，即只有基准不重合误差，或只有基准位移误差。但在实际生产中，有的工件在夹具中定位时，可能这两种定位误差同时存在。因此，定位误差是由基准不重合误差和基准位移误差这两种误差组成。

(2) 定位误差的计算方法

定位误差的计算方法有合成法、极限位置法和尺寸链分析计算法（微分法）。这里只介绍合成法。

由于定位基准与工序基准不重合以及定位基准与限位基准不重合是造成定位误差的原因，因此，定位误差应是基准不重合误差与基准位移误差的合成。计算时，可先算出基准不重合误差 Δ_B 和基准位移误差 Δ_Y，然后将两者合成而得 Δ_D。

合成时，若工序基准不在定位基面上（工序基准与定位基面为两个独立的表面），即 Δ_B 与 Δ_Y 无相关公共变量，则 $\Delta_D=\Delta_Y+\Delta_B$。

若工序基准在定位基面上，即 Δ_B 与 Δ_Y 有相关的公共变量，则 $\Delta_D=\Delta_Y\pm\Delta_B$。

在定位基面尺寸变动方向一定（由大变小或由小变大）的条件下，Δ_Y（或定位基准）与 Δ_B（或工序基准）的变动方向相同时，取“+”号；变动方向相反时，取“−”号。

(3) 常见定位方式的定位误差分析与计算

① 工件以平面定位时定位误差的计算。工件以平面定位时，若用精基准，定位基面与定位表面很好贴合，因平面度引起的基准位移误差很小，可不予考虑。若以毛坯面作粗基准，虽然基准位移误差较大，但主要是影响毛坯面到加工表面的尺寸关系，只要毛坯基准选择得好，不会产生基准位移误差。所以，工件以平面定位可能产生的定位误差，主要是由于基准不重合引起的，实质上就是求基准不重合误差，即

$$\Delta_B=\delta_s\cos\alpha$$

$$\Delta_Y=0$$

$$\therefore \Delta_D=\Delta_B=\delta_s\cos\alpha \tag{2-7}$$

当基准不重合误差由多个尺寸影响时，应将其在工序尺寸方向上合成。

$$\Delta_B=\sum_{i=1}^{n}\delta_i\cos\alpha \tag{2-8}$$

式中，δ_i 为定位基准与工序基准间的尺寸链组成环的公差，mm。

【例 2-1】 镗削如图 2-46 所示工件 ϕ15H7 的孔，试求其定位误差。

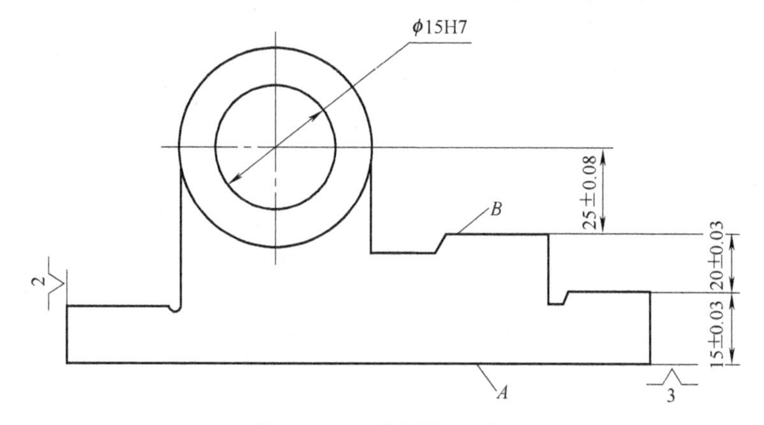

图 2-46 工件镗孔工序图

解：

a. 工件以底平面 A 定位，$\Delta_Y=0$；

b. 工序基准在上平面 B，定位基准在下平面 A，基准不重合。根据式（2-8）知

$$\Delta_B=\sum_{i=1}^{n}\delta_i\cos\alpha=(0.06+0.06)\cos0°=0.12\text{mm}$$

c. 定位误差为

$$\Delta_D=\Delta_B=0.12\text{mm}$$

加工工件 ϕ15H7 孔的工序尺寸公差为 0.16mm，定位误差远远超过了工件公差的 1/3，不能保证零件精度，应改为 B 面定位，工序基准与定位基准相重合，则基准不重合误差 $\Delta_B=0$，所以，定位误差 $\Delta_D=0$ 满足零件加工要求。

② 工件以圆柱孔表面定位时定位误差计算。工件以圆柱孔表面定位时，常用的定位元件是定位销和心轴，其基准位移误差既与二者之间的配合性质有关，还与定位元件的安装方式有关。基准不重合误差随具体情况而异。

a. 工件以圆孔与心轴或定位销过盈配合。过盈配合时定位副之间无间隙，定位基准与限位其准相重合，因此，基准位移误差为零，即 $\Delta_Y=0$。求该种情况的定位误差，实质就是求基准不重合误差。

b. 工件以圆孔与心轴或定位销间隙配合

(a) 任意边接触。因定位副之间有最小配合间隙，再加上定位副的制造误差，所以存在基准位移误差。其大小应等于因定位基准与限位基准不重合造成的加工尺寸的变动范围。一批工件定位基准变动的两个极端位置是圆孔直径最大，而定位销（或心轴）直径最小。

如图 2-43(b) 圆盘钻孔定位简图所示，当孔径最大，而定位销直径最小，孔左右两边的母线与定位销接触时，可使定位基准沿工序尺寸 h 方向的位移量最大。其偏移量为最大配合间隙。故基准位移误差（见图 2-47）为

$$\Delta_Y=D_{max}-d_{0min}$$

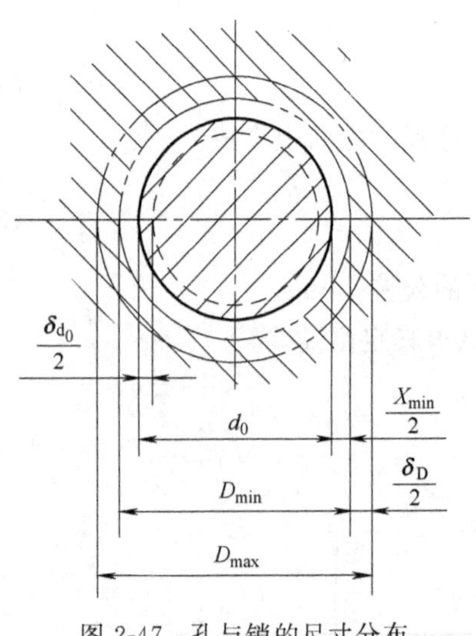

图 2-47 孔与销的尺寸分布

因为 $D_{max}=D+\delta_D$，$D=d_0+X_{min}$

所以 $D_{max}=d_0+X_{min}+\delta_D$

因为 $d_{0min}=d_0-\delta_{d_0}$

将 D_{max} 和 d_{min} 代入上式得

$$\Delta_Y=\delta_D+\delta_{d_0}+X_{min} \tag{2-9}$$

式中 δ_D——工件孔的直径公差，mm；

δ_{d_0}——定位销的直径公差，mm；

X_{min}——最小孔径 D 与最大定位销直径 d 相配合时的最小间隙，mm。

当工件用长定位轴定位时，定位的配合间隙还会使工件发生歪斜，影响工件的平行度要求。所以工件除了孔距公差外，还有平行度要求，定位配合的最大间隙同时会造成平行度误差，即

$$\Delta_Y=(\delta_D+\delta_{d_0}+X_{min})\frac{L_1}{L_2} \tag{2-10}$$

式中 L_1——加工面长度，mm；

L_2——定位孔长度，mm。

【例 2-2】 用如图 2-48 所示的定位方式钻铰零件上 ϕ10H7 的孔，工件主要以 ϕ20H7 的孔定位，定位心轴直径为 ϕ20g6，求工序尺寸 65mm±0.05mm 的定位误差及平行度的定位误差。

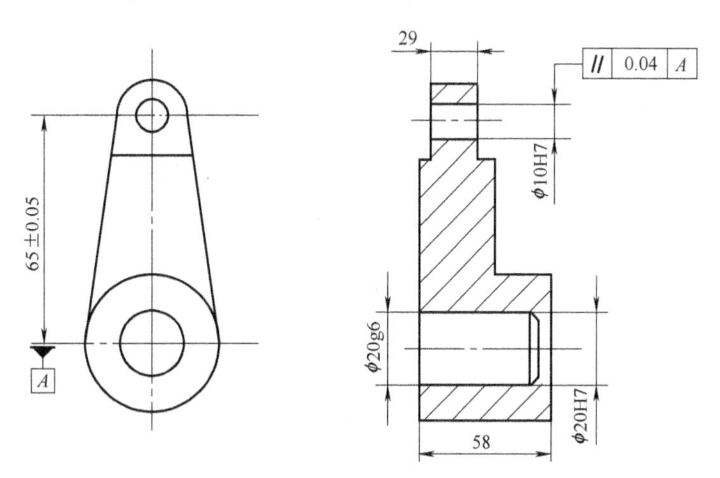

图 2-48　钻铰连杆孔的定位方式

解：（1）工序尺寸 65mm±0.05mm 的定位误差

因工序基准与定位基准重合，$\Delta_B=0$

查表可知　　$\phi 20\text{H7}=\phi 20^{+0.021}_{0}$　　$\phi 20\text{g6}=\phi 20^{-0.007}_{-0.016}$

因工件圆孔与心轴为任意边接触，按式（2-9）

$$\Delta_Y=\delta_D+\delta_{d_0}+X_{\min}=0.021+0.009+0.007=0.037\ (\text{mm})$$

所以
$$\Delta_D=\Delta_Y=0.037\ (\text{mm})$$

（2）平行度 0.04mm 的定位误差

同理　$\Delta_B=0$

按式（2-10）得
$$\Delta_Y=(\delta_D+\delta_{d_0}+X_{\min})\frac{L_1}{L_2}$$
$$=(0.021+0.009+0.007)\times\frac{29}{58}$$
$$=0.018\ (\text{mm})$$

则影响工件平行度的定位误差为

$$\Delta_D=\Delta_Y=0.018\text{mm}$$

（b）固定单边接触。如图 2-49 所示，用定位销 $d_0-\delta_{d_0}$ 定位内孔 $D_0^{+\delta_D}$，则存在定位基准位移误差，在 Z 轴方向的位置最大变动量的两个极限位置，一是定位销直径最大为 d_0，内孔直径最小为 D，固定在定位销的上母线接触，此时定位基准的位移量为最小 OO_1；二是定位销直径为最小 $d_0-\delta_{d_0}$，内孔直径最大 $D+\delta_D$，也与定位销上母线接触，定位基准的位移量为最大 OO_2。因此，定位基准位移误差是 O_1O_2 之间的距离，即

$$\Delta_Y=O_1O_2=O_2B_2+B_1B_2-O_1B_1$$
$$=\frac{1}{2}(D+\delta_D)+\frac{\delta_{d_0}}{2}-\frac{1}{2}D$$
$$=\frac{1}{2}(D+\delta_D+\delta_{d_0}-D)=\frac{1}{2}(\delta_D+\delta_{d_0})$$

$$\Delta_Y=\frac{1}{2}(\delta_D+\delta_{d_0})\qquad(2\text{-}11)$$

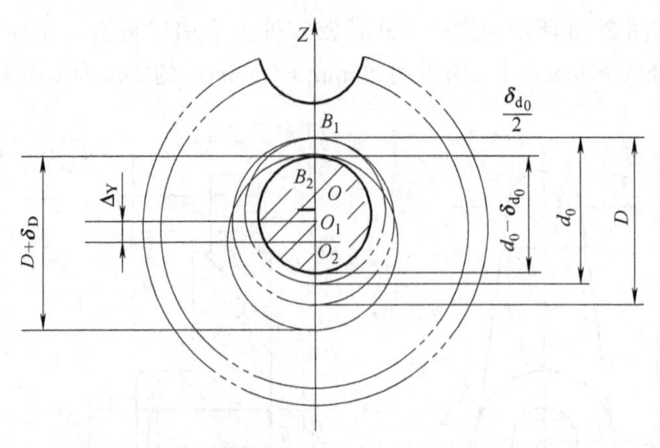

图 2-49 圆孔与心轴固定单边接触基准位移误差

【例 2-3】 铰钻如图 2-50（a）所示凸轮上的两个小孔 $\phi16$mm，定位方式如图 2-50（b）。定位销直径为 $\phi22_{-0.021}^{\ 0}$mm，求加工尺寸 100mm±0.1mm 的定位误差。

解：

① 工序基准与定位基准重合，$\Delta_B=0$。

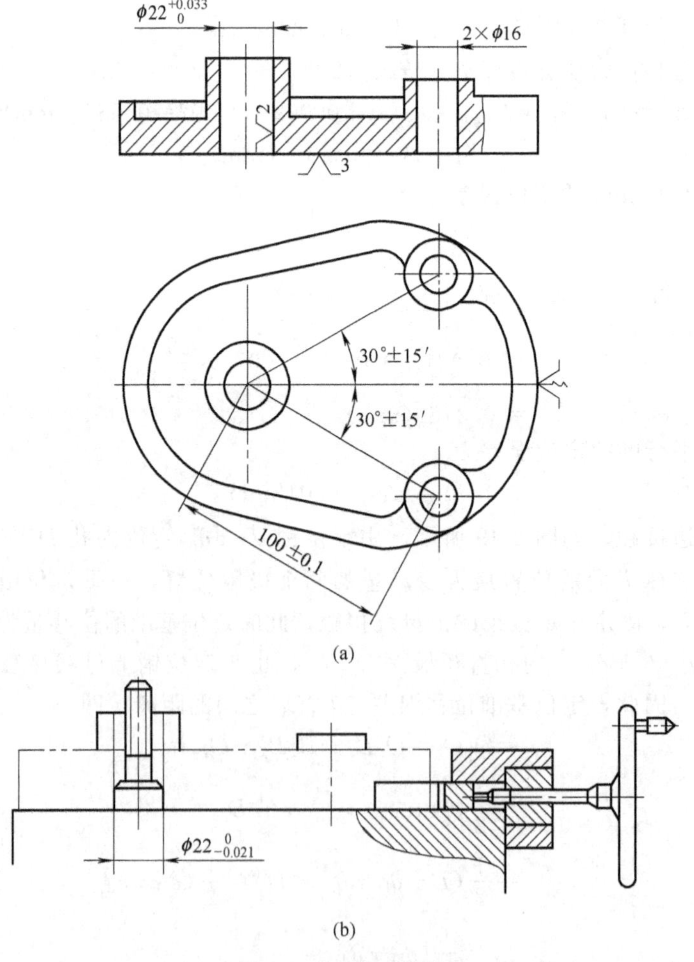

图 2-50 凸轮上钻孔

② 定位基准相对限位基准固定单边移动，定位基准移动方向与加工尺寸方向之间的夹角为 30°±15′。根据式（2-5）和式（2-11）可知

$$\Delta_Y=\frac{1}{2}(\delta_D+\delta_{d_0})\cos\alpha=[(0.033+0.021)\cos30^\circ]/2=0.02\text{mm}$$

③ 定位误差为 $\Delta_D=\Delta_Y=0.02\text{mm}$

综上所述，工件以圆孔与心轴或定位销间隙配合定位的两种接触方式的定位误差可知，工序尺寸标注相同，定位元件与定位基准接触方式不同，其定位精度不同。

c. 工件以外圆柱面在 V 形块上定位时的定位误差

由于工件外圆有制造误差，它将引起定位基准 O_1 在 V 形块的对称轴线（Z 方向）上产生变动，其最大变动量为 O_1O_2，如图 2-51 所示。

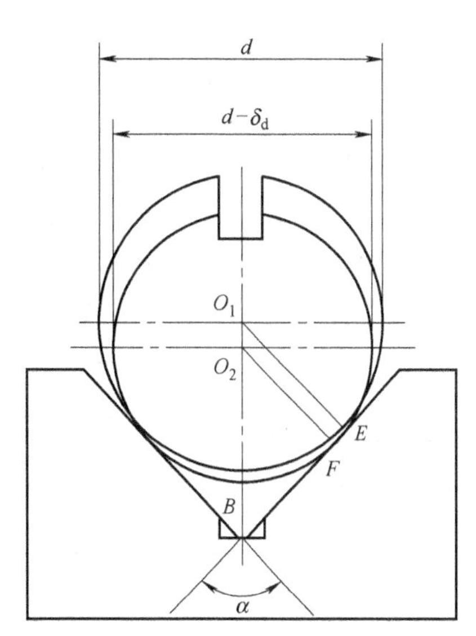

图 2-51 工件在 V 形块中定位

由△O_1EB 与△O_2FB 可知，

$$\delta_i=O_1O_2=O_1B-O_2B=\frac{O_1E}{\sin\frac{\alpha}{2}}-\frac{O_2E}{\sin\frac{\alpha}{2}}=\frac{\frac{d}{2}}{\sin\frac{\alpha}{2}}-\frac{\frac{d-\delta_d}{2}}{\sin\frac{\alpha}{2}}$$

$$=\frac{\delta_d}{2\sin\frac{\alpha}{2}}$$

δ_i与加工尺寸方向一致，故

$$\Delta_Y=\delta_i=\frac{\delta_d}{2\sin\frac{\alpha}{2}}\tag{2-12}$$

式中 α——V 形块两限位基面间的夹角，(°)；

δ_d——工件外圆直径公差，mm。

式（2-12）中未考虑 V 形块 α 角的制造公差。这是因为 V 形块 α 角的公差很小，对 $\sin\alpha/2$ 影响极微，可以忽略不计。

【例 2-4】 如图 2-52 所示的定位方式在阶梯轴上铣槽，V 形块的夹角为 90°，试计算加工尺寸 74mm±0.1mm 的定位误差。

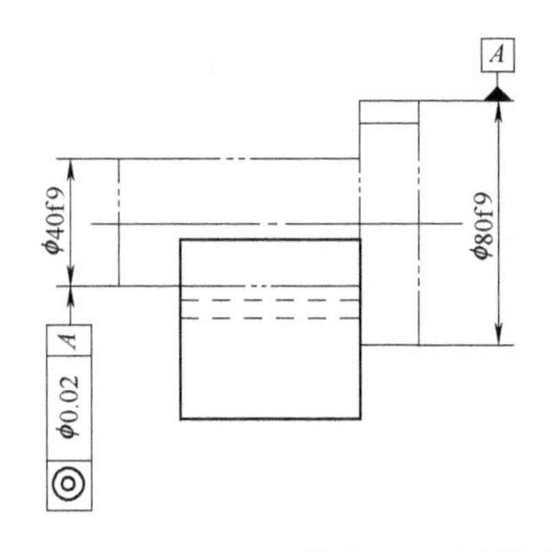

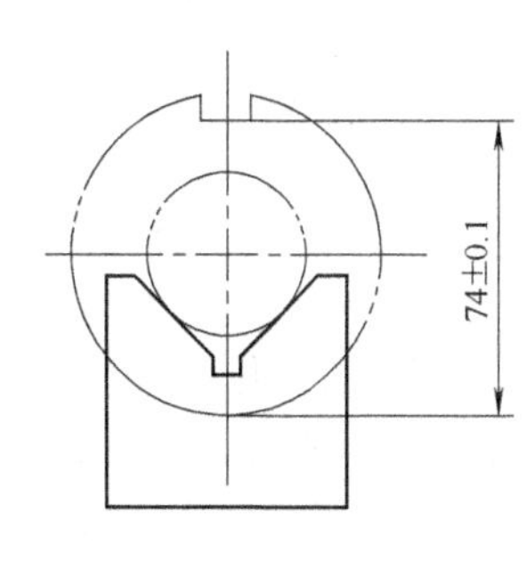

图 2-52 阶梯轴在 V 形块上铣槽

解：

查表可知　$\phi40f9$（$\phi40_{-0.087}^{-0.025}mm$），$\phi80f9$（$\phi80_{-0.104}^{-0.030}mm$）

① 定位基准是小圆柱的轴线，工序基准在大圆柱的素线上，基准不重合误差

$$\Delta_B=\delta_d/2+t=0.074/2+0.02=0.057mm$$

② 基准位移误差

$$\Delta_Y=\frac{\delta_d}{2\sin\frac{\alpha}{2}}=0.062/2\times0.707=0.044mm$$

③ 工序基准不在定位基面上，则定位误差

$$\Delta_D=\Delta_Y+\Delta_B=0.057+0.044=0.101mm$$

【例 2-5】 如图 2-53 所示在轴上铣键槽，以外圆柱面 $d_{-\delta_d}^{\ 0}$ 在 α 为 90°的 V 形块上定位，求加工尺寸分别为 A_1、A_2、A_3 时的定位误差。

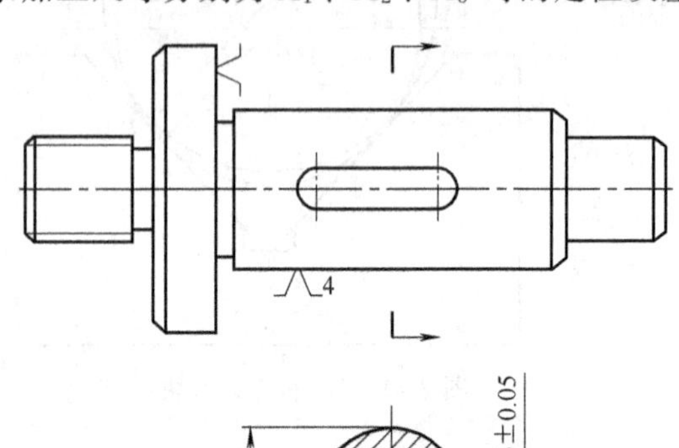

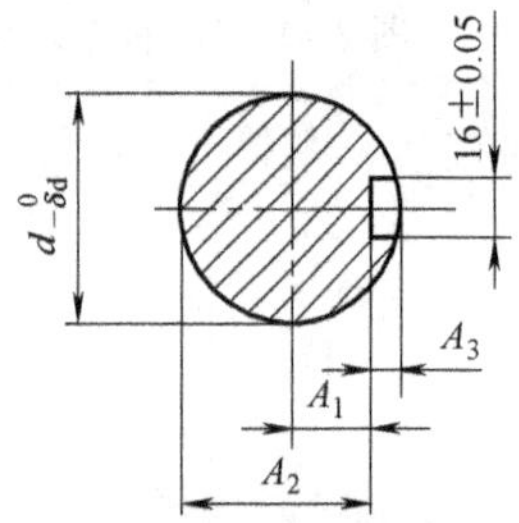

图 2-53　铣键槽工序简图

解：(1) 加工尺寸 A_1 的定位误差

① 工序基准是圆柱轴线，定位基准也是圆柱轴线，两者重合，$\Delta_B=0$。

② 定位基准相对限位基准有位移，根据式 (2-12)　$\Delta_Y=\frac{\delta_d}{2\sin\frac{\alpha}{2}}$

③ 定位误差为　$\Delta_D=\Delta_Y=\frac{\delta_d}{2\sin\frac{\alpha}{2}}$

(2) 加工尺寸 A_2 的定位误差

① 工序基准是圆柱下母线，定位基准是圆柱轴线，两者不重合，定位尺寸 $S=\left(\frac{d}{2}\right)_{-\frac{\delta_d}{2}}^{0}$

故　$\Delta_B=\delta_s=\delta_d/2$

② 根据式 (2-12)　$\Delta_Y=\frac{\delta_d}{2\sin\frac{\alpha}{2}}$

③ 定位误差合成。工序基准在定位基面上。当定位基面直径由大变小时，定位基准朝下变动；当定位基面直径由大变小、定位基准位置不动时，工序基准朝上变动。两者的变动方向相反，取“－”号，故

$$\Delta_D=\Delta_Y-\Delta_B=\frac{\delta_d}{2\sin\frac{\alpha}{2}}-\delta_d/2$$

(3) 加工尺寸 A_3 的定位误差

① 工序基准与定位基准不重合，$\Delta_B=\delta_d/2$

② 根据式 (2-12)　$\Delta_Y=\frac{\delta_d}{2\sin\frac{\alpha}{2}}$

③ 定位误差合成。工序基准在定位基面上。当定位基面直径由大变小时，定位基准朝

下变动；当定位基面直径由大变小、定位基准位置不动时，工序基准也朝下变动。两者的变动方向相同，取“+”号，故

$$\Delta_D=\Delta_Y+\Delta_B=\frac{\delta_d}{2\sin\frac{\alpha}{2}}+\delta_d/2$$

上述三种工序尺寸的定位误差分析可知，在同样精度的V形块上定位，工序基准不同，定位误差不等，即

$$\Delta_D(A_2)<\Delta_D(A_1)<\Delta_D(A_3)$$

因此，控制轴类零件键槽深度的尺寸，一般多由下母线注起。

综上所述，几种常见定位方式的定位误差分析计算为：

① 平面定位。基准位移误差 $\Delta_Y=0$ ，只需求基准不重合误差 Δ_B。若工序基准的位移方向与加工尺寸方向不一致时，需向加工尺寸投影 $\Delta_B=\delta_S\cos\alpha$，所以 $\Delta_D=\Delta_B$。

② 定位方式为孔轴配合

a. 工件以圆孔与心轴或定位销间隙配合，固定单边接触。

若定位基准与工序基准重合，基准不重合误差 $\Delta_B=0$。而在外力作用下单向接触时，基准位移误差 $\Delta_Y=\frac{1}{2}(\delta_D+\delta_{d0})\cos\alpha$，所以 $\Delta_D=\Delta_Y$。

b. 工件以圆孔与心轴或定位销间隙配合，任意边接触。

首先求基准不重合误差 $\Delta_B=\delta_S\cos\alpha$，其次求基准位移误差 $\Delta_Y=(\delta_D+\delta d_0+X_{min})\cos\alpha$，定位误差 $\Delta_D=\Delta_Y\pm\Delta_B$。

③ 轴在V形块上定位时的基准误差位移为 $\Delta_Y=\frac{\delta_d}{2\sin\frac{\alpha}{2}}$，由于 Δ_Y 和 Δ_B 中均包含一个公共的变量 δ_d（工件外圆直径公差），所以需用合成法计算定位误差，根据两者作用方向取代数和。定位误差 $\Delta_D=\Delta_Y\pm\Delta_B$。

④ 角度定位误差的计算与尺寸定位误差的计算方法相同。

2.2.3 实例思考

某工厂叶轮加工的定位方式如图2-54所示，以 $\phi80$mm±0.05mm 的外圆柱面在定位元件的 $\phi80^{+0.10}_{+0.07}$ mm 止口中定位，加工均布的4槽，求槽的对称度的定位误差。若定位误差大于工件公差的1/3，如何改变定位方式，保证加工要求。

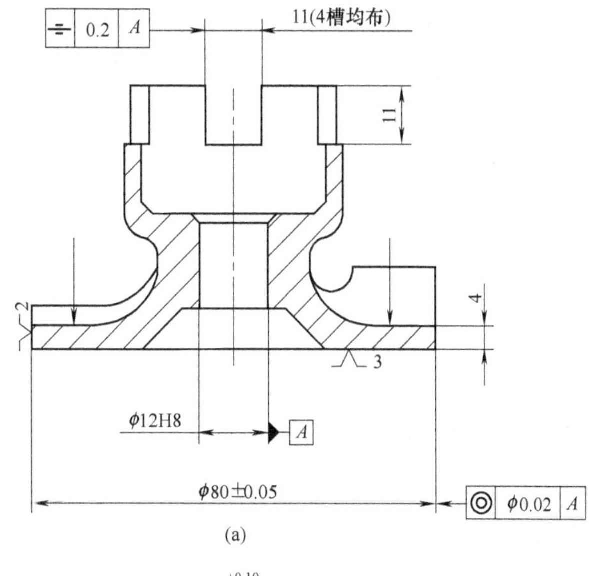

(a)

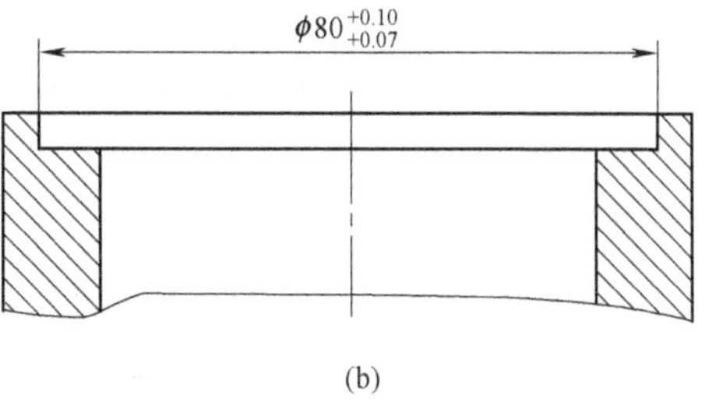

(b)

图2-54　叶轮铣槽

2.3 一面两孔的定位元件设计

前面介绍了一些常见的典型定位方式，都是以一些简单的几何表面（如平面、内孔和外圆柱面等）作为基准的。但一般机械零件很少以单一几何表面作为定位基准来定位的，多数是以两个或两个以上的几何表面作为定位基准而采取组合定位。

2.3.1 实例分析

(1) 实例

如图 2-55 所示，要钻连杆盖上的四个定位销孔。按照加工要求，用平面 A 及直径为 $\phi 12^{+0.027}_{0}$ mm 的两个螺栓孔定位。

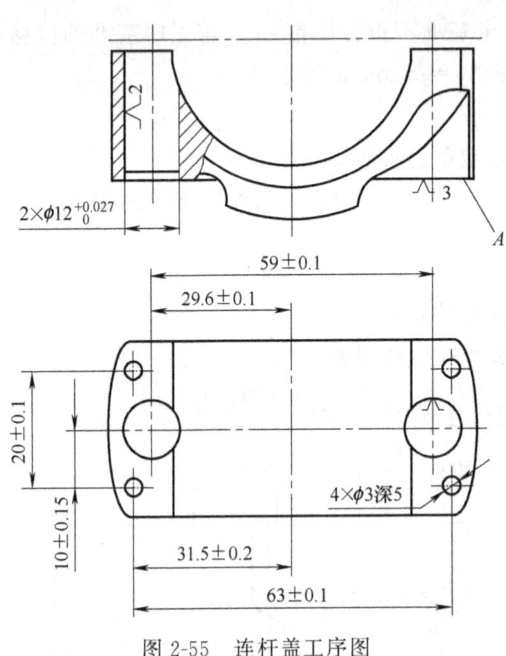

图 2-55 连杆盖工序图

(2) 分析

在批量生产中，加工箱体、杠杆、盖板等类零件时，常以工件的一个平面和两个圆孔作为定位基准实现组合定位，简称一面两孔定位。这时，工件的定位平面一般是加工过的精基面，两定位孔可能是工件上原有的，也可能是专为定位需要而设置的工艺孔。

工件以一面两孔定位时，所用的定位元件是平面用支承板定位，两孔用圆柱销定位。

这样，支承板限制了 $\vec{Z}$、$\widehat{X}$、$\widehat{Y}$ 三个自由度，一个短圆柱销限制了 $\vec{X}$、$\vec{Y}$ 两个自由度，另一个短圆柱销限制了 $\vec{X}$、$\widehat{Z}$ 两个自由度，属于重复定位，沿连心线方向的 $\vec{X}$ 自由度被重复限制了。当工件的孔间距（$L\pm\delta_{LD}/2$）与夹具的销间距（$L\pm\delta_{Ld}/2$）的公差之和大于工件两定位孔（D_1、D_2）与夹具两定位销（d_1、d_2）之间的配合间隙之和时，将妨碍工件的装入。

2.3.2 相关知识

(1) 一面两孔定位时定位元件的选择

① 采用两个圆柱销作为定位元件。要使同一工序中的所有工件都能顺利地装卸，必须满足下列条件：当工件两孔径为最小（$D_{1\min}$、$D_{2\min}$）、夹具两销径为最大（$d_{1\max}$，$d_{2\max}$）、孔间距为最大（$L+\delta_{LD}/2$）、销间距为最小（$L-\delta_{Ld}/2$），或者孔间距为最小（$L-\delta_{LD}/2$）、销间距为最大（$L+\delta_{Ld}/2$）时，D_1 与 d_1、D_2 与 d_2 之间仍有最小装配间隙 $X_{1\min}$、$X_{2\min}$ 存在，如图 2-56 所示。

要满足工件顺利装卸的条件，直径缩小后的第二销与第二孔之间的最小间隙应达到

$$X'_{2\min}=D_{2\min}-d'_{2\max}=\delta_{LD}+\delta_{Ld}+X''_{2\min} \tag{2-13}$$

当选用两个圆柱销作为两孔定位所用的定位元件时，采用缩小一个圆柱销直径的方法，

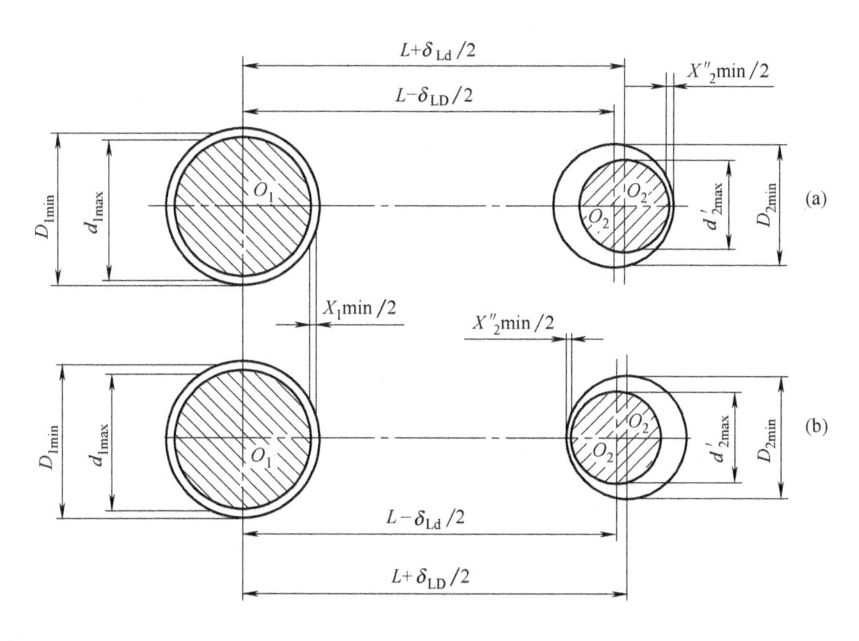

图 2-56　两圆柱销限位时顺利装卸的条件

虽然能实现工件的顺利装卸，但增大了工件的转角误差，因此，只能在加工要求不高时使用。

② 采用一圆柱销与一菱形销（削边销）作为定位元件。为了保证一批工件都能装入第二个销，又不增大转角误差，就必须将销与孔重叠的部分削去（见图 2-57）。圆柱销削去一部分后称为削边销（又叫菱形销）。削边量越大，连心线方向的间隙也越大。当间隙达到 $a=X'_{2min}/2$（mm）时，便满足了工件顺利装卸的条件。由于这种方法只增大连心线方向的间隙，不增大工件的转角误差，因而定位精度较高。

根据图 2-57 所示，通过计算得

$$b=(D_{2min}\ X_{2min})/(2a)$$

$$a=(\delta_{Ld}+\delta_{Ld})/2$$

即

$$b=\frac{D_{2min}X_{2min}}{\delta_{LD}+\delta_{Ld}} \qquad (2\text{-}14)$$

则削边销与孔的最小配合间隙为

$$X_{2min}=\frac{b(\delta_{LD}+\delta_{Ld})}{D_{2min}} \qquad (2\text{-}15)$$

或

$$X_{2min}=\frac{2ab}{D_{2min}} \qquad (2\text{-}16)$$

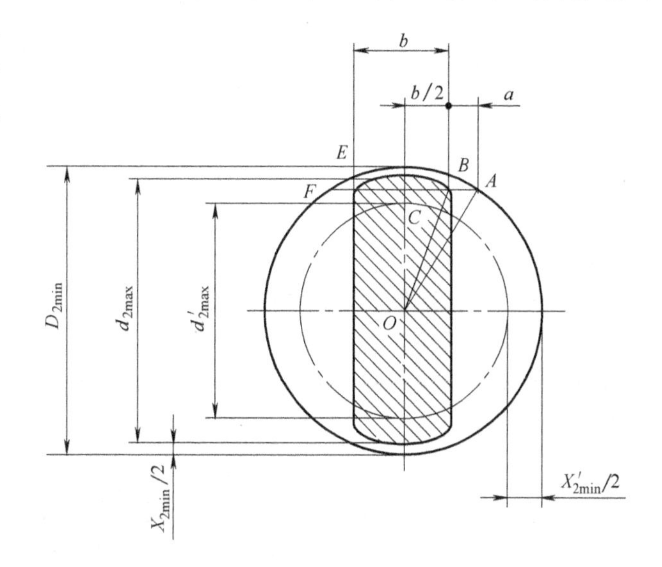

图 2-57　削边销的厚度

削边销已标准化了，即为如图2-23所示的菱形销，尺寸通常可按表 2-3 选取。其有关数据可查《夹具标准》或《夹具手册》。

表 2-3　菱形销的尺寸　/mm

d	>3～6	>6～8	>8～20	>20～24	>24～30	>30～40	>40～50
B	$d-0.5$	$d-1$	$d-2$	$d-3$	$d-4$	$d-5$	
b_1	1	2	3			4	5
b	2	3	4	5		6	8

注：d 为菱形销限位基面直径；b 为削边后留下圆柱部分宽度；b_1 为削边部分宽度。

③ 定位销尺寸的计算。设已知工件两定位基准孔为 $D_1{}^{+\delta_{D1}}_{0}$、$D_2{}^{+\delta_{D2}}_{0}$，两孔中心距为 $L\pm\delta_{LD}/2$。

a. 确定两定位销中心距及其公差。两定位销中心距的基本尺寸取工件两孔中心距的基本尺寸 L（若两孔中心距的偏差不对称时，应计算两孔中心距的平均尺寸为基本尺寸，偏差对称分布），两销中心距公差取工件两孔中心距公差的 1/3～1/5，即两定位销中心距及其公差为

$$L\pm\delta_{Ld}/2=L\pm(1/3\sim1/5)\delta_{LD}/2 \tag{2-17}$$

b. 确定圆柱销直径 d 的基本尺寸及公差。圆柱销 d 的基本尺寸取工件孔的最小极限尺寸 D_1，其公差带一般取 g6 或 h7。

$$d=D_1\text{g6}\ (\text{或 h7})$$

c. 确定菱形销的结构尺寸和偏差。菱形销的结构尺寸通常按表 2-3 选取。按选定的 b 与 $X_{2\min}$ 的关系式（2-16）求 $X_{2\min}$，即

$$X_{2\min}=\frac{b(\delta_{LD}+\delta_{Ld})}{D_{2\min}}$$

菱形销的最大直径　$d_{2\max}=D_{2\min}-X_{2\min}$

根据菱形销直径的公差等级取 IT6 或 IT7，最后写出菱形销的基本尺寸及公差。

（2）一面两孔定位时定位误差的分析与计算

工件以一面两孔在夹具的一面两销上定位时，由于定位孔与圆柱销（或菱形销）存在配合间隙，因此由两孔、两销中心距误差引起的基准位移误差必须考虑，同时还要考虑因外力作用引起的转角误差。

$$\tan\Delta_\alpha=(X_{1\max}+X_{2\max})/2L \tag{2-18}$$

当工件加工尺寸方向和位置不同时，其基准位移误差也不同。

工件以一面两孔定位时，不同方向、不同位置加工尺寸的基准位移误差的计算公式可查阅相关资料。

（3）钻连杆盖销孔时定位元件设计

钻连杆盖（见图 2-55）四个定位销孔时的定位方式如图 2-58（a）所示，其设计步骤如下。

① 确定两定位销的中心距 $L_d\pm\delta_{Ld}/2$。两定位销的中心距的基本尺寸应等于工件两定位

孔中心距的平均尺寸，其公差一般为

$$\delta_{Ld}=(1/3\sim1/5)\delta_{LD}$$

因孔间距 L_D=59mm±0.1mm，故取销间距 L_d=59mm±0.02mm。

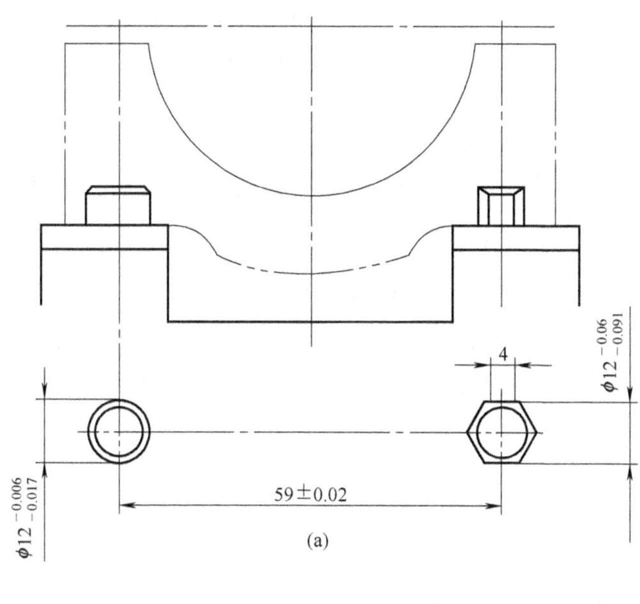

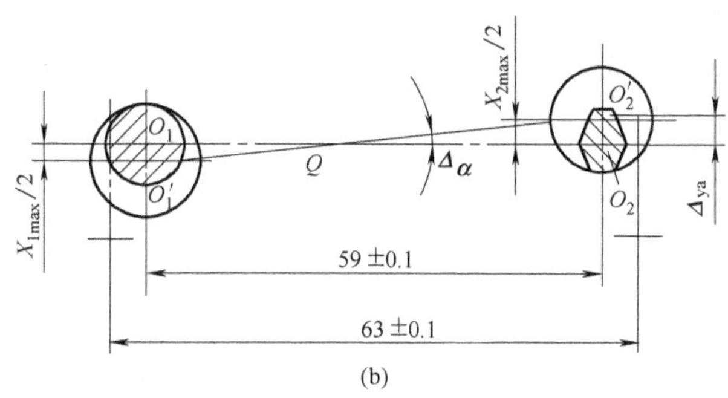

图 2-58　连杆盖的定位方式与定位误差

② 确定圆柱销直径 d_1。圆柱销直径的基本尺寸应等于与之配合的工件孔的最小极限尺寸，其公差带一般取 g6 或 h7。

因连杆盖定位孔的直径为 $\phi12^{+0.027}_{0}$mm，故取圆柱销的直径 $d_1=\phi12g6(\phi12^{-0.006}_{-0.017}mm)$。

③ 确定菱形销的尺寸 b。查表 2-3，b=4mm。

④ 确定菱形销的直径

a. 按式（2-16）计算 X_{2min}

因 $a=(\delta_{Ld}+\delta_{Ld})/2=(0.1+0.02)mm=0.12mm$，$b$=4mm，$D_2=\phi12^{+0.027}_{0}$mm，

所以　$$X_{2min}=2ab/D_{2min}=(2\times0.12\times4)/12=0.08mm$$

采用修圆菱形销时，应以 b_1 代替 b 进行计算。

b. 按公式 $d_{2max}=D_{2min}-X_{2min}$ 算出菱形销的最大直径

$$d_{2max}=(12-0.08)=11.92mm$$

c. 确定菱形销的公差等级。菱形销直径的公差等级一般取 IT6 或 IT7，因 IT6＝0.011mm，所以

$$d_2=\phi 12_{-0.091}^{-0.08}\text{mm}$$

⑤ 计算定位误差。连杆盖本工序的加工尺寸较多，除了四孔的直径和深度外，还有63mm±0.1mm、20mm±0.1mm、31.5mm±0.2mm 和 10mm±0.15mm。其中，63mm±0.1mm 和 20mm±0.1mm 没有定位误差，因为它们的大小主要取决于钻套间的距离，与工件定位无关；而 31.5mm±0.2mm 和 10mm±0.15mm 均受工件定位的影响，有定位误差。

a. 加工尺寸 31.5mm±0.2mm 的定位误差。由于定位基准与工序基准不重合，定位尺寸S=29.5mm±0.1mm，所以，$\Delta_B=\Delta_S=0.2$mm。

由于尺寸 31.5mm±0.2mm 的方向与两定位孔连心线平行，查阅相关资料，

$$\Delta_Y=X_{1\max}=(0.027+0.017)=0.044\text{mm}$$

由于工序基准不在定位基面上，所以 $\Delta_D=\Delta_Y+\Delta_B=(0.044+0.2)=0.244$mm。

b. 加工尺寸 10mm±0.15mm 的定位误差。由于定位基准与工序基准重合，$\Delta_B=0$。

由于定位基准与限位基准不重合，定位基准 O_1O_2 可作任意方向的位移，加工位置在定位孔两外侧。根据式（2-18），则

$$\tan\Delta_\alpha=(X_{1\max}+X_{2\max})/2L=(0.044+0.118)/(2\times 59)=0.00138\text{mm}$$

根据相关资料，左边两小孔的基准位移误差为

$$\Delta_Y=X_{1\max}+2L_1\tan\Delta_\alpha=(0.044+2\times 2\times 0.00138)=0.05\text{mm}$$

右边两小孔的基准位移误差为

$$\Delta_Y=X_{2\max}+2L_2\tan\Delta_\alpha=(0.118+2\times 2\times 0.00138)=0.124\text{mm}$$

定位误差应取大值，故

$$\Delta_D=\Delta_Y=0.124\text{mm}$$

2-1 什么是六点定位原则？工件在夹具中定位，一定要限制六个自由度吗？为什么？试举例说明。

2-2 根据六点定则，试分析图 2-59 中各定位方案中定位元件所限制的自由度是否合理？如何改进？

2-3 什么是辅助支承？使用时应注意什么问题？举例说明辅助支承的应用。

2-4 何谓完全定位、不完全定位、重复定位和欠定位？

2-5 何谓定位误差？产生定位误差的原因有哪些？

2-6 如图 2-60（a）所示的阶梯形零件，A、B、C 三个平面已于前工序加工好，现要镗 ϕ50 孔。如果用 B 面作定位基准，虽可使定位基准与设计基准重合，但由于 B 面太小，定位不够稳妥，现取 C 面定位，试求其定位误差？能否满足加工要求？

2-7 如图 2-61 所示，求加工尺寸 A 的定位误差。

2-8 如图 2-62 所示为一阶梯轴，阶梯外圆及端面已加工好，现要在直径为 ϕ30h8 的圆柱上铣一键槽，由于该圆柱很短，故采用直径为 ϕ65h7 的长圆柱放在 V 形块上定位，键槽深度 H 为 $24_{-0.12}^{-0.05}$mm，试求定位误差。

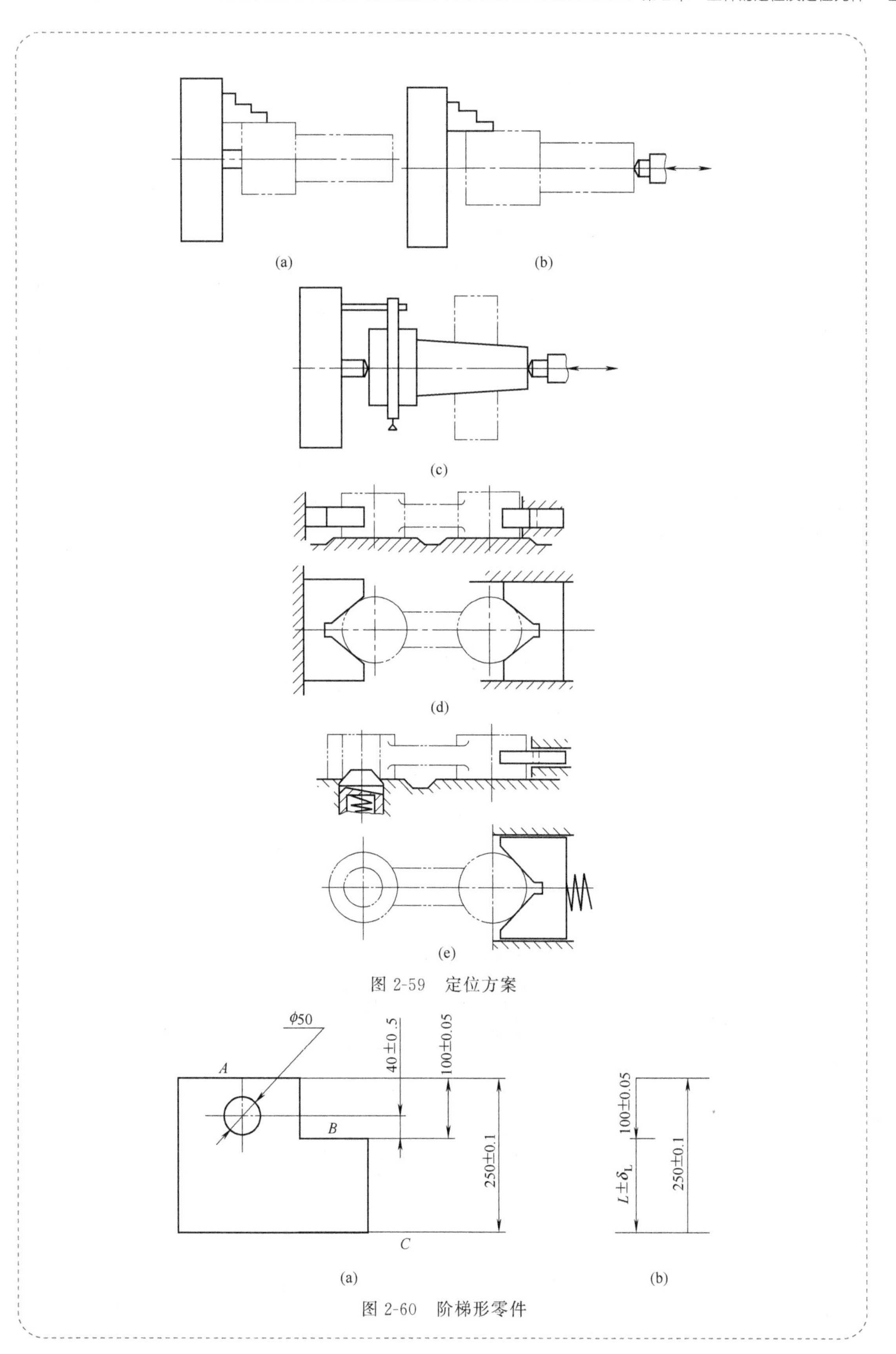

图 2-59　定位方案

图 2-60　阶梯形零件

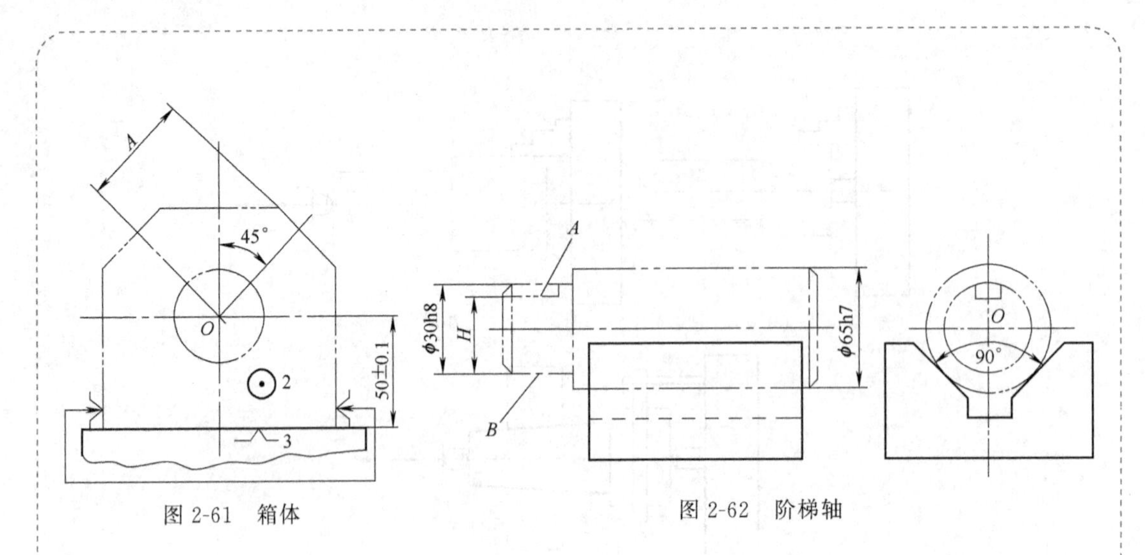

图 2-61　箱体　　　　图 2-62　阶梯轴

2-9　有一套筒以圆孔在间隙配合圆柱心轴上定位车外圆，见图 2-63。要求保持内外圆同轴度允差为 $\delta_k=0.06$mm。如果圆孔与心轴按基孔制 ϕ30H7/g6 配合，则采用这样的心轴定位，能否保证同轴度允差要求？

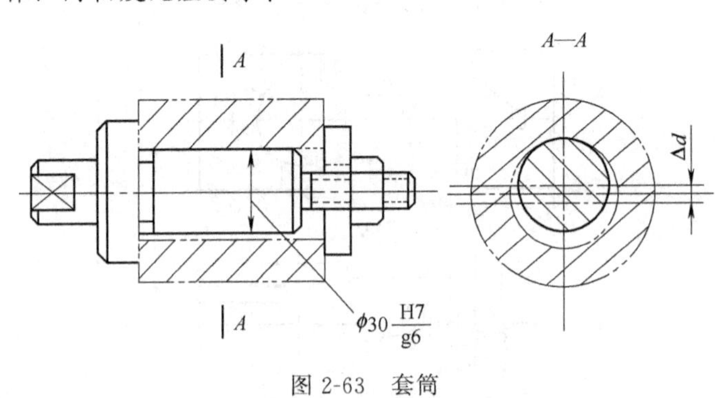

图 2-63　套筒

2-10　如图 2-64 所示，工件以两孔一面在两销一面上定位，两孔的孔径为 $\phi12^{+0.027}_{0}$ mm，两孔的中心距为 80mm±0.04mm，试设计两销的尺寸及其公差。

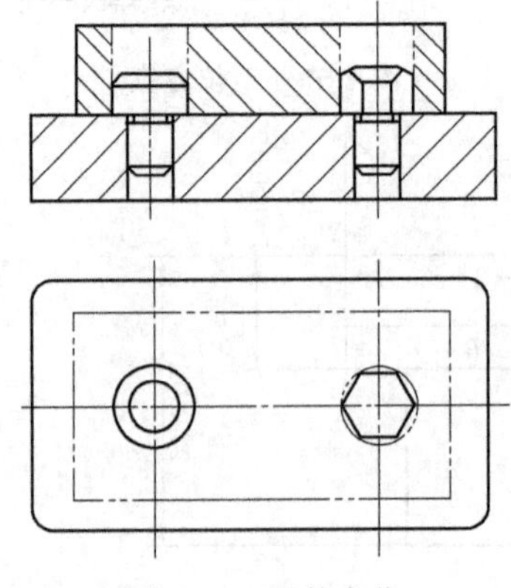

图 2-64　工件定位

第3章 工件的夹紧和夹紧装置

工件定位后将其位置固定下来，称为夹紧。在机械加工过程中，工件会受到切削力、离心力、惯性力和重力等的作用。为了保证在这些外力作用下，工件仍能在夹具中由定位元件确定加工位置，而不至于发生振动和位移，因此，夹具结构中都必须设置一定的夹紧装置将工件可靠夹牢。

3.1 夹紧装置的组成

3.1.1 实例分析

(1) 实例

图 3-1 为加工工件台阶面所用的气动铣床夹具。

(2) 分析

如图 3-1(a) 所示为工件工序图，如图 3-1(b) 所示为所采用的气动铣床夹具。加工时，夹具通过定位键 9 与铣床工作台 T 形槽配合而安装在机床上。工件以底面和侧面为定位基准，在平面和条形块上定位。利用单向作用的气压装置，当活塞左移时，通过单铰链杠杆推动压板 10 夹紧工件。

3.1.2 相关知识

(1) 夹紧装置的组成

夹紧装置的种类繁多，综合起来其结构均由两部分组成。

① 动力装置——产生夹紧力。动力装置是产生原始作用力的装置。按夹紧力的来源，夹紧分手动夹紧和机动夹紧。手动夹紧是靠人力；机动夹紧采用动力装置。常用的动力装置有液压装置、气压装置、电磁装置、电动装置、气-液联动装置和真空装置等。图 3-1 中的气缸部件，就是动力装置的一种。

② 夹紧机构——传递夹紧力。动力装置所产生的力或人力要正确地作用到工件上，需有适当的传递机构。传递机构是把原动力传递给夹紧元件。它由两种构件组成，一是接受原始作用力的构件，如图 3-1 中的活塞杆 5；二是中间传力机构，如图 3-1 中的滚子 6、支承块

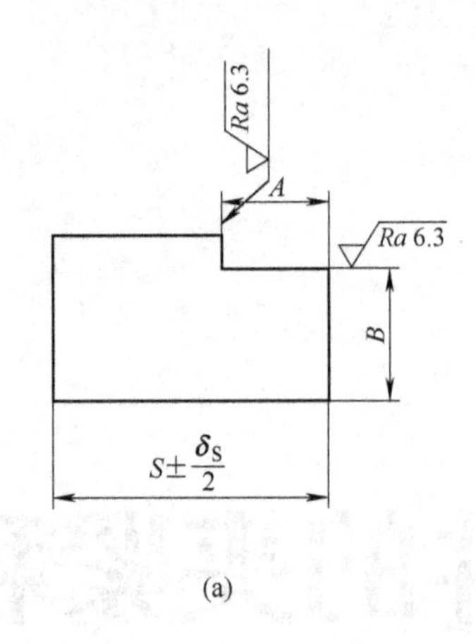

(a)

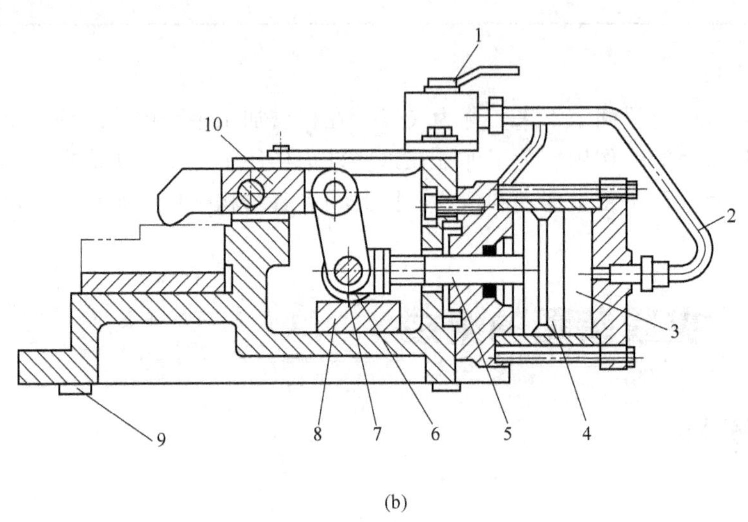

(b)

图 3-1　气动铣床夹具

1—配气阀；2—管道；3—气缸；4—活塞；5—活塞杆；6—滚子；7—杠杆；8—支承块；9—定位键；10—压板

8 及杠杆 7 等。

夹紧元件是直接夹紧工件的元件，如图 3-1 中的压板 10，它的作用是接受传递机构传来的作用力，夹紧工件。

传递机构与夹紧元件组成了夹紧机构。夹紧机构在传递力的过程中，能根据需要改变原始作用力的方向、大小和作用点。如图 3-1 中杠杆把水平的作用力改变成垂直的夹紧力，使夹紧元件（压板）将工件压紧。手动夹具的夹紧机构还应具有良好的自锁性能，以保证人力的作用停止后，仍能可靠地夹紧工件。

在实际生产中，由于工件的定位方法、加工要求和生产类型不同，夹紧装置差异较大。有的只设有传递机构和夹紧元件，还有的只设有夹紧元件，如用螺钉直接夹紧。

(2) 夹紧装置的设计要求

夹紧装置的设计和选用是否正确，对保证工件的精度、提高生产率和减轻工人劳动强度有很大影响。因此，对夹紧装置提出如下基本要求：

① 夹紧过程中，不能破坏工件在定位时所处的正确位置。

② 夹紧力的大小适当。保证工件在整个加工过程中的位置稳定不变，夹紧可靠牢固，

振动小，又不超出允许的变形。

③ 夹紧装置的复杂程度应与工件的生产纲领相适应。工件生产批量大，允许设计较复杂、效率较高的夹紧装置。

④ 具有良好的结构工艺性和使用性。力求简单，便于制造维修，操作安全方便，并且省力。

3.1.3 实例思考

如图 3-2(a) 所示为轴上键槽铣削的工序图，表示键槽加工的技术要求。图 3-2(b) 为所采用的液压铣床夹具。

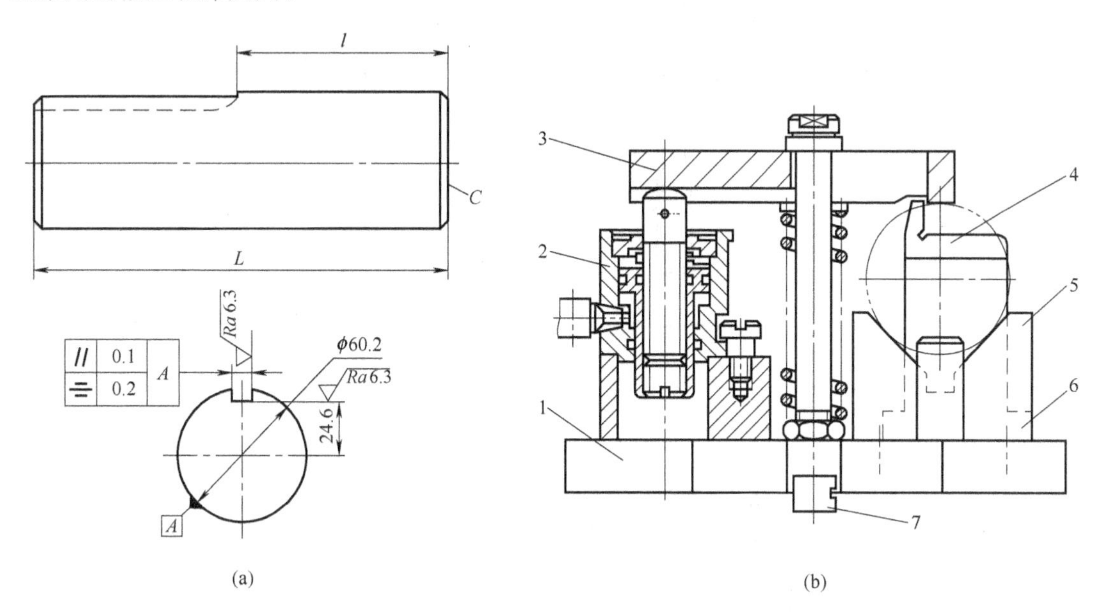

图 3-2　液压铣键槽夹具

① 分析液压铣床夹具的组成部分，并指出是哪些元件。

② 本工序加工中，键槽宽度和表面粗糙度的技术要求，主要取决于加工方法。分析键槽的距离尺寸和相互位置精度，采用此夹具能否保证。

3.2 夹紧力的确定

确定夹紧力就是确定夹紧力的方向、作用点和大小。确定夹紧力时，要分析工件的结构特点、加工要求、切削力和其他外力作用工件的情况，以及定位元件的结构和布置方式。

3.2.1 实例分析

(1) 实例

如图 3-3 所示，在拨叉上铣槽。这是最后一道加工工序，加工要求有：槽宽 16H11，槽深 8mm，槽侧面与 ϕ25H7 孔轴线的垂直度为 0.08mm，槽侧面与 E 面的距离为 11mm±0.2mm，槽底面与 B 面平行。若定位装置如图 3-4 所示，试设计其手动夹紧装置。

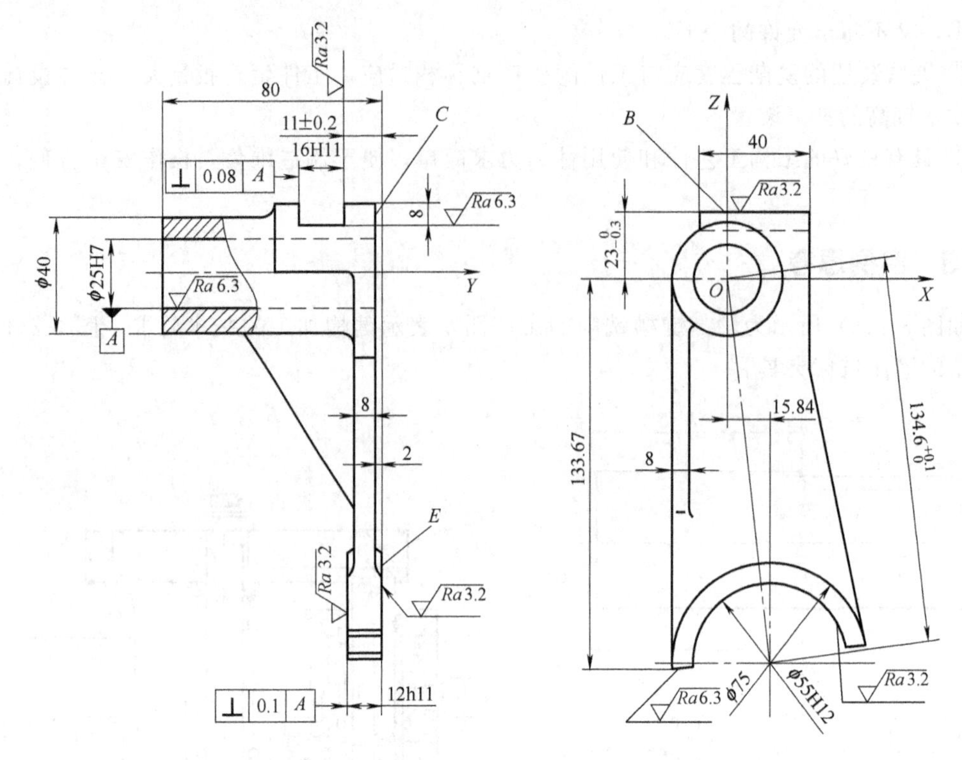

图 3-3 拨叉零件图

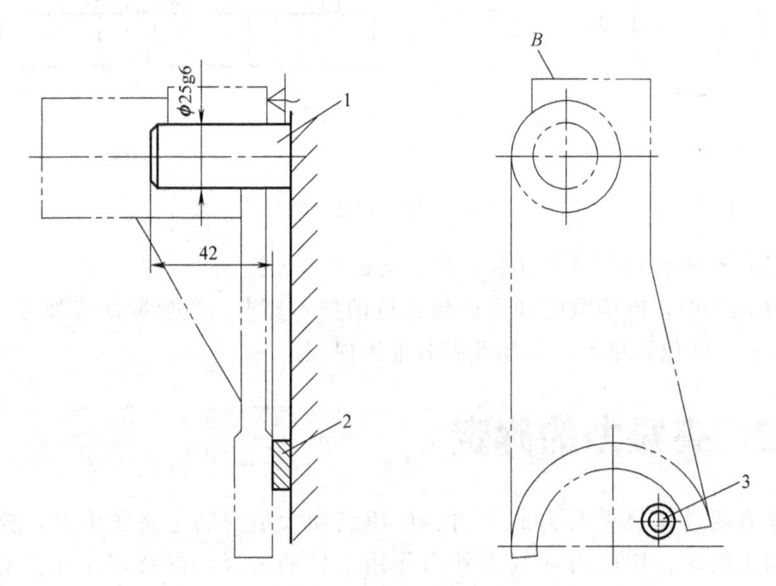

图 3-4 拨叉定位方案

1—长圆柱销；2—长条支承板；3—挡销

（2）分析

拨叉的定位如图 3-4 所示，用长圆柱销 1 限制工件四个自由度$\overrightarrow{X}$、$\overrightarrow{Z}$、$\overset{\curvearrowright}{X}$、$\overset{\curvearrowright}{Z}$，长条支承板 2 限制两个自由度 $\overrightarrow{Y}$、$\overset{\curvearrowright}{Z}$，挡销 3 限制一个自由度 $\overset{\curvearrowright}{Y}$。$\overset{\curvearrowright}{Z}$ 被重复限制，属重复定位。在图 3-3 中，因为 E 面与 ϕ25H7 孔轴线的垂直度为 0.1mm，而工件刚性较差，0.1mm 在工件的弹性变形范围内，因此属可用重复定位。

为了提高工件的装夹刚度，在 C 处加一辅助支承。辅助支承不起定位作用，辅助支承上与工件接触的滑柱必须在工件夹紧后才能固定。所以，必须先对长条支承板施加压力，然后固定滑柱。由于支承板离加工表面较远，铣槽时的切削力又大，故需在靠近加工表面的地方再增加一个夹紧力。如图3-5所示，用螺母和开口垫圈夹压在工件圆柱的左端面。拨叉此处的刚性较好，夹紧力更靠近加工表面，工件变形小，夹紧也可靠。

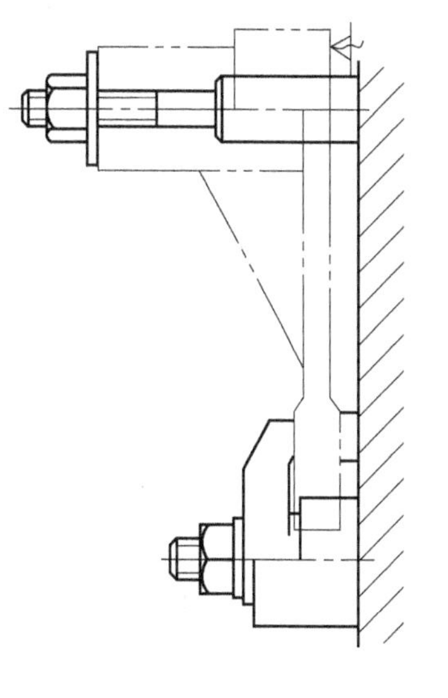

图3-5　拨叉夹紧方案

综合以上分析，拨叉铣槽的装夹方案如图3-6所示。装夹时，先拧紧钩形压板1，再固定滑柱5，然后插上开口垫圈3，拧紧螺母2。

3.2.2　相关知识

(1) 夹紧力方向的确定

① 夹紧力应朝向主要定位基准面。对工件只施加一个夹紧力，或施加几个方向相同的夹紧力时，夹紧力的方向应尽可能朝向主要定位基准面。

如图3-7(a) 所示，在工件上镗一孔，要求与左端面垂直，因此，工件以孔的左端面与定位元件的 A 面接触，A 面为主要定位基准面，并使夹紧力的方向垂直 A 面。只有这样，不论工件左端面与底面的夹角误差有多大，左端面都能始终紧靠支承面，因而易于保证垂直度要求。若要求所镗孔与底面平行，则夹紧力应垂直于 B 面。

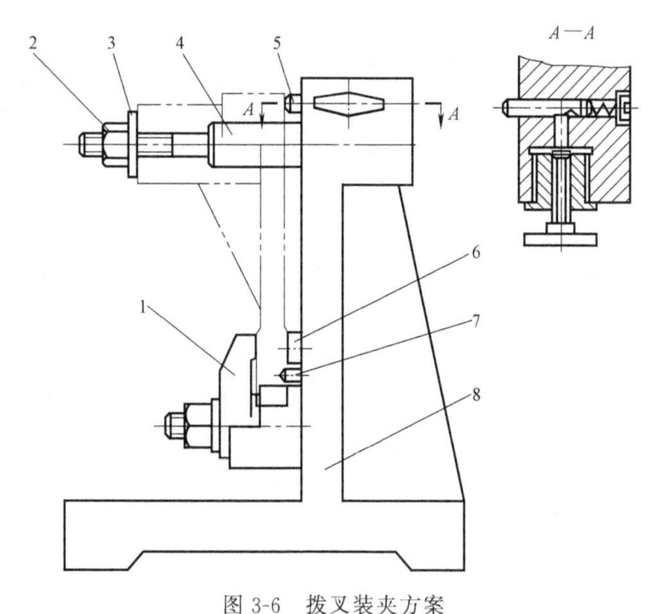

图3-6　拨叉装夹方案

1—钩形压板；2—螺母；3—开口垫圈；4—长圆柱销；5—滑柱；6—长条支承板；7—挡销；8—夹具体

如图3-7(b) 所示，夹紧力朝向主要限位面——V形块的V形面，使工件的装夹稳定可靠。如果夹紧力改朝 B 面，则由于工件圆柱面与端面的垂直度误差，夹紧时，工件的圆柱面可能离开V形块的V形面。这不仅破坏了定位，影响加工要求，而且加工时工件容易振

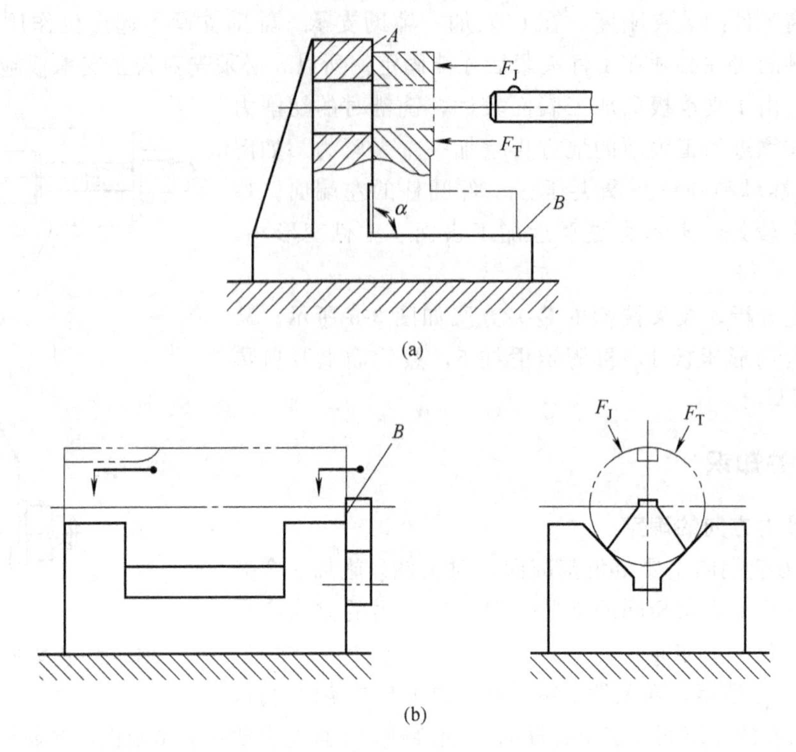

图 3-7 夹紧力应朝向主要限位面

动。对工件施加几个方向不同的夹紧力时，朝向主要限位面的夹紧力应是主要夹紧力。

② 夹紧力的方向尽可能与切削力和工件重力同向。当夹紧力的方向与切削力和工件重力的方向均相同时，加工过程中所需的夹紧力可最小，从而能简化夹紧装置的结构和便于操作，减小工人劳动强度。但实际生产中，很难达到理想的情况，所以在选择夹紧方向时，应考虑在满足夹紧要求的条件下，使夹紧力越小越好。

(2) 夹紧力作用点的选择

① 夹紧力的作用点应落在定位元件的支承范围内。如图 3-8 所示，夹紧力的作用点落到了定位元件的支承范围之外，夹紧时将破坏工件的定位，工件易于翻倒。

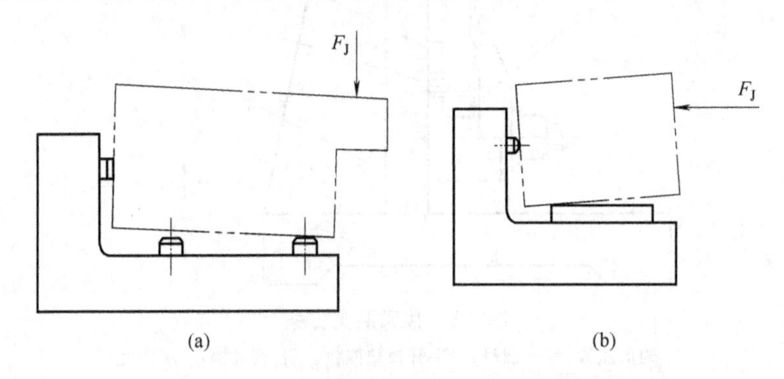

图 3-8 夹紧力的作用点位置不正确

② 夹紧力的作用点应落在工件刚性较好的部位上，这样可以防止或减少工件变形对加工精度的影响。图 3-9(a) 薄壁套的轴向刚性比径向好，用卡爪径向夹紧，工件变形大，若沿轴向施加夹紧力，变形就会小得多。如图 3-9(b) 所示薄壁箱体夹紧时，夹紧力不应作用

在箱体的顶面，而应作用在刚性好的凸边上。箱体没有凸边时，可如图 3-9(c) 所示，将单点夹紧改为三点夹紧，使着力点落在刚性较好的箱壁上，并降低了着力点的压强，减小了工件的夹紧变形。

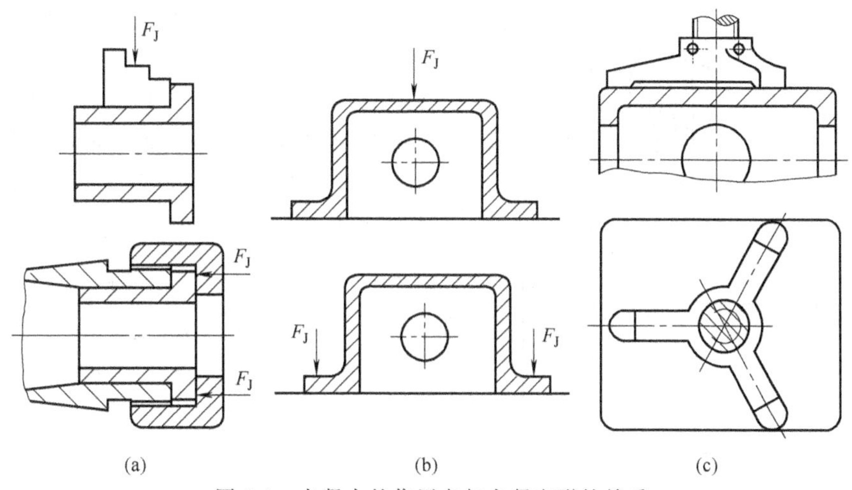

图 3-9 夹紧力的作用点与夹紧变形的关系

③ 夹紧力的作用点应尽量靠近加工表面。在加工过程中，切削力一般容易引起工件的转动和振动。作用点靠近加工表面，使切削力对夹紧作用点的力矩变小，以减少工件转动趋势或变形。

(3) 夹紧力大小的估算

理论上确定夹紧力的大小，必须知道加工过程中，工件所受到的切削力、离心力、惯性力及重力等，然后利用夹紧力的作用应与上述各力（或力矩）的作用平衡而计算出。但实际上，夹紧力的大小还与工艺系统的刚性、夹紧机构的传递效率等有关。而且，切削力的大小在加工过程中是变化的，因此，夹紧力的计算是个很复杂的问题，只能进行粗略的估算。

估算的方法：一是找出对夹紧最不利的瞬时状态，估算此状态下所需的夹紧力；二是只考虑主要因素在力系中的影响，略去次要因素在力系中的影响。

估算的步骤：

① 建立理论夹紧力 $F_{J理}$ 与主要最大切削力 F_P 的静平衡方程：$F_{J理}=f(F_p)$。

② 实际需要的夹紧力 $F_{J需}$，应考虑安全系数，$F_{J需}=KF_{J理}$。

$K=K_0K_1K_2K_3$，各种因素的安全系数见表 3-1。通常情况下，取 $K=1.5\sim2.5$；当夹紧力与切削力方向相反时，取 $K=2.5\sim3.0$。

③ 校核夹紧机构产生的夹紧力 F_J 是否满足条件：$F_J>F_{J需}$。

表 3-1 各种因素的安全系数

考虑因素		系数值
K_0——基本安全系数(考虑工件材质、余量是否均匀)		1.2～1.5
K_1——加工性质系数	粗加工	1.2
	精加工	1.0
K_2——刀具钝化系数		1.1～1.3
K_3——切削特点系数	连续切削	1.0
	断续切削	1.2

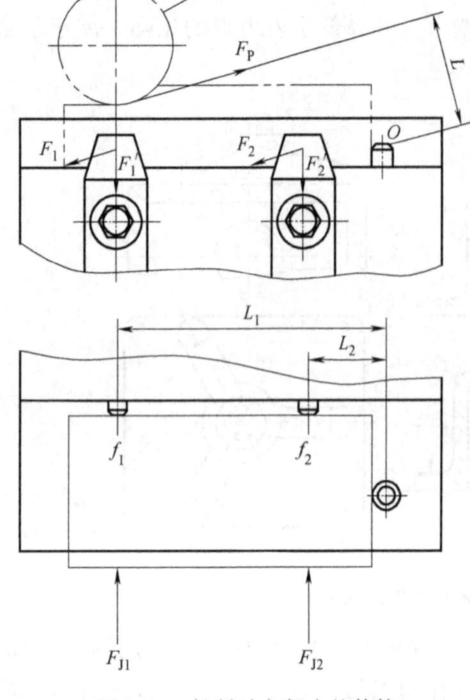

图 3-10　铣削时夹紧力的估算

(4) 估算夹紧力大小的实例

① 铣削加工所需夹紧力估算。图 3-10 为铣削加工示意图。由于是小型工件，工件重力略去不计。压板是活动的，压板对工件的摩擦力也略去不计。

a. 在不设止推销时，切削合力 F_P 有使工件水平方向移动和抬起的可能，此时需依靠夹紧力 F_{J1}、F_{J2} 产生足够的摩擦力 F_1、F_2 与之平衡，建立静平衡方程

$$F_1+F_2=F_P$$

即

$$F_{J1}f_1+F_{J2}f_2=F_P$$

设

$$F_{J1}=F_{J2}=F_{J理} \qquad f_1=f_2=f$$

则

$$2fF_{J理}=F_P,$$

$$F_{J理}=F_P/2f$$

加上安全系数，每块压板需给工件的夹紧力为

$$F_{J需}=KF_P/2f \tag{3-1}$$

式中　F_P——最大切削力，N；

F_J——每块压板的夹紧力，N；

f——工件与定位元件间的摩擦因数；

K——安全系数。

b. 设置止推销后，工件不可能斜向移动了，对夹紧最不利的瞬时状态是铣刀切入全深、切削力达到最大时，工件绕 O 点转动，形成切削力矩 F_PL，需用夹紧力 F_{J1}、F_{J2} 产生的摩擦力矩 $F_1'L_1$、$F_2'L_2$ 与之平衡，建立静平衡方程

$$F_1'L_1+F_2'L_2=F_PL$$

即

$$F_{J1}f_1L_1+F_{J2}f_2L_2=F_PL$$

设

$$F_{J1}=F_{J2}=F_{J理} \quad f_1=f_2=f$$

则

$$F_{J理}f(L_1+L_2)=F_PL$$

$$F_{J理}=F_PL/f(L_1+L_2)$$

加上安全系数，每块压板需给工件的夹紧力（N）是

$$F_{J需}=KF_PL/f(L_1+L_2) \tag{3-2}$$

式中　L——切削力作用方向至挡销的距离；

L_1，L_2——两支承钉至挡销的距离。

② 车削加工所需夹紧力估算。车削加工，如图 3-11 所示，用三爪夹持工件车削端面时夹紧力的估算。切削时，工件受到三个互相垂直的切削分力 F_x、F_y、F_z 的作用，垂直分力

F_z 和径向分力 F_y 力图使卡爪后退，垂直分力 F_z 还有使工件相对于卡爪转动的倾向，轴向分力 F_x 有使工件发生轴向移动的趋势。由于轴向分力 F_x 与支承反力平衡，夹紧力主要考虑垂直分力 F_z 对工件轴线所产生的切削扭矩对工件的作用。为此，卡盘的三爪在夹紧工件时所产生的摩擦阻力与此切削扭矩相平衡。

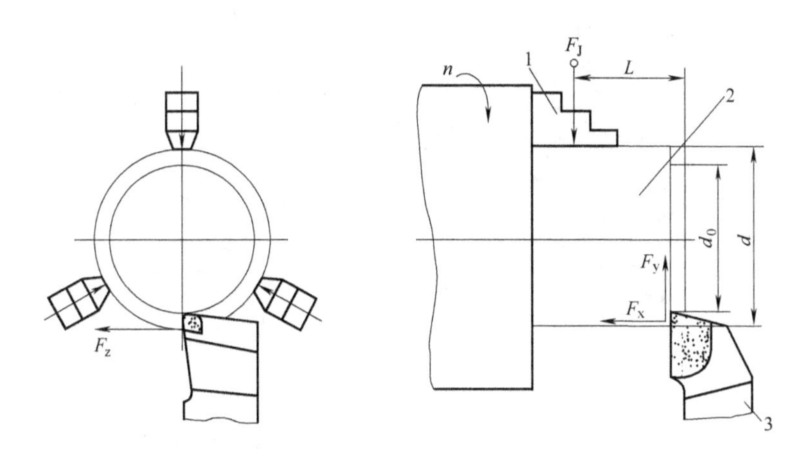

图 3-11　车削时夹紧力的估算

1—三爪自定心卡盘；2—工件；3—车刀

若设每个卡爪的夹紧力为 F_J，工件与卡盘间的摩擦因数为 f，根据静力平衡条件并考虑安全系数，每个卡爪需要实际输出的夹紧力计算如下

$$F_z \frac{d_0}{2} = 3F_J f \frac{d}{2}$$

$$F_J = \frac{F_z d_0}{3fd}$$

每个卡爪所需的实际夹紧力为

$$F_J = K \frac{F_z d_0}{3fd} \quad (\mathrm{N}) \tag{3-3}$$

式中，d_0 和 d 分别为加工前后工件的直径。

当 $d \approx d_0$ 时

$$F_J = K \frac{F_z}{3f}$$

考虑到还有径向 F_y 的影响，以及工件从卡盘伸出愈长所需夹紧力愈大等因素，实际夹紧力还需乘以修正系数 K' 补偿，K' 值按 L/d 的比值在表 3-2 中选取。

表 3-2　修正系数 K' 值

L/d	0.5	1.0	1.5	2.0
K'	1.0	1.5	2.5	4.0

注：如果 $L/d<0.5$，其影响可不予考虑。

③ 钻削加工所需夹紧力估算。如图 3-12(a) 所示的钻削加工，其受力情况如图 3-12(b) 所示。设两压板的夹紧力相等，其作用点对工件轴线对称，由于工件较轻，其重量忽略不

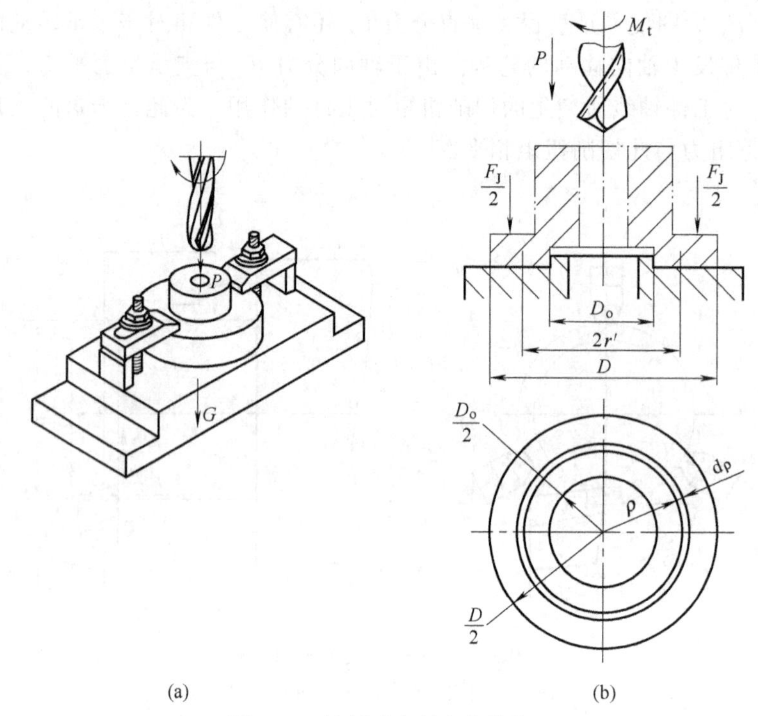

图 3-12　钻削时夹紧力的估算

计。因此，在以工件为受力体的平衡力系中，钻削的轴向力 P 和夹紧力 F_J 由支承反力平衡，而钻削扭矩有使工件产生转动的趋势。为了保证夹紧可靠，夹紧力和轴向钻削力在两处接触面上所产生的摩擦阻力矩之和，必须满足

$$M_t = M_0 + M$$

式中，M_t 为钻削扭矩，其值由切削原理的公式计算或由经验确定；M_0 为钻削时，两压板与工件接触处由于夹紧力的作用所引起的摩擦力矩，因压板为活动件，其值可忽略不计，取 $M_0=0$；M 为钻削时，由于夹紧力 F_J 和钻削轴向力 P 的作用，支承面上所产生的摩擦阻力矩 $M=(F_J+P)fr'$，f 为工件与支承件接触面的摩擦因数（见表 3-3）；r'为当量摩擦半径（见表 3-4）。

$$r' = (D^3 - D_0^3)/3(D^2 - D_0^2) \tag{3-4}$$

所以

$$M_t = M = (F_J + P)fr'$$

$$F_J = \frac{M_t}{fr'} - P$$

各压板实际所需夹紧力

$$F_J = \frac{K}{2}\left(\frac{M_t}{fr'} - P\right) \quad (\mathrm{N}) \tag{3-5}$$

式中　M_t——钻削扭矩；

f——工件与支承件接触面的摩擦因数；

r'——当量摩擦半径。

表 3-3　不同支承面的摩擦因数

支承表面的特点	摩擦因数	支承表面的特点	摩擦因数
光滑表面	0.1～0.2	直沟槽的方向与切削方向相垂直	0.4
直沟槽的方向与切削方向一致	0.3	表面具有交错沟槽	0.6～0.7

生产实际的夹具设计中，对于夹紧力的大小并非在所有情况下都用估算法确定。如对手动夹紧机构，常根据经验或用类比的方法确定所需夹紧力的数值。当需要比较准确地确定夹紧力数值时，例如设计气压、液压传动装置和多件夹紧装置，或夹紧容易变形的工件，则多采用切削测力仪进行实测或进行试验等方法确定切削力的大小，然后估算所需夹紧力的数值。但在运用上述各种确定夹紧力数值的方法时，对夹紧状态的受力分析仍然是估算夹紧力大小的依据。

(5) 工件在夹具中的夹紧误差

对工件进行夹紧时，夹紧力通过工件传至夹具上的定位装置，造成工件及其定位基面和夹具变形，从而使工件加工面产生形状误差和位置误差，因夹紧而造成的加工误差，简称夹紧误差。

工件在夹紧时发生的变形包括以下两方面：

① 工件的弹性变形。这种变形主要造成加工表面的形状误差，如图3-13所示为轴承座的装夹情况。轴承座在夹具定位面上定位，夹紧力施于顶部而垂直于主要定位基准，如夹紧力过大，在镗孔完毕松夹之后，工件弹性变形恢复，所镗孔将产生圆度误差Δ。

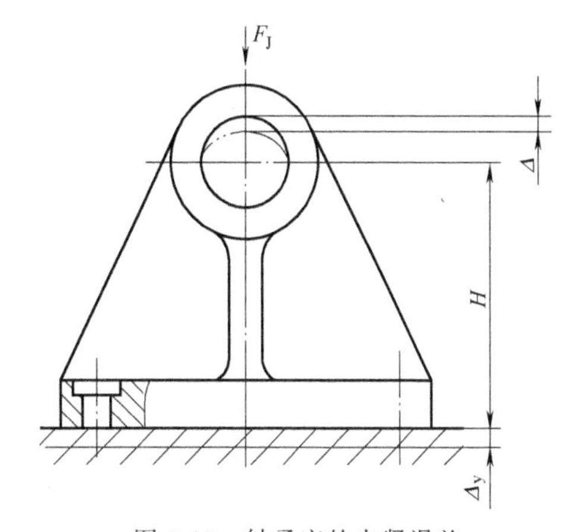

图3-13 轴承座的夹紧误差

② 工件定位基面与夹具定位面之间的接触变形。接触变形是由于两个接触表面的形状误差和粗糙度所造成。因为在施加夹紧力之后，少数凸峰开始沉陷，随着压力的增加，沉陷数值也逐渐增大，同时两个表面的接触面积也逐渐扩大，接触状态才渐趋于稳定，这种表面沉陷数值即接触变形值。

由于工件的弹性变形的计算很复杂，而接触变形目前尚无可供实际应用的资料，所以在设计夹具时，对夹紧误差一般不作定量计算，而是采用各种措施来减少夹紧误差对加工精度的影响。

(6) 减小夹紧变形的措施

① 分散着力点和增加压紧件接触面积。例如用三爪卡盘夹紧薄壁工件时，使用宽卡爪增大了和工件的接触面积，变集中力为分散力，减少变形。

② 增加辅助支承和辅助夹紧点。对于刚度差的工件，应采用浮动夹紧装置或增设辅助支承，减小变形。

③ 改善夹具与工件接触面的形状，提高接合面的质量。例如提高接合面硬度，降低表面粗糙度值，必要时经过预压等措施可以减小工件的夹紧变形。

3.2.3 实例思考

如图3-14所示为法兰盘，材料为HT200，欲在其上加工4-ϕ26H11的孔，中批量生产，拟采用螺旋压板夹紧机构。为了便于装卸工件，选用移动压板置于工件两侧［见图3-15(b)］。试估算其夹紧力。

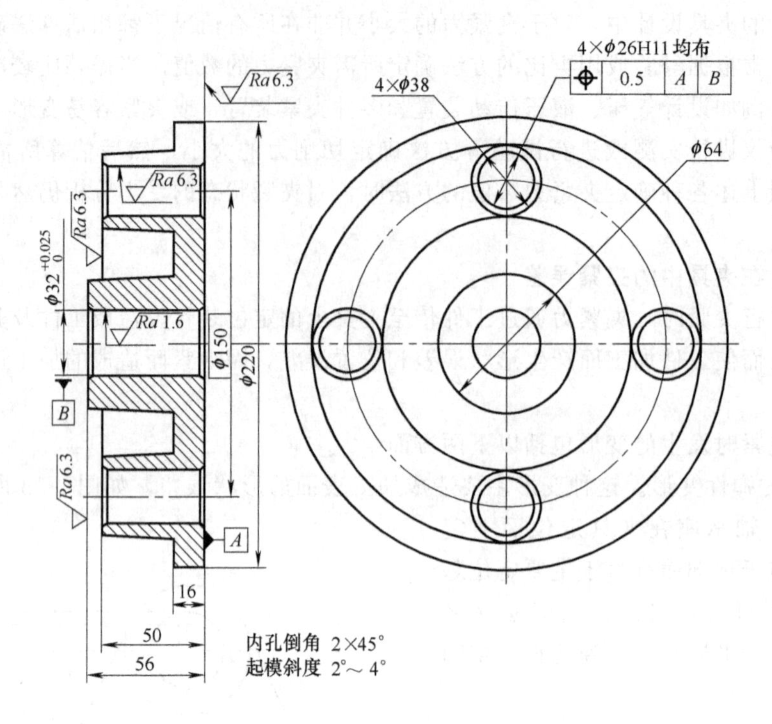

图 3-14　法兰盘零件图

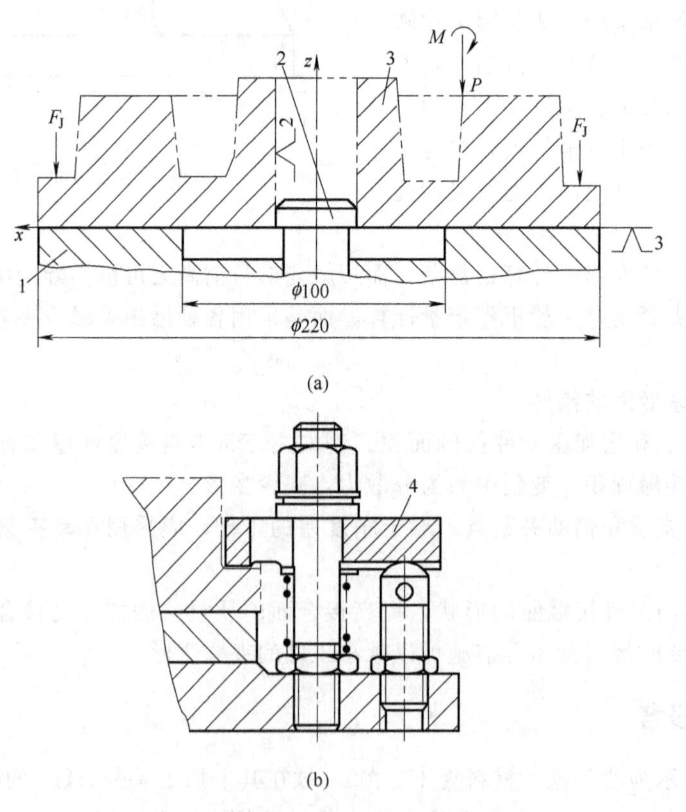

图 3-15　法兰盘夹紧方案

1—支承板；2—短销；3—工件；4—移动压板

3.3 基本夹紧装置

夹具的各种夹紧机构中，以斜楔、螺旋、偏心、铰链机构以及由它们组合而成的夹紧装置应用最为普遍。

3.3.1 斜楔夹紧机构

(1) 实例分析

① 实例。如图 3-16 所示是在工件上钻互相垂直的 ϕ8mm、ϕ5mm 两孔的手动斜楔夹紧的夹具。

② 分析。如图 3-16 所示，工件 2 装入后，锤击斜楔 3 的大端，即可夹紧工件。加工完毕后，锤击斜楔小端，卸下工件。由此可见，斜楔主要是利用其斜面移动时所产生的压力来夹紧工件，即起楔紧作用。由于用斜楔直接夹紧工件的夹紧力较小，且操作费时，所以，实际生产中应用不多，多数情况下是将斜楔与其他机构联合起来使用。

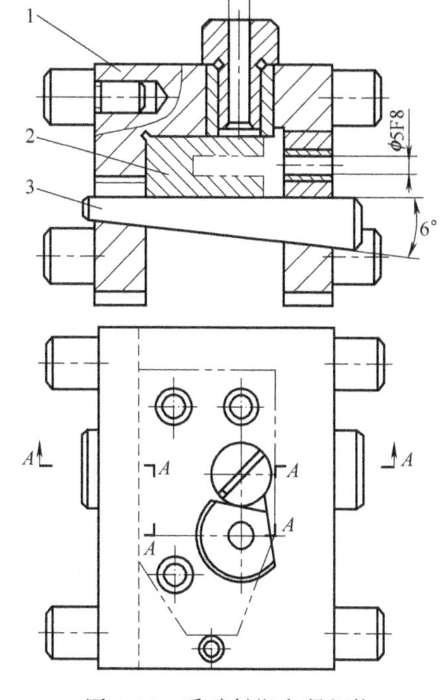

图 3-16 手动斜楔夹紧机构
1—夹具体；2—工件；3—斜楔

(2) 相关知识

采用斜楔作为传力元件或夹紧元件的夹紧机构称为斜楔夹紧机构。

① 夹紧力的计算。图 3-17(a) 是在外力 F_Q 作用下斜楔的受力情况。建立静平衡方程式

$$F_1+F_{RX}=F_Q$$

而 $F_1=F_J\tan\varphi_1$，$F_{RX}=F_J\tan(\alpha+\varphi_2)$

所以

$$F_J=\frac{F_Q}{\tan\varphi_1+\tan(\alpha+\varphi_2)} \tag{3-6}$$

式中 F_J——斜楔对工件的夹紧力，N；

α——斜楔升角，(°)；

F_Q——加在斜楔上的作用力，N；

φ_1——斜楔与工件间的摩擦角，(°)；

φ_2——斜楔与夹具体间的摩擦角，(°)。

设 $\varphi_1=\varphi_2=\varphi$，当 α 很小时（$\alpha\leqslant10°$），可用下式作近似计算

$$F_J=F_Q/\tan(\alpha+2\varphi) \tag{3-7}$$

② 结构特点

a. 斜楔的自锁性。自锁就是当外加的夹紧作用力一旦消失或撤除后，夹紧机构在纯摩擦力的作用下，仍能保持处于夹紧状态而不松开。

图 3-17(b) 是作用力 F_Q 撤去后斜楔的受力情况。从图中可知，斜楔要满足自锁要求，必须使

$$F_1>F_{RX}$$

因 $F_1=F_J\tan\varphi_1 \quad F_{RX}=F_J\tan(\alpha-\varphi_2)$

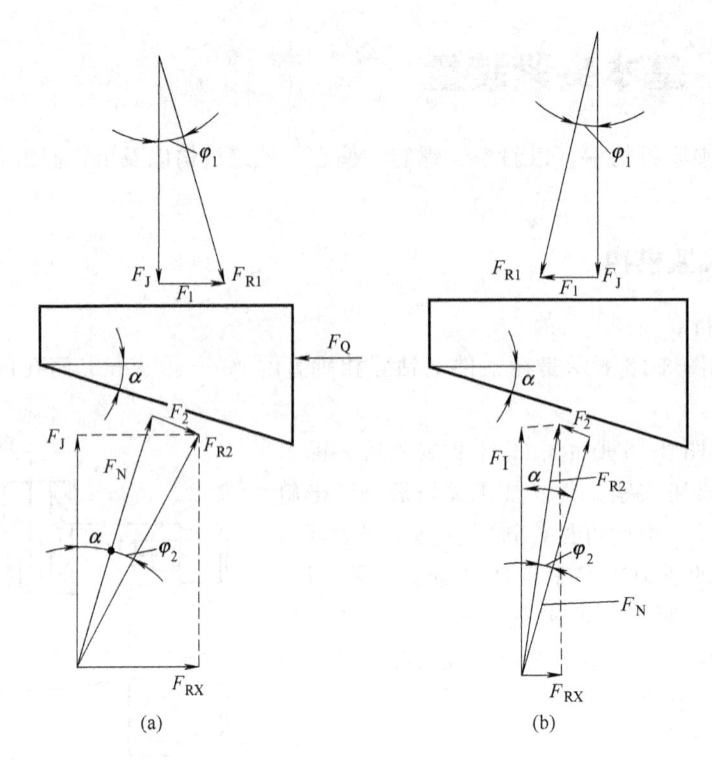

图 3-17　斜楔的受力分析

代入上式　　$F_J\tan\varphi_1 > F_J\tan(\alpha-\varphi_2)$　即 $\tan\varphi_1 > \tan(\alpha-\varphi_2)$

由于 φ_1、φ_2、α 都很小，$\tan\varphi_1\approx\varphi_1$，$\tan(\alpha-\varphi_2)\approx(\alpha-\varphi_2)$，上式可简化为

$$\varphi_1 > (\alpha-\varphi_2)$$

或

$$\alpha < (\varphi_1+\varphi_2) \tag{3-8}$$

由此可见，满足斜楔自锁的条件是，斜楔的升角应小于斜楔与工件以及斜楔与夹具体之间的摩擦角之和。手动夹紧机构一般取 $\alpha=6°\sim8°$。

若取 $\alpha=6°$，这时 $\tan6°\approx0.1=1/10$，所以斜楔的斜度一般取为 1∶10。

b. 斜楔具有改变夹紧作用力方向的特点。由图 3-16 可以看出，当外加一个夹紧作用力时，则斜楔产生一个与夹紧作用力方向垂直的对工件的夹紧力。

c. 斜楔具有增力作用。夹紧力与作用力之比称为增力系数（$i=F_J/F_Q$）或扩力比。斜楔的增力系数为

$$i=F_J/F_Q=1/[\tan\varphi_1+\tan(\alpha+\varphi_2)] \tag{3-9}$$

如取 $\varphi_1=\varphi_2=6°$，$\alpha=10°$代入式（3-9），得 $i=2.6$。可见，斜楔具有增力作用，但不是很大。

d. 斜楔的夹紧行程很小。在图 3-18 中，h 是斜楔的夹紧行程，S 是斜楔夹紧工件过程中移动的距离，则

$$h=S\tan\alpha$$

斜楔的夹紧行程一般很小。由于 S 受到斜楔长度的限制，要增大夹紧行程，就得增大斜角 α，而斜角太大，便不能自锁。当要求机构既能自锁，又有较大的夹紧行程时，可采用双斜面斜楔。斜楔上大斜角的一段使之迅速上升，小斜角的一段确保自锁。

③ 适用范围。斜楔夹紧机构的优点是结构简单，容易制造，具有良好的自锁性，并有

增力作用。其缺点是增力比小，夹紧行程小，而且动作慢，工作时既费时又费力，效率低，实际上很少采用手动的斜楔夹紧机构。在多数情况下是斜楔与其他元件或机构组合起来使用。

斜楔夹紧机构主要用于机动夹紧装置中，而且毛坯的质量较高时。另外，由于其夹紧行程小，对工件的夹紧尺寸（即工件承受夹紧力的定位基准面至受压面间的尺寸）的偏差要求较为严格，否则可能发生夹不紧或无法夹的情况。在多数情况下是斜楔与其他元件或机构组合起来使用。图 3-19 是气压或液压夹紧的斜楔与滑柱组合的夹紧机构。由气压或液压作用推动斜楔 1 向左移动，使滑柱 4 带动钩形压板 3 往下移动，从而拉下钩形压板压紧工件。当气压或液压作用消除后，靠弹簧力使斜楔复位，松开工件。这样，可使斜角取大些，一般取 $\alpha=15°\sim30°$，使夹紧行程增大，由动力装置夹紧并锁紧斜楔。

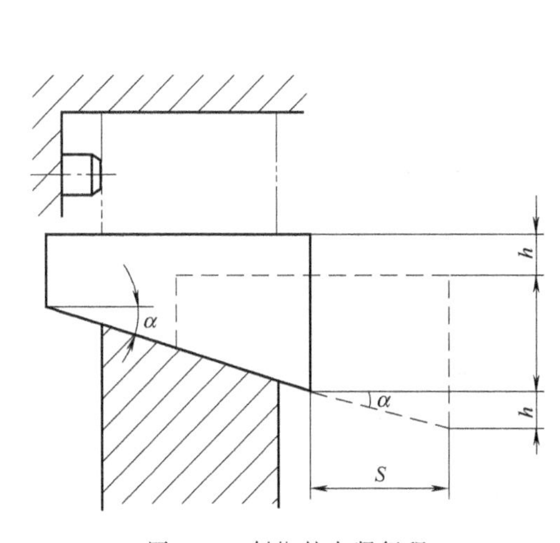

图 3-18　斜楔的夹紧行程

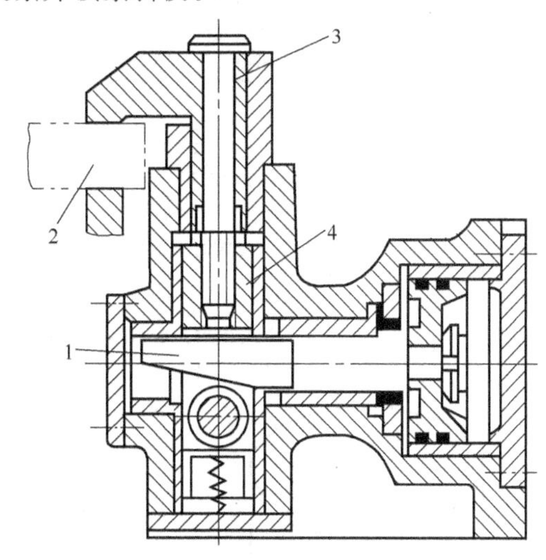

图 3-19　斜楔与滑柱组合的夹紧机构

1—斜楔、活塞杆；2—工件；3—钩形压板；4—滑柱（套）

3.3.2　螺旋夹紧机构

由螺钉、螺母、垫圈、压板等元件组成的夹紧机构，称为螺旋夹紧机构。

(1) 实例分析

① 实例。图 3-20 为简单的单螺旋夹紧机构，采用螺杆直接压紧工件。

② 分析。在图 3-20 中，夹具体上装有螺母 2，螺杆 1 在螺母 2 中转动而起夹紧作用。摆动压块 4 是防止在夹紧时螺杆带动工件转动，避免螺杆头部直接与工件接触而造成压痕，并可增大夹紧力作用面积，使夹紧更为可靠。螺母 2 一般做成可换式或者用铜质螺母，目的是为了内螺纹磨损后可及时更换。螺钉 3 防止螺母 2 的松动。

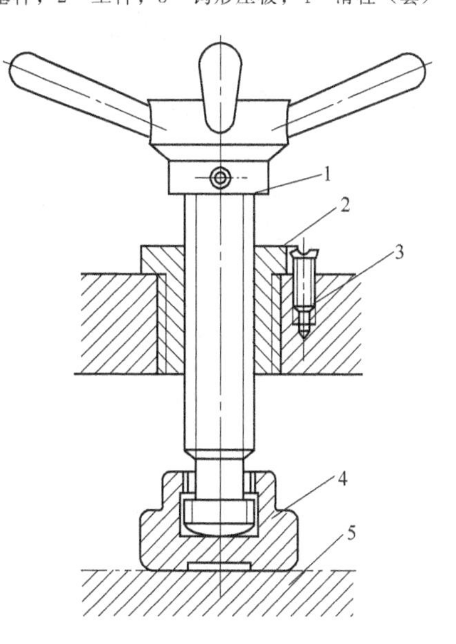

图 3-20　单螺旋夹紧

1—螺杆；2—螺母；3—螺钉；4—摆动压块；5—工件

(2) 相关知识

螺旋夹紧机构可分为单个螺旋夹紧机构、螺旋压板夹紧机构和快速螺旋夹紧机构。

① 单个螺旋夹紧机构

a. 作用原理和结构形式。夹紧机构中所用的螺旋，实际上相当于把斜楔缠绕在圆柱体上的斜面，因此它的夹紧作用原理与斜楔是一样的。不过螺旋夹紧机构是通过转动螺旋，使缠绕在圆柱体上的斜楔高度发生变化来夹紧工件的。

单个螺旋夹紧机构的结构形式有螺钉夹紧和螺母夹紧机构。如图 3-21（a）所示为螺钉夹紧机构，用螺钉直接夹压工件，容易夹伤工件且可能使工件转动，一般很少采用，常在螺钉头部加上摆动压块，如图 3-20所示。图 3-21（b）所示是螺母夹紧机构。用扳手拧动六角螺母 1 使之下移，通过球面垫圈 2 夹紧工件 3，使工件受到的夹紧力均匀，避免螺杆弯曲。

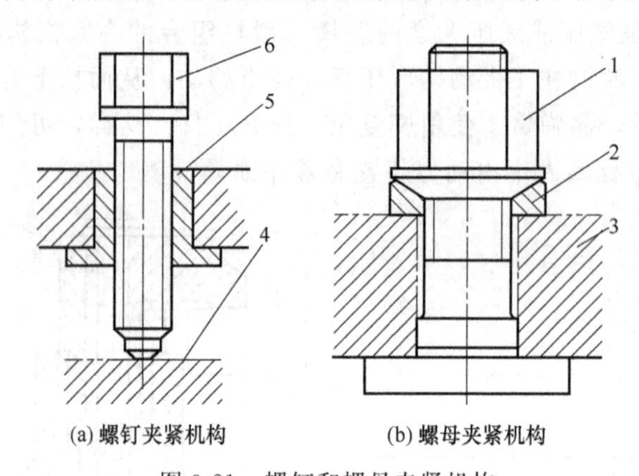

图 3-21　螺钉和螺母夹紧机构

1—六角螺母；2—球面垫圈；3，4—工件；5—螺纹套；6—螺钉

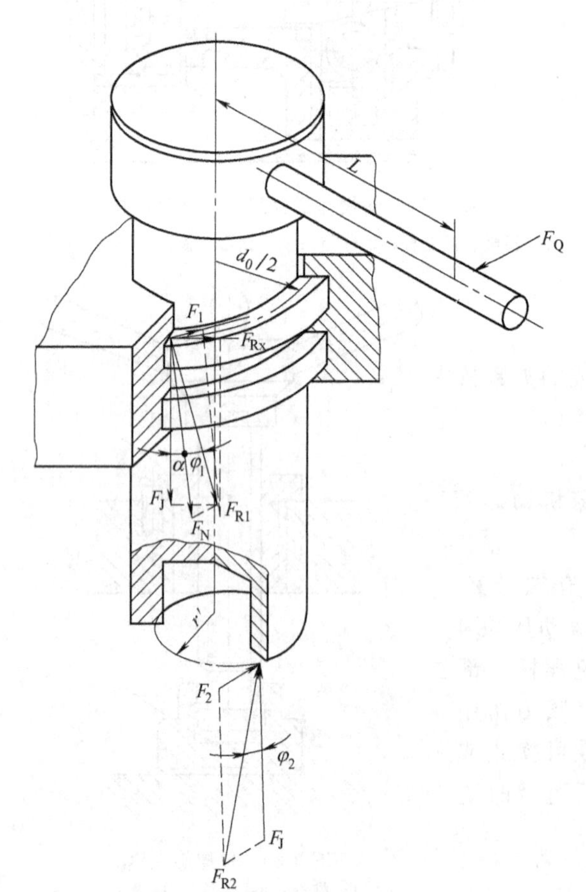

图 3-22　螺杆受力分析

b. 夹紧力的计算。在分析夹紧力时，可把螺旋看作是一个缠绕在圆柱体上的斜面，展开后就相当于斜楔了。图 3-22 是夹紧状态下螺杆的受力情况。当外力 F_Q 作用于手柄时，转动螺杆产生外力矩 M，应与螺杆下端（或压块）与工件间的摩擦反作用力矩 M_1 及螺母对螺杆螺旋面上的反作用力矩 M_2 保持平衡。

图中，F_2 为工件对螺杆的摩擦力，分布在整个接触面上，计算时可视为集中在半径为 r' 的圆周上。r' 称为当量摩擦半径，它与接触形式有关（见表 3-4）。F_1 为螺孔对螺杆的摩擦力，也分布在整个接触面上，计算时可视为集中在螺纹中径 d_0 处。根据力矩平衡条件

$$M=M_1+M_2$$

即

$$F_Q L=F_2 r'+F_{Rx} d_0/2$$

$$F_J=\frac{F_Q L}{\frac{d_0}{2}\tan(\alpha+\varphi_1)+r'\tan\varphi_2} \tag{3-10}$$

式中 F_J——夹紧力，N；

F_Q——作用力，N；

L——作用力臂，mm；

d_0——螺纹中径，mm；

α——螺纹升角，(°)；

φ_1——螺纹处摩擦角，(°)；

φ_2——螺杆端部与工件间的摩擦角，(°)；

r'——螺杆端部与工件间的当量摩擦半径，mm。

表 3-4 螺杆端部的当量摩擦半径

形式	Ⅰ	Ⅱ	Ⅲ	Ⅳ
	点接触	平面接触	圆周线接触	圆环面接触
简图	d_0		R β_1	D_0 D
r'	0	$\frac{1}{3}d_0$	$R\cot\frac{\beta_1}{2}$	$\frac{1}{3}\times\frac{D^3-D_0^3}{D^2-D_0^2}$

② 螺旋压板夹紧机构。采用压板作为夹紧元件的机构称为螺旋压板夹紧机构。此结构简单，夹紧力和夹紧行程较大，可通过调节杠杆比来调整夹紧力和行程，因此它在手动夹紧机构中应用较多。

如图 3-23 所示为常见的螺旋压板夹紧机构。图 3-23（a）、（b）为移动压板，图 3-23（c）、（d）为回转压板。

图 3-23（e）、（f）是螺旋钩形压板夹紧机构，其特点是结构紧凑，使用方便。当钩形压板妨碍工件装卸时，可采用如图 3-23（f）所示的自动回转钩形压板，它避免了用手转动钩形压板的麻烦，无需调节，使用方便。

③ 快速螺旋夹紧机构。为了减少辅助时间，可以使用快速接近工件或快速撤离工件的螺旋夹紧机构。如图 3-24 所示为快速螺旋夹紧机构。图 3-24（a）使用了开口垫圈。图 3-24（b）采用了快卸螺母。图 3-24（c）中，夹紧轴 1 上的直槽连着螺旋槽，先推动手柄 2，使摆动压块迅速靠近工件，继而转动手柄，夹紧工件并自锁。图 3-24（d）中的前一手柄带动螺母旋转时，因后一手柄的限制，螺母不能右移，致使螺杆带着摆动夹块往左移动，从而夹

紧工件。松夹时，只要反转前一手柄，稍微松开后，即可转动后一手柄，为前一手柄的快速右移让出了空间。

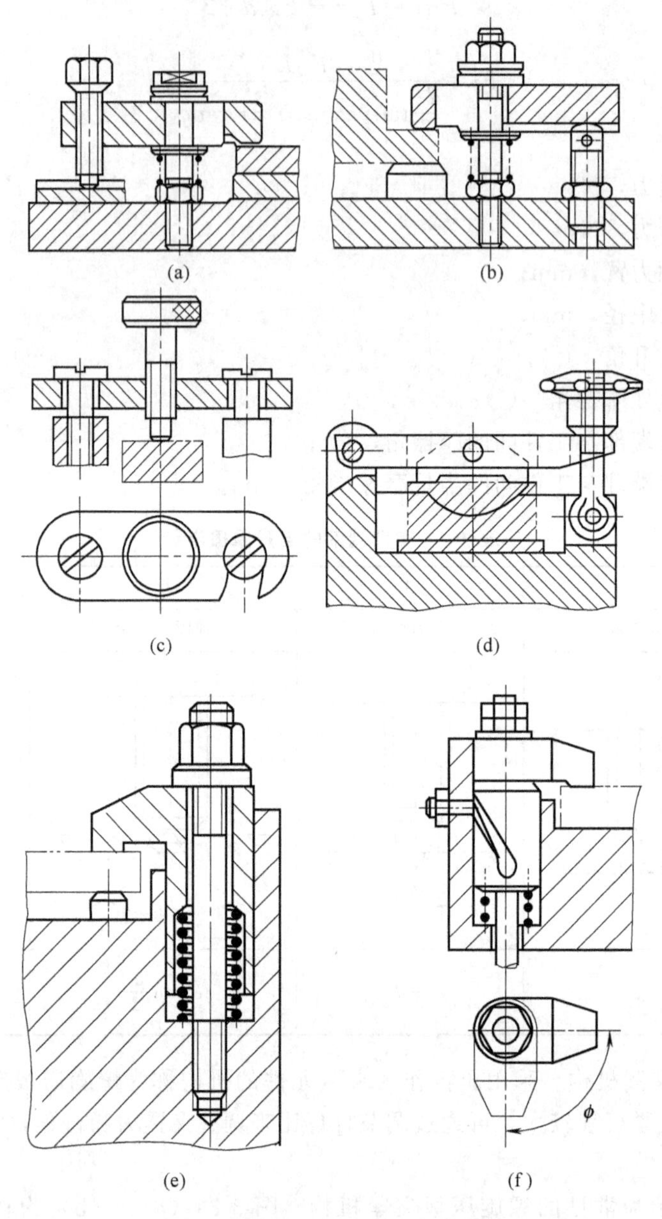

图 3-23　常见的螺旋压板夹紧机构

④ 结构特点

a. 螺旋夹紧机构结构简单、容易制造。

b. 螺旋夹紧机构有很大的增力作用，夹紧力和夹紧行程都较大。

c. 由于缠绕在螺钉表面的螺旋线很长，升角又小，所以自锁性能好。

d. 螺旋夹紧不足之处是夹紧速度慢，工件装卸费时，增加辅助时间。

⑤ 适用范围。螺旋夹紧机构结构简单，制造方便，夹紧行程不受限制且夹紧可靠，所以在手动夹紧装置中被广泛使用。它虽有夹紧动作缓慢的缺点，但可以采用一些措施提高夹紧速度。

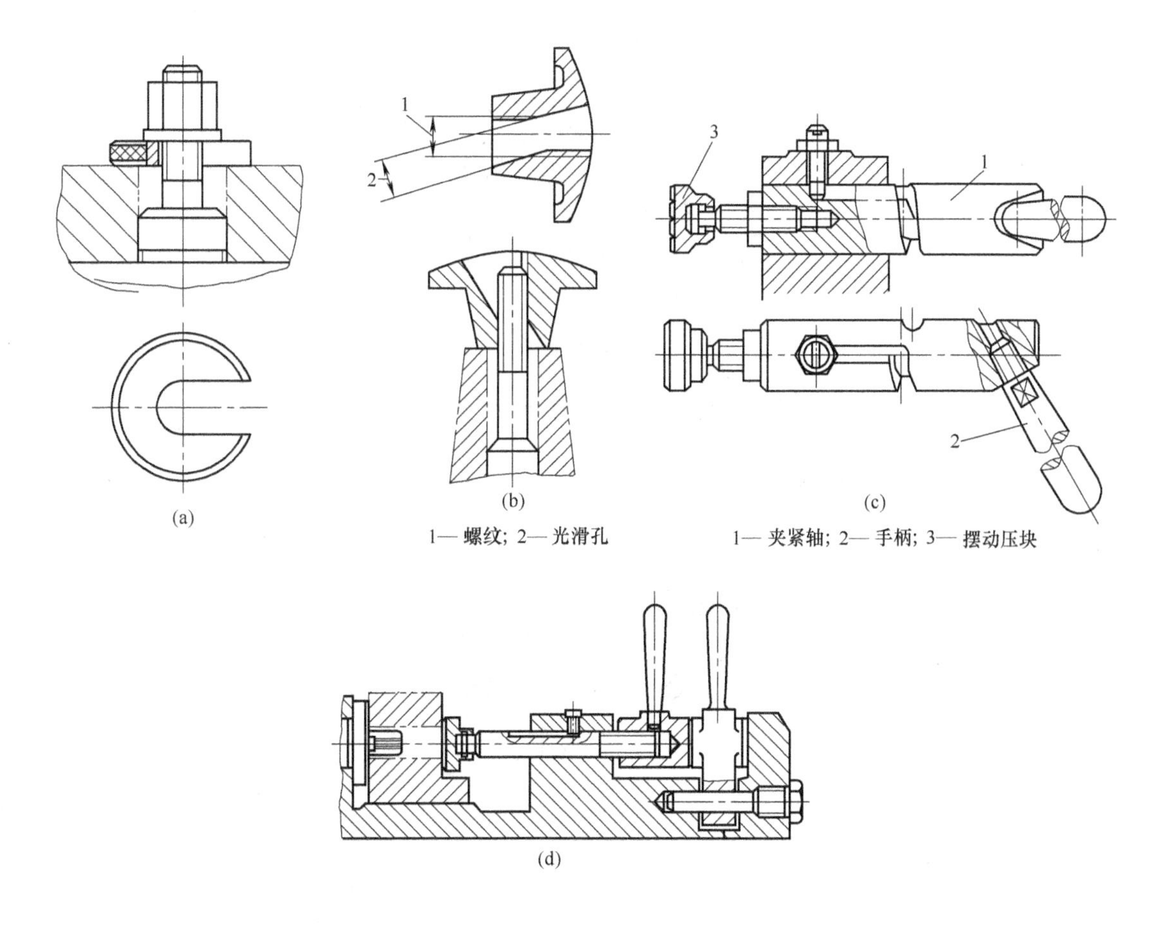

图 3-24　快速螺旋夹紧机构

3.3.3　偏心夹紧机构

偏心夹紧机构是指用偏心件直接或间接与其他元件组合来实现夹紧工件的机构。偏心件有圆偏心和曲线偏心（即凸轮）。圆偏心有圆偏心轮或圆偏心轴。曲线偏心有对数曲线和阿基米德曲线。曲线偏心制造困难，应用较少；圆偏心因结构简单，制造容易，生产中应用广泛。

(1) 实例分析

① 实例。图 3-25 为圆偏心夹紧机构。图 3-25(a) 是直接夹紧工件，图 3-25(b) 是间接夹紧工件。

② 分析。图 3-25(a) 中 O_1 是圆偏心轮的几何中心，R 是它的几何半径；O_2 是圆偏心轮的回转中心，O_1O_2 是偏心距 e。当偏心轮顺时针绕 O_2 回转时，回转中心 O_2 与夹压表面的距离在 m 与 n 之间逐渐增大，从而压紧工件。

由图 3-26(a) 可见，若以 O_2 为圆心、r 为半径画圆，便把偏心轮分成了三个部分。其中虚线部分是个“基圆”，半径是 R 与 e 之差；另两部分是两个相同的弧形楔。而实际起夹紧作用的部分是画有射线的部分，将它展开，由图 3-26(c) 可知，$\overset{\frown}{mpn}$为曲线，相当于楔角变化的斜楔。因此，圆偏心轮夹紧工件的原理与斜楔相似。

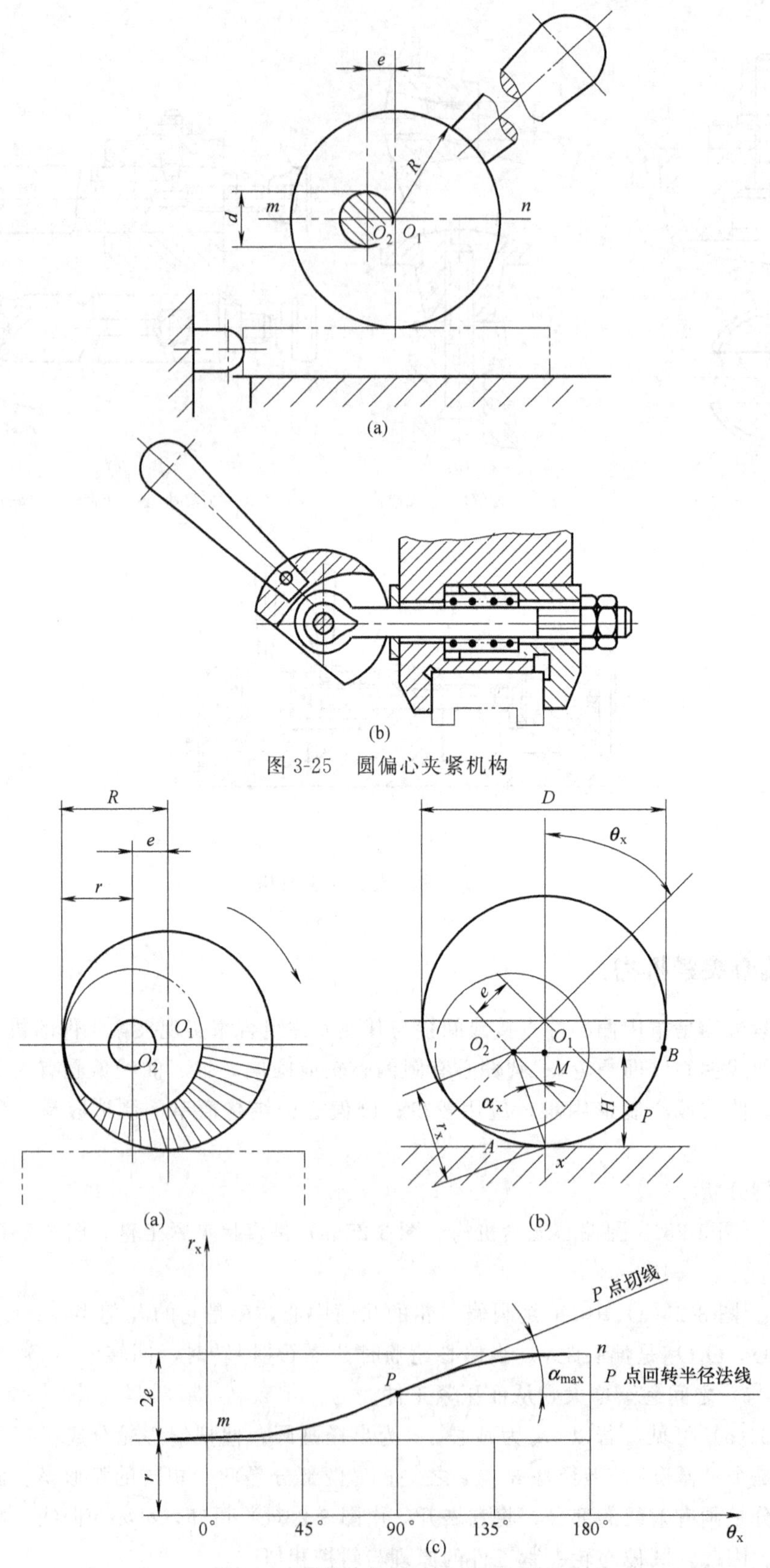

图 3-25 圆偏心夹紧机构

图 3-26 圆偏心作用原理和结构特性

(2) 相关知识

① 结构特点。圆偏心轮实际上是斜楔的一种变形，其主要特点是其工作表面上各夹紧点的升角不是一个常数，它随转角 θ 的改变而发生变化。由图 3-26（b）可知，当圆心 O_1 绕回转中心 O_2 转动任意 x 的回转角 θ_x（回转角 θ_x 为工件夹压表面法线与 O_1O_2 连线间的夹角）时，可求得任意点的升角 α_x（升角 α_x 为工件夹压表面的法线与回转半径的夹角）为

$$\tan\alpha_x = \frac{e\sin\theta_x}{\frac{D}{2} - e\cos\theta_x} \tag{3-11}$$

式中，转角 θ_x 的变动范围为 0°～180°。当 $\theta_x = 0°$时，$\tan\alpha_{min} = 0$，m 点的升角 α_x 最小。随着转角 θ_x 的增大，升角 α_x 也增大。

当 $\theta_x = 90°$时，升角为最大值，即 $\tan\alpha_{max} = \frac{2e}{D}$ (3-12)

当转角 θ_x 大于 90°时，升角 α_x 将随转角 θ_x 的增加而减小；当 $\theta_x = 180°$时，n 点的升角 α_x 为最小值。

圆偏心轮的工作转角一般小于 90°，因此转角太大，不仅操作费时，也不安全。

工作转角范围内的那段轮周称为圆偏心轮的工作段。常用的工作段是 $\theta_x = 45°$～135° 或 $\theta_x = 90°$～180°。

② 偏心量 e 的确定。设圆偏心轮的工作段为$\overset{\frown}{AB}$，由图 3-26（b）可知，在 A 点的夹紧高度 $H_A = (D/2) - e\cos\theta_A$，在 B 点的夹紧高度 $H_B = (D/2) - e\cos\theta_B$，夹紧行程 $h_{AB} = H_B - H_A = e(\cos\theta_A - \cos\theta_B)$，所以

$$e = \frac{h_{AB}}{\cos\theta_A - \cos\theta_B} \tag{3-13}$$

其中夹紧行程为 $$h_{AB} = s_1 + s_2 + s_3 + \delta \tag{3-14}$$

式中 s_1——装卸工件所需的间隙，一般取 $s_1 \geqslant 0.3$，mm；

s_2——夹紧装置的弹性变形量，一般取 $s_2 = 0.03$～0.15，mm；

s_3——夹紧行程储备量，一般取 $s_3 = 0.1$～0.3，mm；

δ——工件夹紧表面至定位面的尺寸公差。

③ 自锁条件。圆偏心轮的自锁条件与斜楔的自锁条件相同，即

$$\alpha_{max} \leqslant \varphi_1 + \varphi_2$$

式中 α_{max}——圆偏心轮的最大升角；

φ_1——圆偏心轮与工件之间的摩擦角；

φ_2——圆偏心轮与回转轴之间的摩擦角。

为使自锁可靠，忽略 φ_2 不计，则 $f_{max} \leqslant \varphi_1$，或 $\tan\alpha_{max} \leqslant \tan\varphi_1$，

因 $\tan\varphi_1 = f$ $\tan\alpha_{max} = \frac{2e}{D}$

所以，圆偏心轮的自锁条件是$\frac{2e}{D} \leqslant f$

当 $f = 0.1$ 时，$D/e \geqslant 20$；当 $f = 0.15$ 时，$D/e \geqslant 14$。

④ 夹紧力的计算。如图 3-27 所示为圆偏心轮的受力情况。施加于手柄的力 F_Q 至回转中心 O_2 的距离为 L，产生的力矩为 F_QL；该力矩在夹紧接触点 x 处，必然产生一相当的楔紧力 F'_Q，它对于 O_2 点的力臂为 r_x，则根据力矩平衡条件有 $F'_Qr_x = F_QL$，所以 $F'_Q = F_QL/r_x$。弧

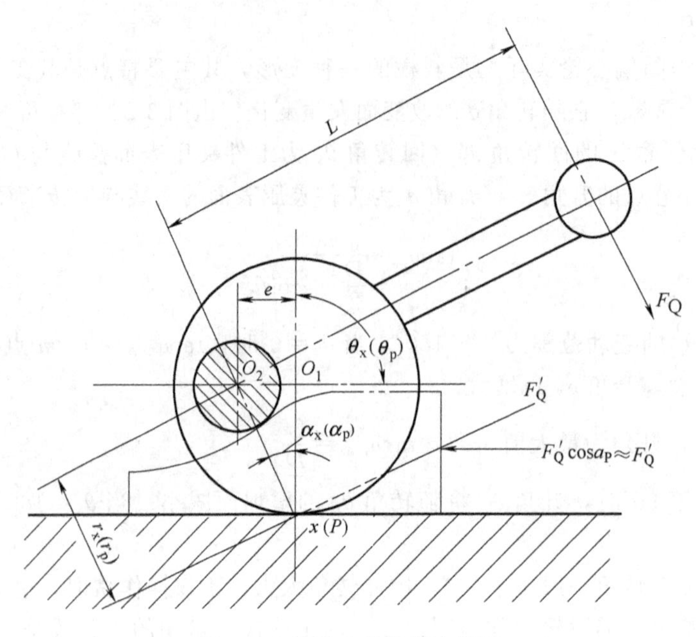

图 3-27　圆偏心轮的受力情况

形楔上的作用力 $F'_Q\cos\alpha_p\approx F'_Q$，因此，与斜楔夹紧力公式相似，夹紧力

$$F_J=\frac{F'_Q}{\tan\varphi_1+\tan(\alpha_x+\varphi_2)}=\frac{F_QL}{r_x[\tan\varphi_1+\tan(\alpha_x+\varphi_2)]}$$

当 $\theta_p=90°$时，$r_p=R/\cos\alpha_p$，代入得

$$F_J=\frac{F_QL\cos\alpha_p}{R[\tan\varphi_1+\tan(\alpha_p+\varphi_2)]}\tag{3-15}$$

式中　F_Q——作用在手柄的力，N；

L——力臂长度，mm；

R——圆偏心轮半径，mm；

α_p——圆偏心轮升角，(°)；

φ_1——圆偏心轮与工件之间的摩擦角，(°)；

φ_2——圆偏心轮与回转轴之间的摩擦角，(°)。

⑤ 适用范围。圆偏心轮夹紧后，自锁性能较差，只适用于切削负荷较小、又无很大振动的场合；又因结构尺寸不能太大，为满足自锁条件，夹紧行程相应受到限制，所以对工件的夹紧面相应尺寸公差要求要严格。同时，圆偏心回转轴中心至定位表面间的距离应有严格公差或设计成可调结构。

⑥ 圆偏心轮的结构形式。图 3-28 所示为圆偏心轮结构，都已标准化了，设计时可参阅有关国家标准。

3.3.4　铰链夹紧机构

铰链夹紧机构是由铰链杠杆组合而成的一种增力机构，其结构简单，增力倍数较大，摩擦损失较小，但无自锁性能。它常与动力装置（气缸、液压缸）联用，故在机械化装置中得到广泛应用。

(1) 实例分析

① 实例。图 3-29 (a) 为连杆右端铣槽工序图，中批生产。

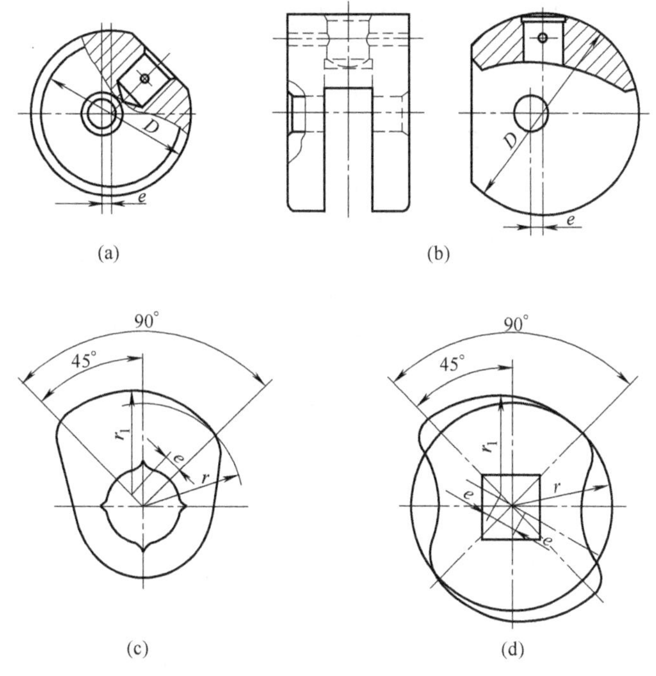

图 3-28　标准圆偏心轮的结构

② 分析。如图 3-29（b）所示，在连杆右端铣槽，工件以 ϕ52mm 外圆柱面、侧面及右端底面分别在 V 形块、可调螺钉和支承座上定位，采用气压驱动的双臂单作用铰链夹紧机构夹紧工件。

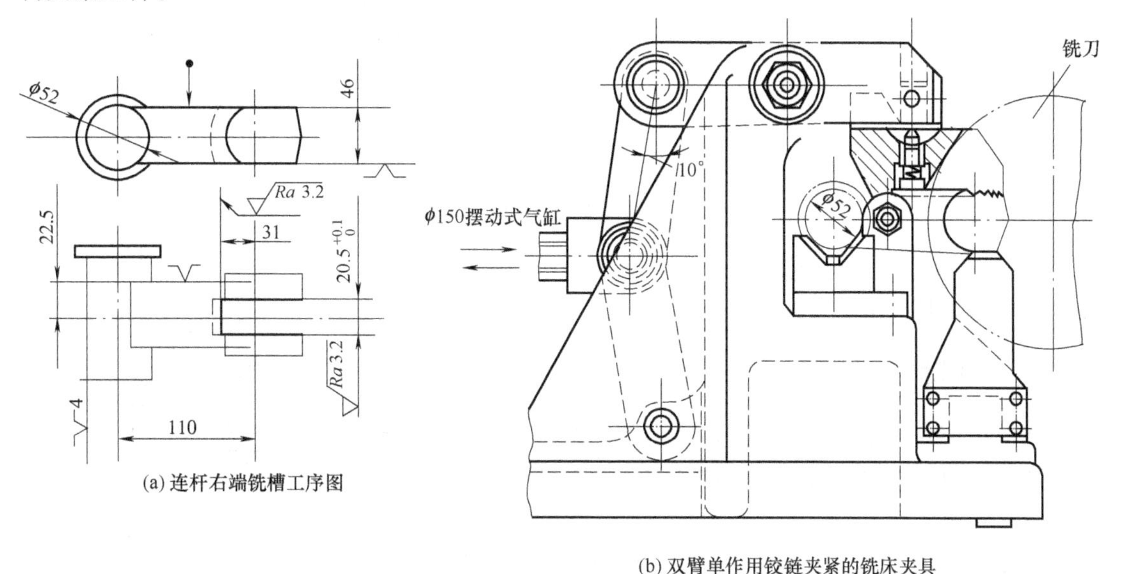

图 3-29　连杆右端铣槽夹具

（2）相关知识

① 常见的铰链夹紧机构类型。如图 3-30 所示为铰链夹紧机构的五种基本类型。图 3-30（a）为单臂单作用的铰链夹紧机构；图 3-30(b）为双臂单作用的铰链夹紧机构；图 3-30(c）为双臂单作用带移动柱塞的铰链夹紧机构；图 3-30(d）为双臂双向作用的铰链夹紧机构；

图 3-30(e) 为双臂双向作用带移动柱塞的铰链夹紧机构。

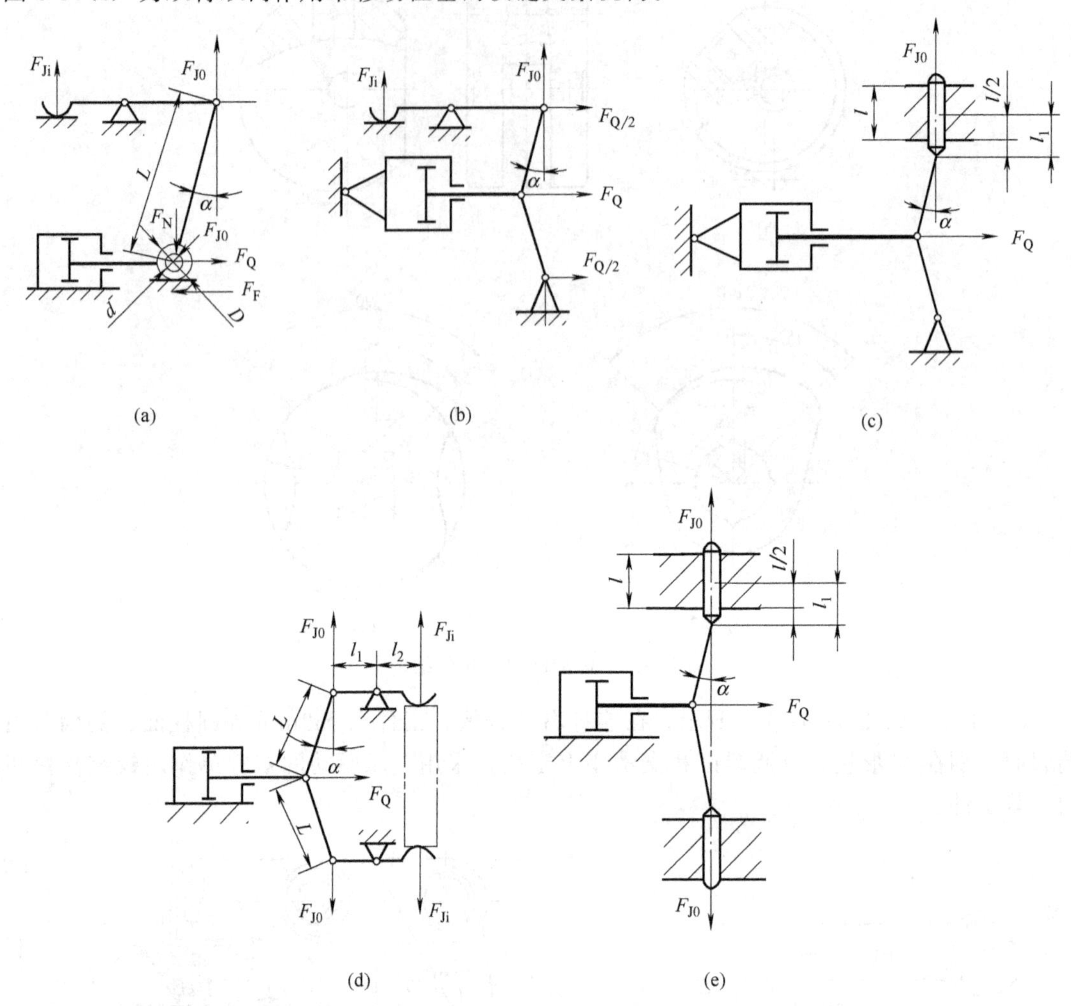

图 3-30　铰链夹紧机构的基本类型

② 适用范围。铰链夹紧机构适用于多件、单件多点夹紧和气动夹紧机构中。

3.3.5 联动夹紧机构

利用一个原始作用力实现单件或多件的多点、多向同时夹紧的机构，称为联动夹紧机构。

(1) 实例分析

① 实例。如图 3-31 所示，加工小轴端面槽，槽宽为 $4^{+0.048}_{0}$mm，并与外圆柱的轴心线有对称度要求，为 0.1mm，槽深 5mm。中批生产。

② 分析。如图 3-32 所示为多件联动夹紧机构的铣床夹具。工件以外圆柱面及轴肩在夹具的可移动 V 形块 2 中定位，用螺钉 3 夹紧。V 形块既是定位夹紧元件，又是浮动元件，除左端第一个工件外，其他工件也是浮动的。

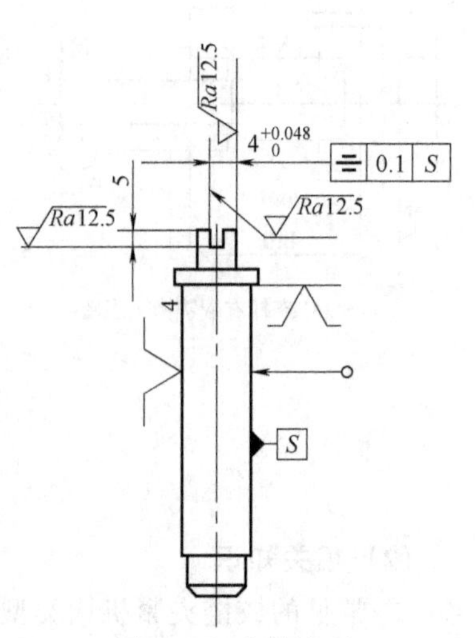

图 3-31　小轴端面铣槽工序图

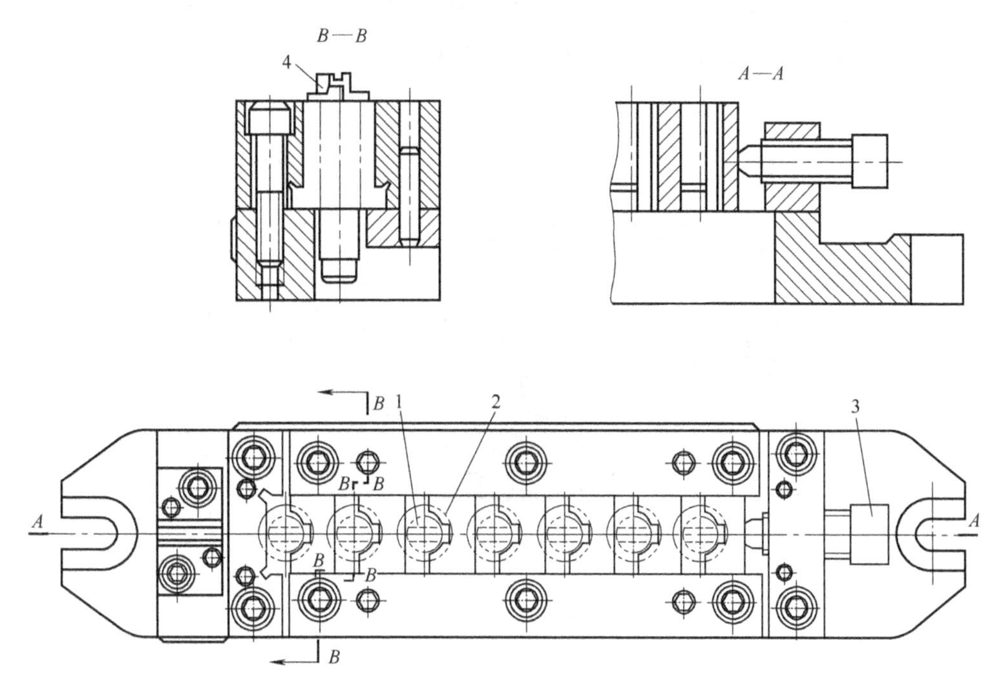

图 3-32 多件联动夹紧机构的铣床夹具

1—工件；2—V 形块；3—夹紧螺钉；4—对刀块

(2) 相关知识

① 多点联动夹紧机构。多点夹紧是利用一个原始作用力，使工件在同一方向上，同时获得多点均匀的夹紧力的夹紧机构。最简单的多点夹紧是采用浮动压头的夹紧。如图 3-33(a) 所示为浮动压头结构。如图 3-33(b) 所示为联动钩形压板夹紧机构。

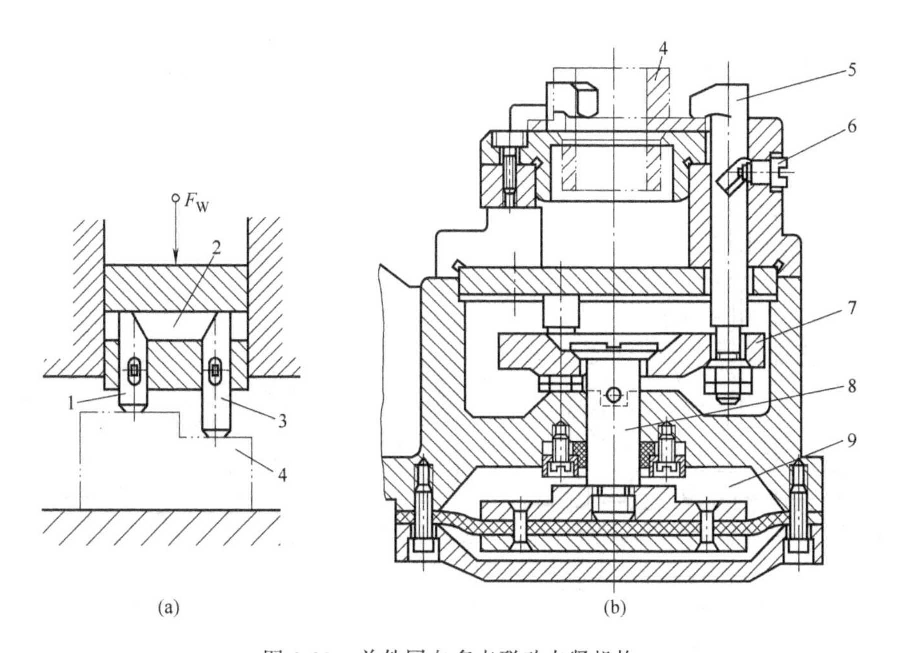

图 3-33 单件同向多点联动夹紧机构

1,3—浮动压头；2—浮动柱；4—工件；5—钩形压板；6—螺钉；7—浮动盘；8—活塞杆；9—气缸

图 3-34 是对向两点联动夹紧机构。当液压缸中的活塞杆 3 向下移动时，通过双臂铰链使浮动压板 2 相对转动，对工件实现两点的均匀夹紧。

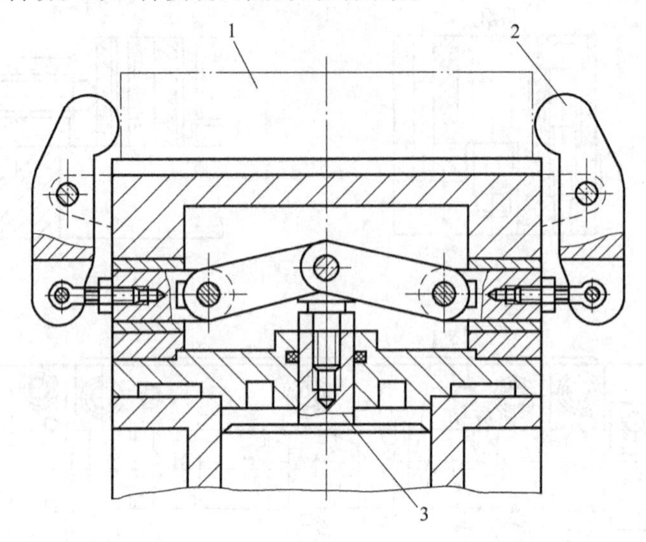

图 3-34　单件对向双点联动夹紧机构
1—工件；2—浮动压板；3—活塞杆

② 多向联动夹紧机构。多向联动夹紧机构是利用一个作用力在不同方向上同时夹紧工件的机构。如图 3-35 所示，是作用力通过螺母 1，再利用两销 3 的楔式浮动传递使两压板 2 实现对工件的双向夹紧。

③ 多件联动夹紧机构。多件联动夹紧机构是利用一个夹紧作用力将若干个工件同时并均匀地夹紧的机构。

多件联动夹紧机构一般有两种基本形式，即多件平行联动夹紧机构和多件依次连续夹紧机构。

如图 3-36 所示为多件平行联动夹紧机构。在一次装夹多个工件时，若采用刚性压板，则

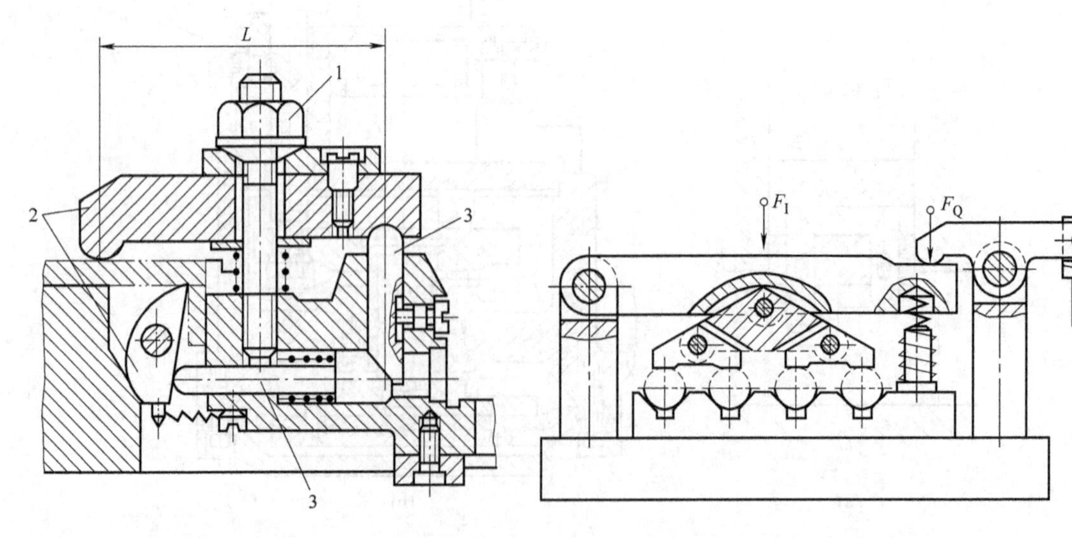

图 3-35　多向联动夹紧机构
1—螺母；2—压板；3—销

图 3-36　多件平行联动夹紧机构

因工件的直径不等及V形块有误差，使各工件所受的力不等或夹不住。采用如图3-36所示的三个浮动压板，可同时夹紧所有工件。

多件依次连续夹紧机构见图3-32所示。

④ 夹紧与其他动作联动的机构。这类联动夹紧主要有定位元件与夹紧件间联动、夹紧件与夹紧件间联动、夹紧件与锁紧辅助支承联动等形式。

图3-37为先定位后夹紧联动机构，图3-38是夹紧与移动压板联动机构，图3-39为夹紧与辅助支承联动机构。

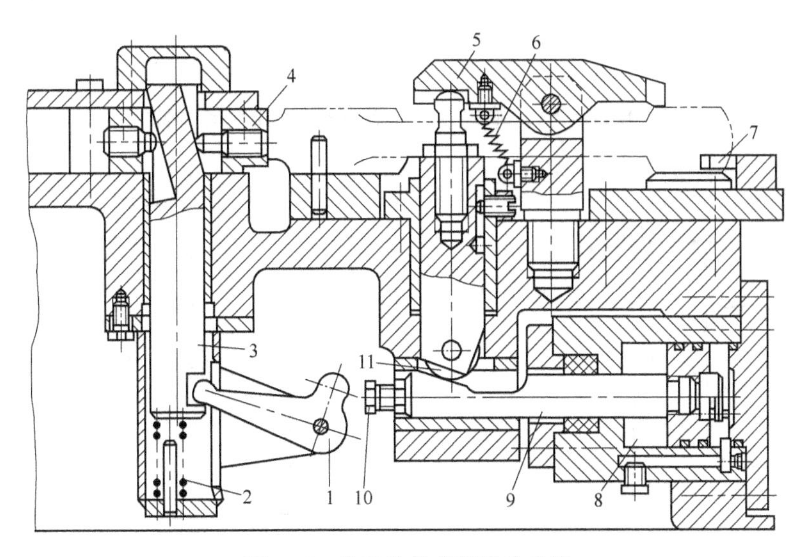

图3-37 先定位后夹紧联动机构

1—拨杆；2，6—弹簧；3—推杆；4—活块；5—压板；7—定位块；8—液压缸；9—活塞杆；10—螺钉；11—滚子

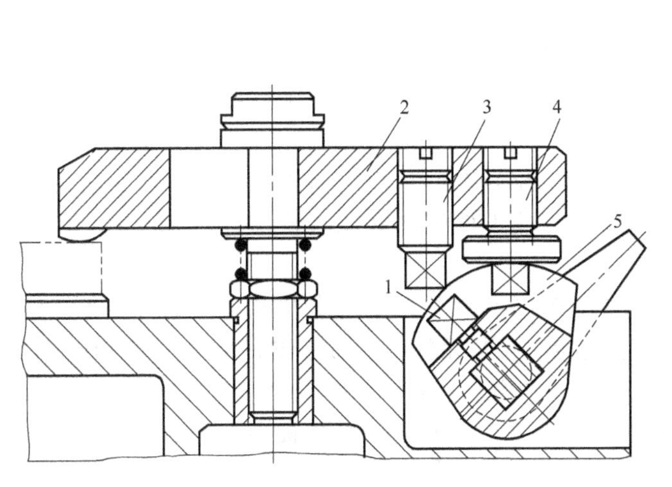

图3-38 夹紧与移动压板联动机构

1—拨销；2—压板；3，4—螺钉；5—偏心轮

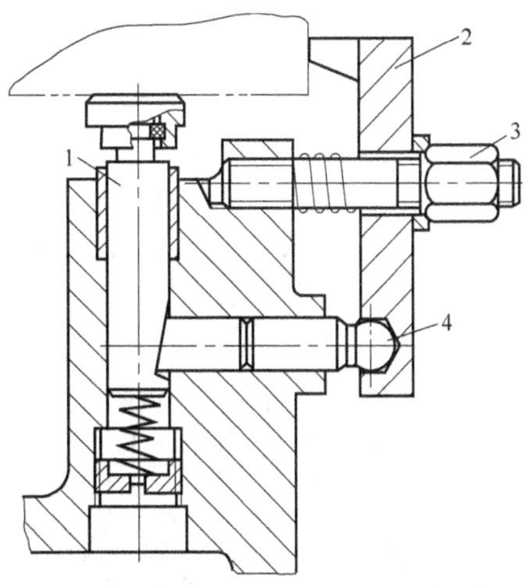

图3-39 夹紧与辅助支承联动机构

1—辅助支承；2—压板；3—螺母；4—锁销

综上所述，在设计联动夹紧结构时，应注意的问题：一是必须设置浮动环节，以保持能同时均匀夹紧工件；二是适当限制工件数，避免影响过分复杂，造成效率低或动作不可靠；三是必须考虑到零件的加工方法，避免影响工件的定位，夹紧时影响工件的加工精度。

3.3.6 定心夹紧机构

定心夹紧机构是一种能同时实现定位和夹紧的特殊夹紧机构。它的定位元件也是夹紧元件（以下简称定位夹紧件），它将工件定位并夹紧后，能使其定位基面的中心或对称中心固定在规定的位置。为此，称这种夹紧机构为定心夹紧机构。

定心夹紧机构在装夹回转体的夹具中得到广泛应用，如三爪卡盘、弹簧夹头。这里主要介绍定心夹紧机构的工作原理和各类典型定心夹紧机构的特点及适用范围。

(1) 实例分析

① 实例。如图 3-40(a) 所示，在三爪卡盘上加工尺寸为 $d_{-\Delta d}^{\ 0}$ 的内孔，并保证同轴度要求。图 3-40(b) 为在长方体上铣槽，槽宽为 $B_{\ 0}^{+\Delta b}$ 并保证对称度要求。

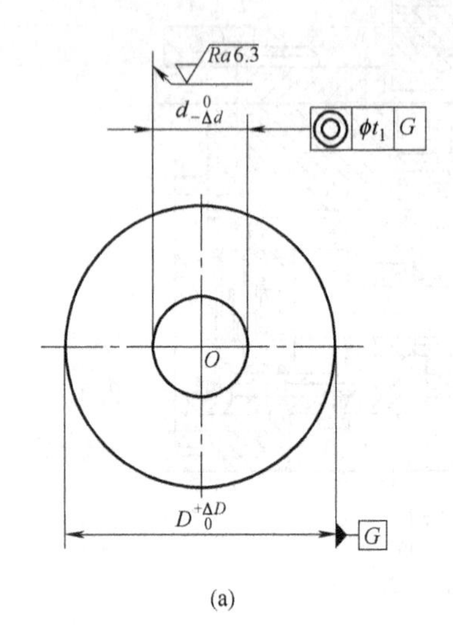

(a)

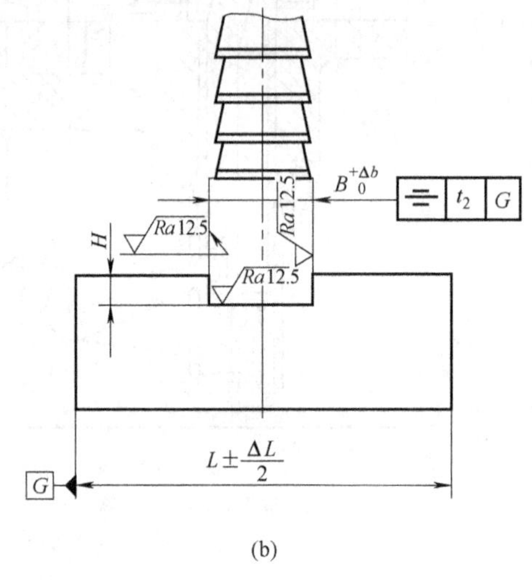

(b)

图 3-40　工件工序图

② 分析。如图 3-41 所示的三爪自定心卡盘。三个夹爪 1 为定心夹紧元件，能等速趋近或离开卡盘中心（夹爪保持等距性行程），使其工作面 2 对中心总保持相等的距离。当工件定位直径不同时，由夹爪 1 的等距移动来调整，使工件工序基准（轴线）与卡盘中心保持一致。

如图 3-42 所示的对中夹紧机构，左、右夹爪（钳口）1 为定心夹紧元件，它的工作面 2 对夹具（或已对定的刀具）的中心平面保持等距性行程及位置，工件尺寸为 $L\pm\Delta L/2$ 时，其公差同样被夹爪均分在中心平面两侧。

以定心夹紧元件均分定位基面公差的原理，即为定心夹紧机构的工作原理。

图 3-41　定心夹紧机构

1—夹爪；2—夹爪工作面；3—工件

(2) 相关知识

定心夹紧机构按其定心作用原理有两种类型，一种是依靠传动机构使定心夹紧元件同时做等速移动，从而实现定心夹紧，如螺旋式、杠杆式、

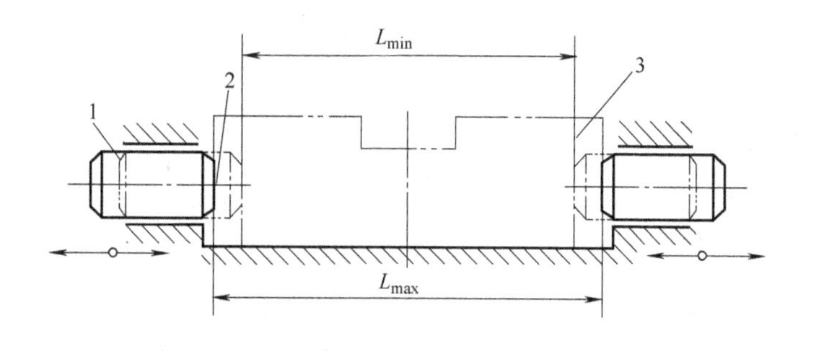

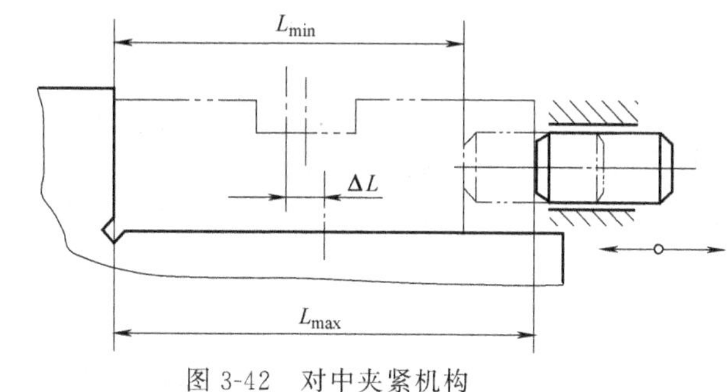

图 3-42　对中夹紧机构

1—夹爪；2—夹爪工作面；3—工件

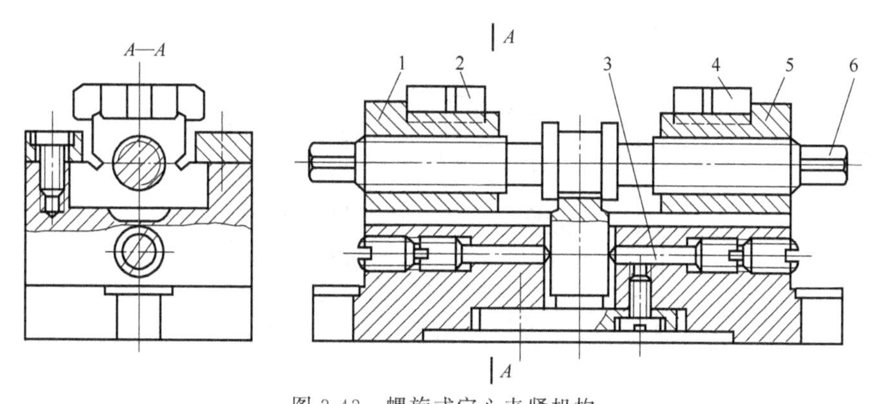

图 3-43　螺旋式定心夹紧机构

1,5—滑座；2,4 —V 形块钳口；3—调节杆；6—双向螺杆

楔式机构等；另一种是定心夹紧元件本身做均匀的弹性变形（收缩或扩张），从而实现定心夹紧，如弹簧筒夹、膜片卡盘、波纹套、液性塑料等。

① 螺旋式定心夹紧机构。如图 3-43 所示，旋动有左、右螺纹的双向螺杆 6，使滑座 1、5 上的 V 形块钳口 2、4 做对向等速运动，从而实现对工件的定心夹紧；反之，便可松开工件。V 形块钳口可按工件需要更换，对中精度可借助调节杆 3 实现。

这种定心夹紧机构的特点是结构简单、工作行程大、通用性好。但定心精度不高，一般约为 ϕ0.05～0.1mm，主要适用于粗加工或半精加工中需要行程大而定心精度要求不高的工件。

② 杠杆式定心夹紧机构。如图 3-44 所示为车床用的气动定心卡盘，气缸通过拉杠 1 带动滑套 2 向左移动时，三个钩形杠杆 3 同时绕轴销 4 摆动，收拢位于滑槽中的三个夹爪 5 而将工件夹紧。夹爪的张开靠拉杆右移时装在滑套 2 上的斜面推动。

这种定心夹紧机构具有刚性大、动作快、增力倍数大、工作行程也比较大（随结构尺寸

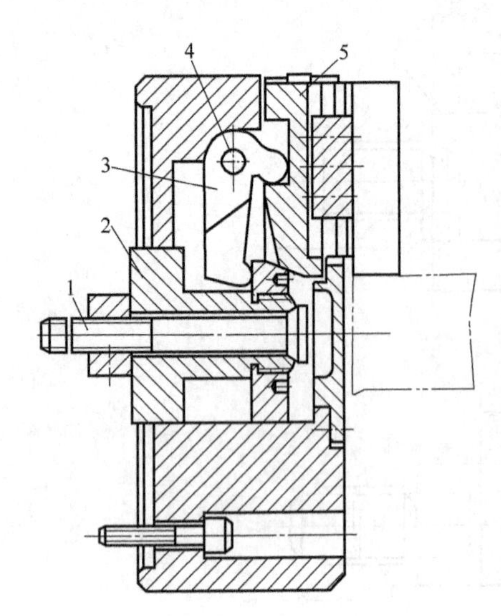

图 3-44 杠杆作用的定心卡盘
1—拉杆；2—滑套；3—钩形杠杆；4—轴销；5—夹爪

不同，行程约为 3～12mm）等特点，其定心精度较低，一般约为 ϕ0.1mm 左右。它主要用于工件的粗加工。由于杠杆机构不能自锁，所以这种机构自锁要靠气压或其他机构，其中采用气压的较多。

③ 楔式定心夹紧机构。如图 3-45 所示为机动的楔式夹爪自动定心机构。当工件以内孔及左端面在夹具上定位后，气缸通过拉杆 4 使六个夹爪 1 左移，由于本体 2 上斜面的作用，夹爪左移的同时向外胀开，将工件定心夹紧；反之，夹爪右移时，在弹簧卡圈 3 的作用下使夹爪收拢，将工件松开。

这种定心夹紧机构的结构紧凑且传动准确，定心精度一般可达 ϕ0.02～0.07mm，比较适用于工件以内孔作定位基面的半精加工工序。

④ 弹簧筒夹式定心夹紧机构。图 3-46 为用于装夹工件以外圆柱面为定位基面的弹簧夹头。旋转螺母 4 时，锥套 3 内锥面迫使弹性筒夹 2 上的簧瓣向心收缩，从而将工件定心夹紧。

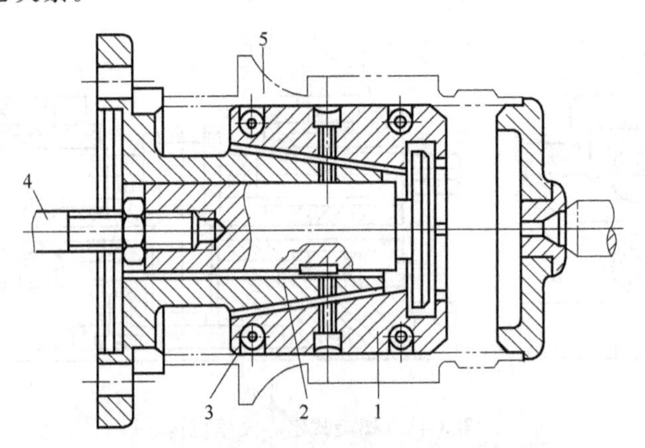

图 3-45 机动楔式夹爪自动定心机构
1—夹爪；2—本体；3—弹簧卡圈；4—拉杆；5—工件

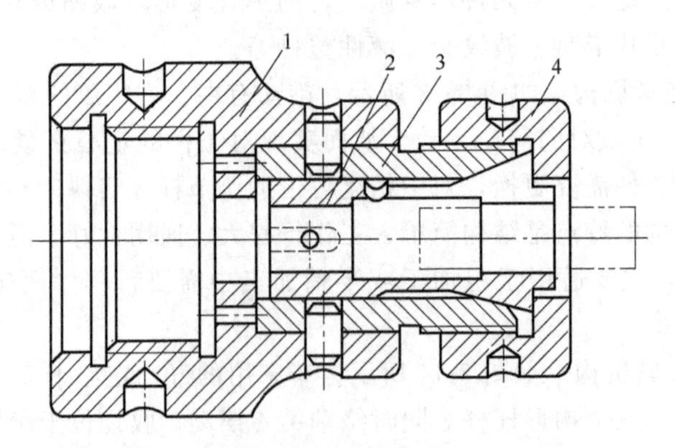

图 3-46 弹簧夹头
1—夹具体；2—弹性筒夹；3—锥套；4—螺母

图 3-47 是用于工件以内孔为定位基面的弹簧心轴。因工件的长径比 $L/d \geqslant 1$，故弹性筒夹 2 的两端各有簧瓣。旋转螺母 4 时，锥套 3 的外锥面向心轴 5 的外锥面靠拢，迫使弹性筒夹 2 的两端簧瓣向外均匀扩张，从而将工件定心夹紧。反向转动螺母，带退锥套，便可卸下工件。

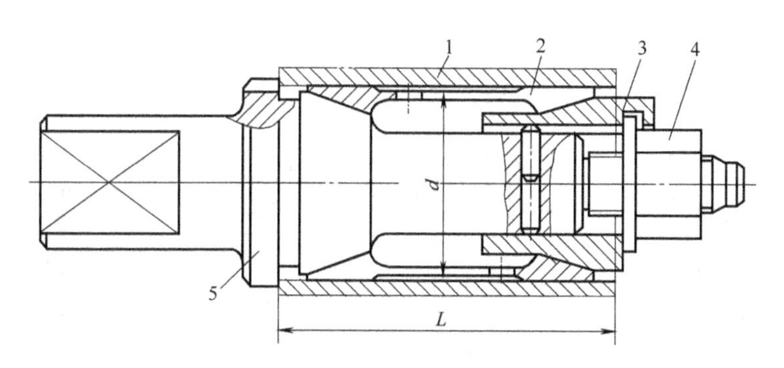

图 3-47 弹簧心轴

1—夹具体；2—弹性筒夹；3—锥套；4—螺母；5—心轴

弹簧筒夹定心夹紧机构的结构简单、体积小、操作方便迅速，因而应用十分广泛，常用于安装轴套类工件。其定心精度可稳定在 ϕ0.04～0.10mm 之间，高的可达 ϕ0.01～0.02mm。为保证弹性筒夹正常工作，工件定位基面的尺寸公差应控制在 0.1～0.5mm 范围内，故一般适用于精加工或半精加工场合。

⑤ 膜片卡盘定心夹紧机构。如图 3-48 所示，工件以大端面和外圆为定位基面，在 10 个等高支柱 6 和膜片 2 的 10 个夹爪上定位。首先顺时针旋动螺钉 4 使楔块 5 下移，并推动滑柱 3 右移，迫使膜片 2 产生弹性变形，10 个夹爪同时张开，以放入工件。逆时针旋动螺钉，使膜片恢复弹性变形，10 个夹爪同时收缩将工件定心夹紧。夹爪上的支承钉 1 可以调节，以适应直径尺寸不同的工件。支承钉每次调整后都要用螺母锁紧，并在所用的机床上对 10 个支承钉的限位基面进行加工（夹爪在直径方向上应留有 0.4mm 左右的预张量），以保证定位基准轴线与机床主轴回转轴线的同轴度。

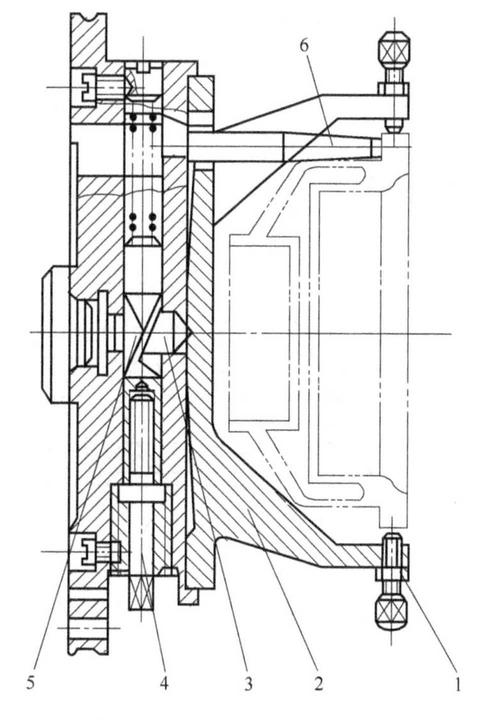

图 3-48 膜片卡盘定心夹紧机构

1—支承钉；2—膜片；3—滑柱；4—螺钉；5—楔块；6—支柱

膜片卡盘定心机构具有刚性好，工艺性、通用性好，定心精度高（一般为 ϕ0.005～0.01mm），操作方便迅速等特点。但它的夹紧力较小，所以常用于磨削或有色金属件车削加工的精加工工序。

⑥ 波纹套定心夹紧机构。这种定心

机构的弹性元件是一个薄壁波纹套（或称蛇腹套）。如图 3-49 所示为用于加工工件外圆及右端面的波纹套定心心轴。旋紧螺母 5 时，轴向压力使两波纹套径向均匀胀大，将工件定心夹紧。波纹套 3 及支承圈 2 可以更换，以适应孔径不同的工件，扩大心轴的通用性。

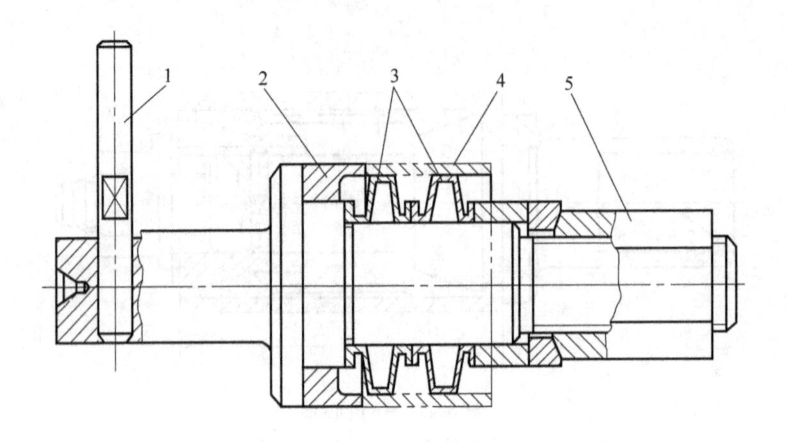

图 3-49　波纹套心轴

1—拨杆；2—支承圈；3—波纹套；4—工件；5—螺母

波纹套定心机构的结构简单、安装方便、使用寿命长，定心精度可达 ϕ0.005～0.01mm，适用于定位基准孔 $D \geqslant 20$mm、且公差等级不低于 IT8 级的工件，在齿轮、套筒类等工件的精加工工序中应用较多。

⑦ 液性塑料定心夹紧机构。如图 3-50 所示为液性塑料定心机构的两种结构，其中图 3-50(a) 是工件以内孔为定位基面，图 3-50(b) 是工件以外圆为定位基面，虽然两者的定位

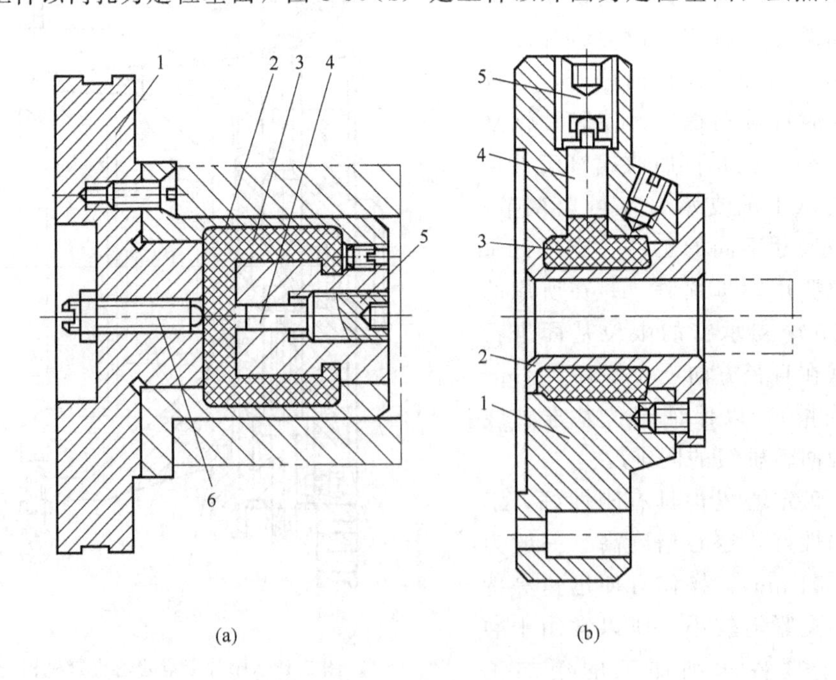

图 3-50　液性塑料定心夹紧机构

1—夹具体；2—薄壁套筒；3—液性塑料；4—柱塞；5—螺钉；6—限位螺钉

基面不同，但其基本结构与工作原理是相同的。起直接夹紧作用的薄壁套筒 2 压配在夹具体 1 上，在所构成的容腔中注满了液性塑料 3。当将工件装到薄壁套筒 2 上之后，旋进加压螺钉 5，通过柱塞 4 使液性塑料流动并将压力传到各个方向上，薄壁套筒的薄壁部分在压力作用下产生径向均匀的弹性变形，从而将工件定心夹紧。图 3-50(a) 中的限位螺钉 6 用于限制加压螺钉的行程，防止薄壁套筒超负荷而产生塑性变形。

这种定心机构的结构很紧凑，操作方便，定心精度一般为 ϕ0.005～0.01mm，主要用于工件定位基面孔径 $D\geqslant$18mm 或外径 $d\geqslant$18mm、尺寸公差为 IT7～IT8 级工件的精加工或半精加工工序。

3.3.7　实例思考

用如图 3-51 所示分离式气缸经传动装置夹紧工件，已知气缸活塞直径 $D=40$mm，气压 $p_0=0.5$MPa，求压板的夹紧力 F_J。

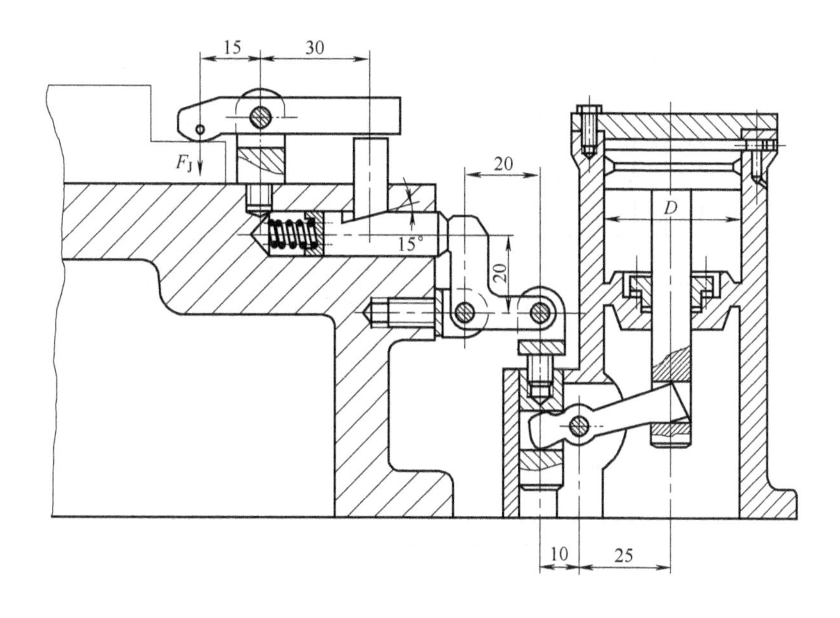

图 3-51　气压装置

3-1　夹紧装置的基本要求有哪些?

3-2　确定夹紧力的方向及作用点的原则是什么?

3-3　试分析图 3-52 中各夹紧方案是否合理? 若不合理，请提出改进措施。

3-4　简述夹紧力大小的估算步骤。

3-5　常见夹紧机构的类型有哪些? 试分析其特点?

3-6　方形零件的夹紧装置如图 3-53 所示。若外力 $Q=150$N，$L=150$mm，$D=40$mm，$d=10$mm，$L_1=L_2=100$mm，$\alpha=30°$，各处摩擦损耗按传递效率 $\eta=0.95$ 计算，试计算夹紧力 J。

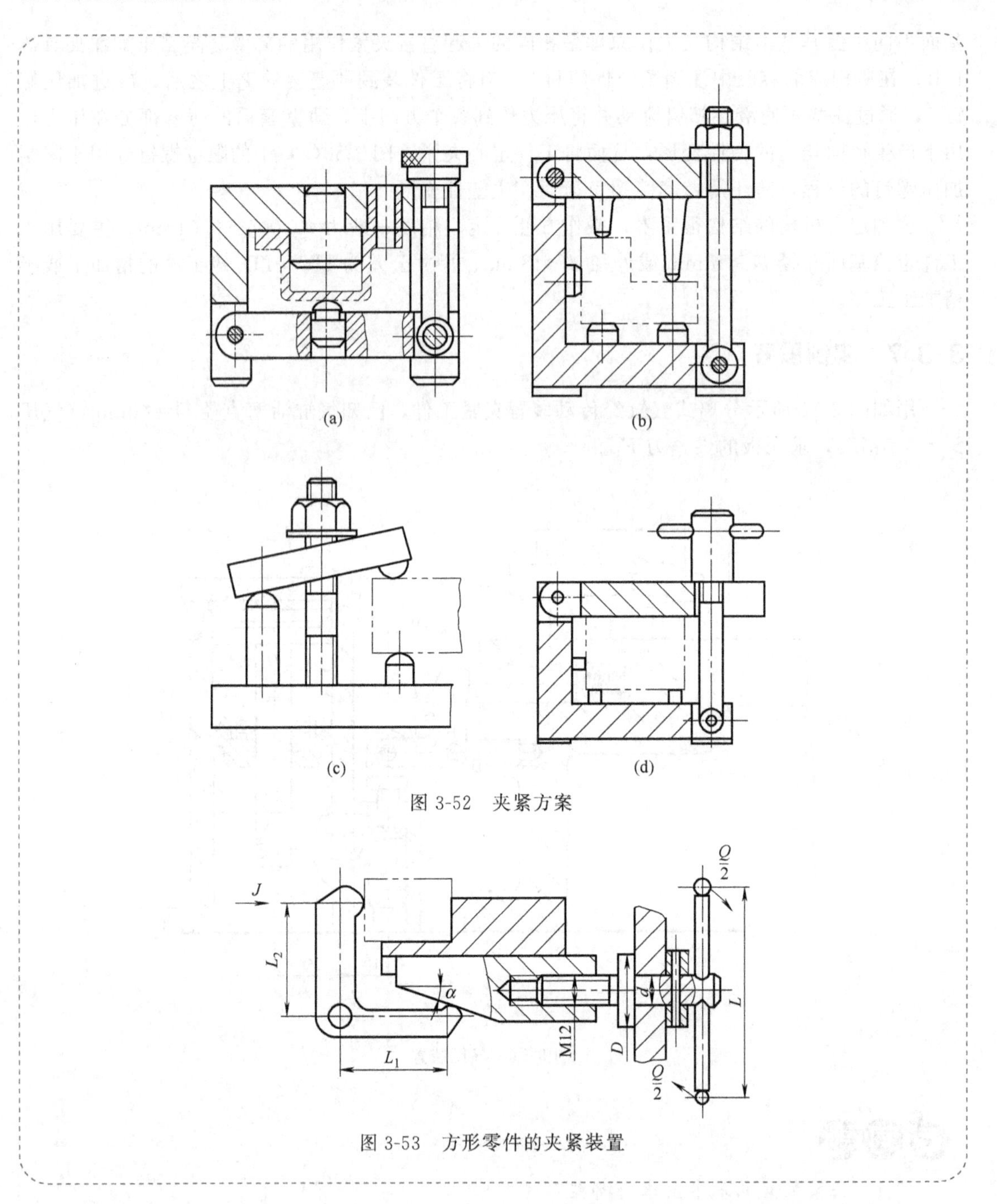

图 3-52　夹紧方案

图 3-53　方形零件的夹紧装置

第 4 章

夹具体及分度装置

4.1 夹具体

夹具体是夹具的基础件，它将夹具上的各种装置和元件连接成一个整体，并通过它将夹具安装到机床上。它的结构形状及尺寸大小，取决于加工工件的特点、尺寸大小，各种元件的结构和布局，夹具与机床的连接方式，切削力、重力等大小的影响。

4.1.1 实例分析

(1) 实例

如图 4-1 所示为壳体零件简图。加工 ϕ52J7 的孔，其工序尺寸 120mm±0.2mm 的工序基准为 C 面，平行度公差 0.03mm 的工序基准也为 C 面，垂直度公差 0.03mm 的工序基准为A [(ϕ62J7) 的轴线]。大批量生产。

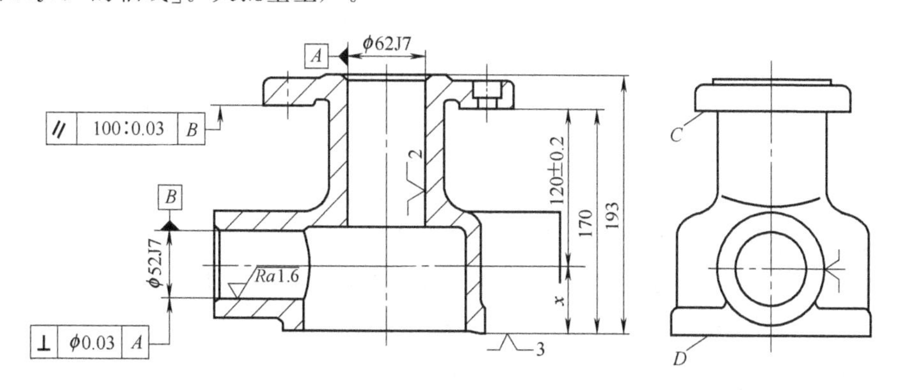

图 4-1 壳体零件简图

(2) 分析

从图 4-1 可知，C 面为加工 ϕ52J7 孔的工序基准，如果选择 C 面为定位基准，则基准不重合误差等于零，但是会使夹具的结构复杂，并且使工件定位不稳固，所以改为以 D 面作主要定位基面。按工序尺寸链，设定 170mm 为 170mm±0.1mm，则 ϕ52J7 孔的轴心线到底面 D 的尺寸为 x=50mm±0.1mm。夹具的结构如图 4-2 所示。

4.1.2 相关知识

(1) 夹具体应满足的基本要求

在加工过程中，夹具体是承受载荷最大的零件，通常是夹具中体积最大和结构最复杂的零件。它既要保证在其上所安装的各种装置和元件间的相互位置关系，而且还要实现夹具与机床之间的定位和连接，所以夹具体应满足如下要求。

① 应有足够的强度和刚度。加工过程中，夹具体要承受较大的切削力和夹紧力。为保证夹具体不会产生不允许的变形或振动，夹具体应有足够的强度和刚度。因此夹具体需有一定的壁厚，铸造夹具体的壁厚一般取 15～30mm，壁厚要均匀，转角处应有 $R5$～10 的圆角；焊接夹具体的壁厚为 8～15mm。在刚度不足处，设置加强肋。肋的厚度取壁厚的 0.7～0.9 倍，肋的高度不大于壁厚的 5 倍。或在不影响工件装卸的情况下，采用框架式夹具体。

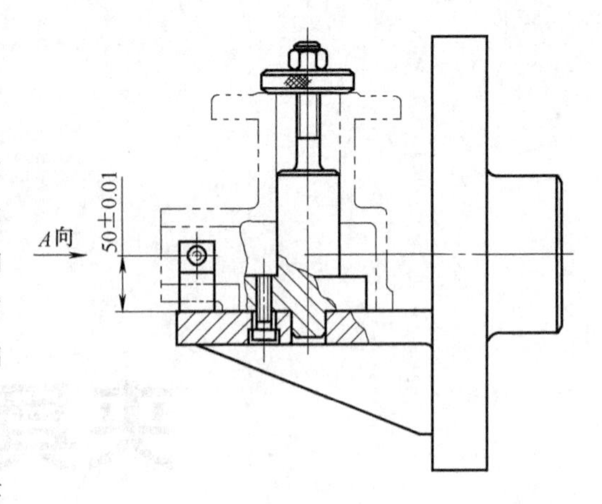

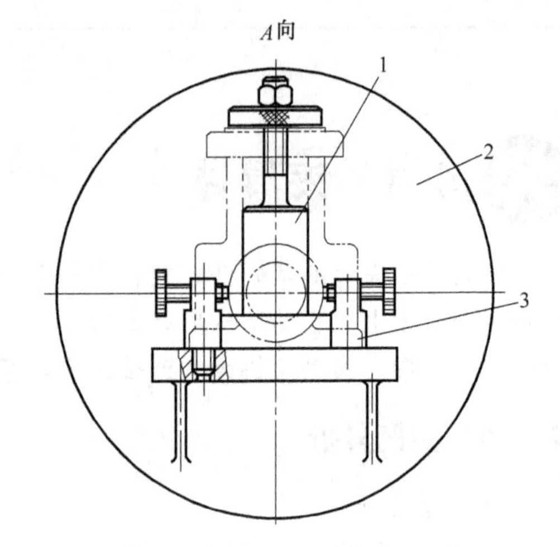

图 4-2 壳体车床夹具

1—定位心轴；2—夹具体；3—工件

② 力求结构简单及装卸工件方便。在保证强度和刚度的前提下，尽可能体积小、重量轻。尤其对手动、移动和翻转夹具，要求夹具总重量不超过 10kg。夹具体结构形式应便于工件的装卸。

③ 结构工艺性好。夹具体应便于制造、装配、检验和维修。例如：铸造夹具体上安装各种元件的表面应铸出 3～5mm 的凸台，以减少加工面积。夹具体毛坯面与工件之间应留有足够的间隙，当夹具体和工件都是毛坯面，取 8～10mm；夹具体是毛坯面，工件是加工面，取 1～4mm，以保证工件与夹具体之间不受干涉。

④ 排除切屑要方便。夹具体设计时，务必考虑切屑的排除。当加工产生的切屑不多时，可适当加大定位元件工作表面与夹具体之间的距离或在夹具体上开设排屑槽，增加容屑空间，如图 4-3 (a) 所示。对加工时产生大量切屑的夹具，则最好能在夹具体上设置排屑斜面，斜角可取$\alpha=30°$～$50°$，如图 4-3 (b)，以便将切屑自动排至夹具体外。

⑤ 在机床上安装稳定可靠。夹具在机床上的安装都是通过夹具体上的安装基面与机床上相应表面的接触或配合实现的。当夹具在机床工作台上安装时，夹具的重心应尽量低，重心应落在支承面内；夹具底面四边应凸出，使夹具体的安装基面与机床的工作台面接触良好。为考虑便于吊运，在夹具体上应设置吊装螺栓孔。

⑥ 具有适当的精度和尺寸稳定性。夹具体上的重要表面，如安装定位元件的表面、安装对刀或导向元件的表面以及夹具体的安装基面（与机床相连接的表面）等，应有适当的尺寸和形状精度，它们之间应有适当的位置精度。

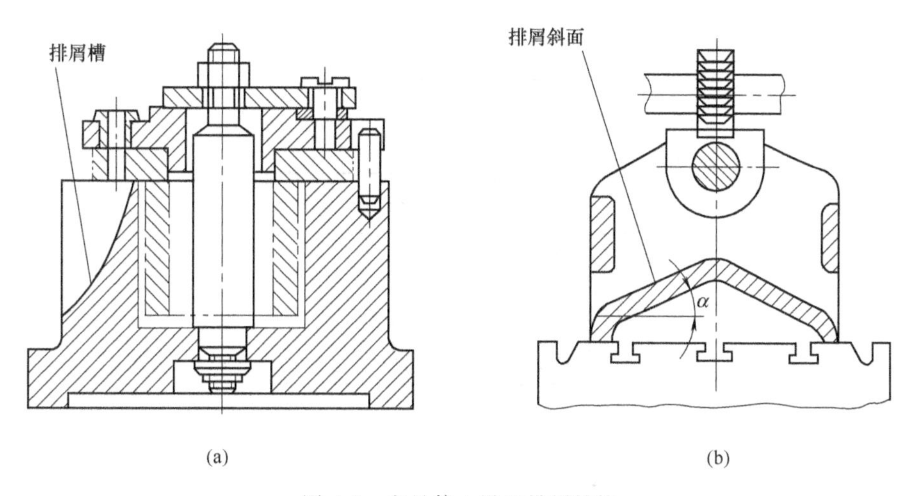

(a)　(b)

图 4-3　夹具体上设置排屑结构

(2) 夹具体毛坯的类型

① 铸造夹具体。铸造夹具体工艺性好，可铸成各种复杂形体。它具有较好的抗压强度、刚度和抗振性，切削性好，但生产周期长，需时效处理，以消除内应力。常用材料为灰铸铁（如 HT200），要求强度高时用铸钢（如 ZG270-500），要求重量轻时用铸铝（如 ZL104）。目前铸造夹具体应用广泛，其结构如图 4-4（a）所示。

② 焊接夹具体。焊接夹具体是采用钢板、型材焊接而成。这类结构制造方便、生产周期短、成本低、易减轻重量。但焊接过程中的热变形和残余应力较大，易变形，为此，焊接后需进行退火处理，以保证夹具体尺寸的稳定性。它适用于新产品试制、临时急用及结构简单的夹具体，如图 4-4（b）所示。

③ 锻造夹具体。锻造夹具体适用于形状简单、尺寸不大、要求强度和刚度较大的夹具体。它能承受较大的冲击载荷，锻造后酌情采用调质、正火或回火处理。这类夹具体应用较少。其结构如图 4-4（c）所示。

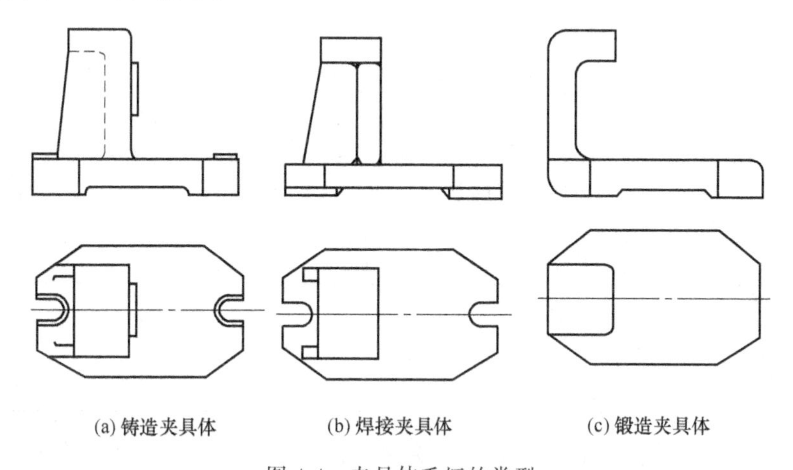

(a) 铸造夹具体　(b) 焊接夹具体　(c) 锻造夹具体

图 4-4　夹具体毛坯的类型

④ 装配夹具体。装配夹具体是选用标准毛坯件或零件及个别非标准件通过销钉、螺钉连接，组装而成。标准件由专业厂生产。此类夹具体具有制造成本低、周期短、精度稳定等优点，有利于夹具的标准化、系列化，也便于夹具的计算机辅助设计。在生产中应用越来越

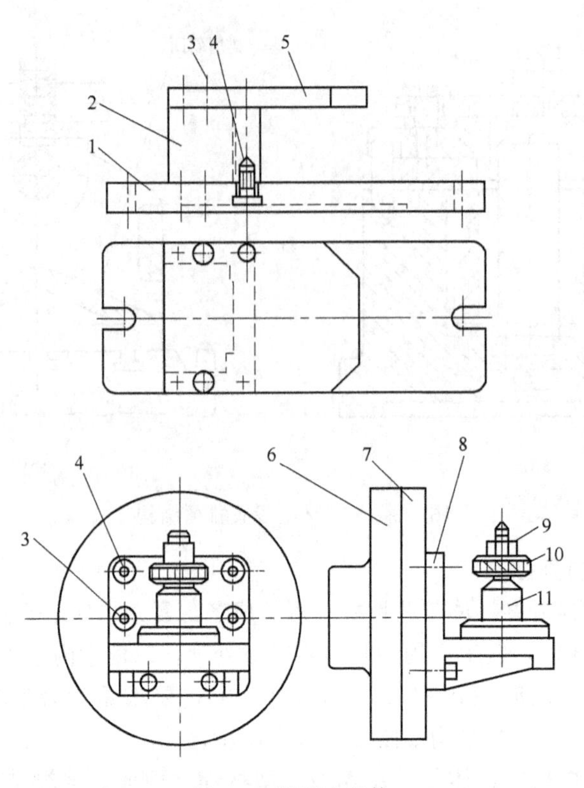

图 4-5 装配夹具体

1—底座；2—支承；3—销钉；4—螺钉；5—钻模板；6—过渡盘；7—花盘；8—角铁；9—螺母；10—开口垫圈；11—定位心轴

广泛，如图 4-5 所示。

(3) 夹具体的技术要求

夹具体与各元件配合表面的尺寸精度和配合精度通常都较高，常用的夹具元件间配合的选择见表 4-1。

表 4-1 夹具元件间常用的配合选择

工作形式	精度要求		示例
	一般精度	较高精度	
定位元件与工件定位基面之间	H7/h6、H7/g6、H7/f7	H6/h5、H6/g5、H6/f5～f6	定位销与工件基准孔
有引导作用、并有相对运动的元件之间	H7/h6、H7/g6、H7/f7 H7/h6、G7/h6、F8/h6	H6/h5、H6/g5、H6/f5～f6 H6/h5、G6/h5、F7/h5	滑动定位元件、刀具与导套
无引导作用、但有相对运动的元件之间	H7/f9、H7/g9～g10	H7/f8	滑动夹具底板
无相对运动的元件之间	H7/h6、H7/r6、H7/r6～s6 H7/m6、H7/k6、H7/js6	(无紧固件) (有紧固件)	固定支承钉 定位销

有时为了夹具在机床上找正方便，常在夹具体侧面或圆周上加工出一个专用于找正的基面，以代替对元件定位基面的直接测量，这时对该找正基面与元件定位基面之间必须有严格的位置精度要求。

(4) 夹具体的设计实例

图 4-6 为某钻模夹具体，图 4-7 为某车床夹具的夹具体。材料都为 HT200，应标注的

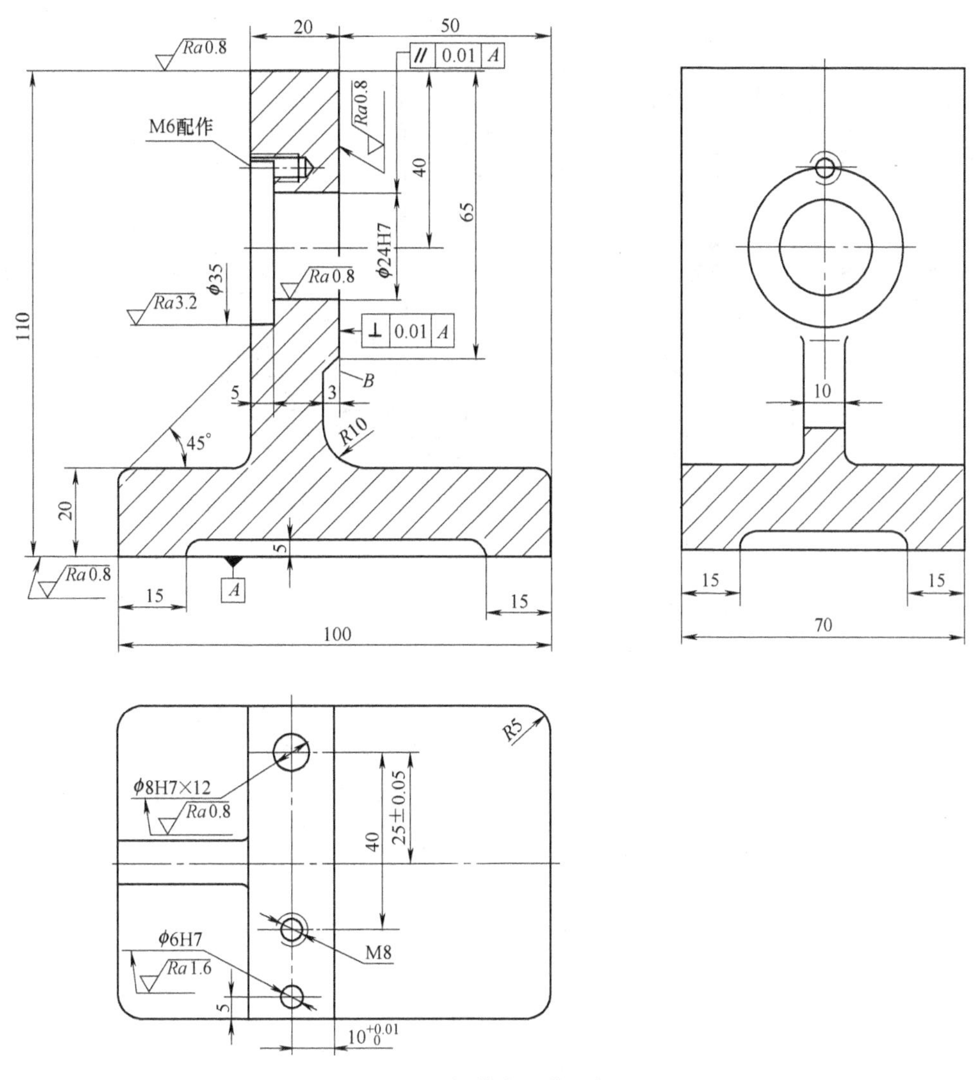

图 4-6　钻模夹具体示例

尺寸、公差和形位公差如图所示。它们的特点是夹具体的基面 A 和夹具体的装配面 B 相垂直。由于车床夹具体为旋转型，所以还设置了找正圆面 C，以确定夹具旋转轴线的位置。

4.1.3　实例思考

如图 4-8 所示为一种钻斜孔用的固定式斜孔钻模结构。这个钻模的夹具体采用焊接结构。夹具体底板 1 的四周都留出可供固定的部位。此处工件是以两孔和一平面为定位基准，而夹具上则相应采用圆柱定位销 4 和削边定位销 3 以及倾斜支承板来定位。为了便于工件的快速装卸，这里还采用了快速夹紧螺母 5。因为加工的是斜孔，工件斜装后，加工部位离钻模板较远，所以采用了下端伸长且成斜面形状的特殊快换钻套 6；而且钻套尽可能接近加工面，以保证刀具能有良好的起钻和导引条件。但这样却使工件装卸困难，故采用快换钻套，以便于装卸工件。

试分析其夹具体的结构。机床夹具的夹具体有几种结构，各结构的特点如何？

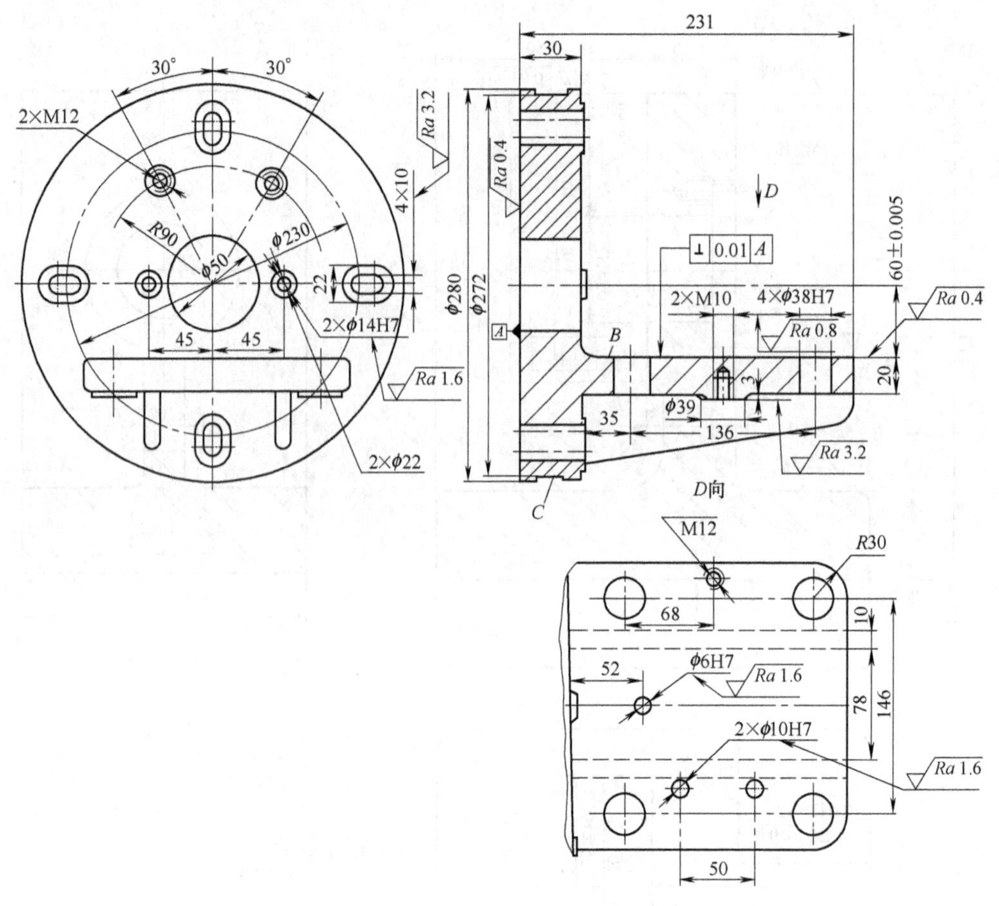

图 4-7　车床夹具的夹具体

A—夹具体基面；B—装配面；C—校正圆

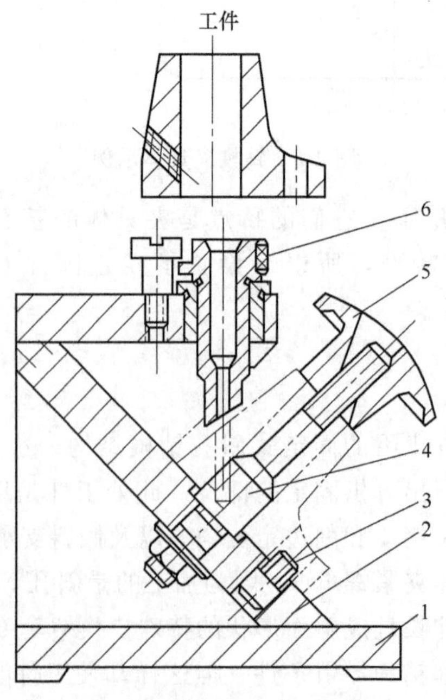

图 4-8　固定式斜孔钻模

1—夹具体底板；2—平面支承；3—削边定位销；4—圆柱定位销；5—快速夹紧螺母；6—特殊快换钻套

4.2　分度装置

机械加工中经常会遇到一些工件上有一组按一定角度或一定距离分布的形状和尺寸都相同的加工表面，如刻度尺的刻线、叶片液压泵转子叶片槽的铣削、齿轮和齿条的加工、多线螺纹的车削以及其他等分孔或等分槽的加工等。

为了易于保证加工表面间的位置精度，或减少装夹次数，提高生产率，通常多采用分度加工的方法。即在完成一个表面的加工以后，依次使工件随同夹具的可动部分转过一定角度或移动一定距离，对下一个表面进行加工，直至完成全部加工内容，具有这种功能的装置称为分度装置。

采用具有分度装置的夹具能使工件加工的工序集中，保证加工质量，故广泛应用于车削、钻削、铣削和镗削等加工。

4.2.1　实例分析

(1) 实例

如图4-9所示，在柱塞泵圆盘上车削七个等分孔 7×ϕ24.5mm±0.1mm。

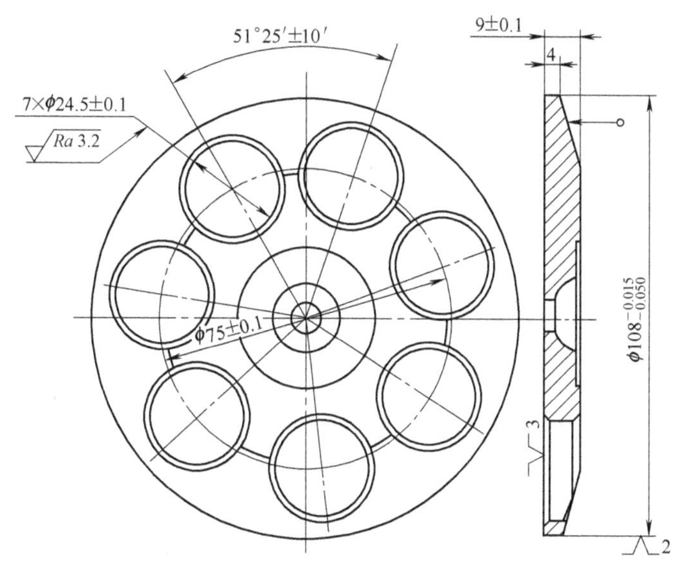

图4-9　柱塞泵圆盘工序图

(2) 分析

如图4-10所示为带有回转分度装置的柱塞泵圆盘车削夹具，可在一次装夹中，车削工件上七个等分孔 7×ϕ24.5mm±0.1mm。

工件以端面和 $\phi108^{-0.015}_{-0.050}$mm 外圆在定位盘6上定位，由两块压板4夹紧。本体3上的对定销2借助弹簧1的作用插入分度盘5的槽中，以确定工件的加工位置。分度盘5的槽数与工件的孔数相等。分度时，用扳手带动销16、转体17做逆时针回转，转体17上的凸轮面便推动对定销2从分度盘5中退出。同时，装在转体17上的棘爪10从棘轮9上滑过，并嵌入下个棘轮凹槽中，然后再将转体17按顺时针方向回转，转体上的棘爪10便拨动棘轮9和转轴7转过一个角度。此时转体上的凸轮面已移开，对定销2便在弹簧1的作用下重新插

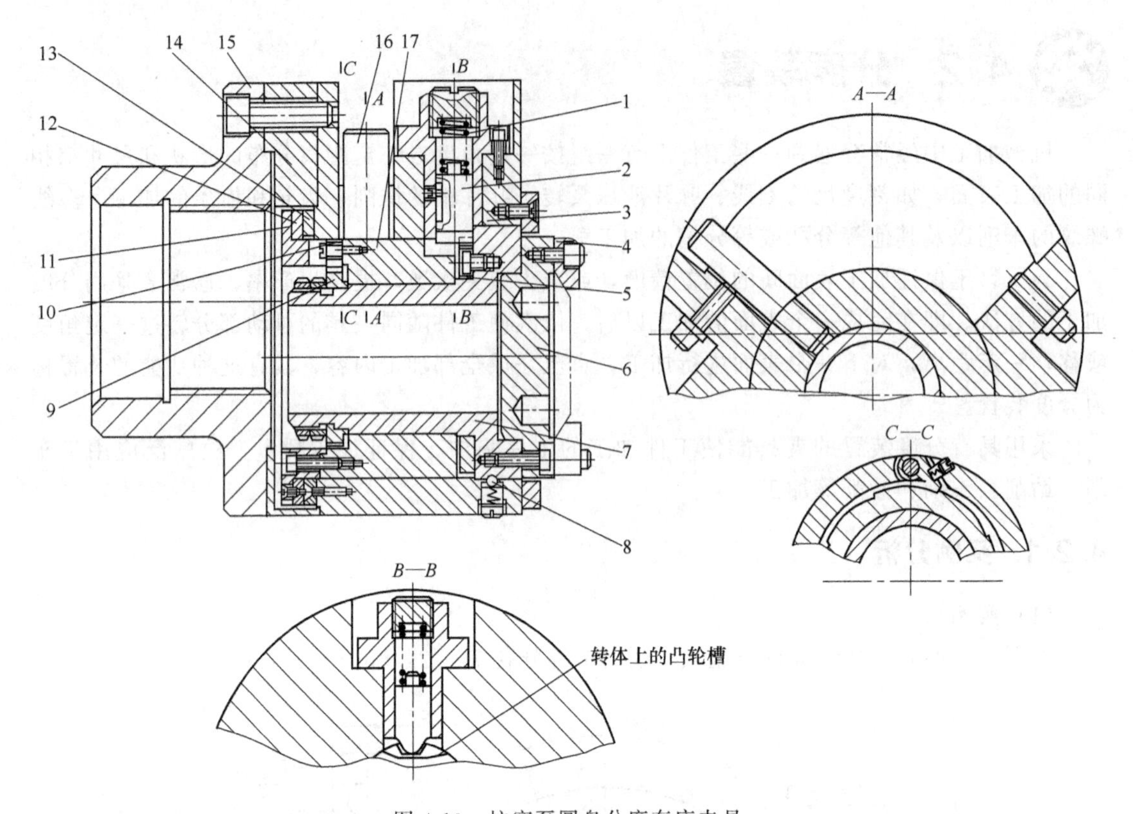

图 4-10　柱塞泵圆盘分度车床夹具

1—弹簧；2—对定销；3—本体；4—压板；5—分度盘；6—定位盘；7—转轴；8—钢球；9—棘轮；10—棘爪；11—盘；12，13—端面楔块；14—圆盘；15—过渡盘；16—销；17—转体

入分度盘下一个分度槽中，从而完成一次分度。转体由端面楔块 12、13 锁紧，使定位稳定、可靠。

4.2.2 相关知识

(1) 分度装置的类型

分度装置的分类方法很多，如按工作原理可分为机械、光学、电磁等类型；按分度的运动形式可分为回转式和直线移动式两类。

① 回转分度装置。回转分度装置是指工件在一次装夹中，通过夹具的某部分带动工件转动一定的角度完成多工位加工的分度装置。它是对圆周角分度的装置，又称圆分度装置。回转分度装置主要用于工件表面圆周分度孔或槽的加工。

② 直线分度装置。直线分度装置是指工件在一次装夹中，通过夹具的某部分带动工件直线移动一定距离完成多工位加工的分度装置。它是对直线方向上的尺寸进行分度的装置。直线分度装置的分度原理与回转分度装置相同。将分度盘若改为分度板，且分度板做直线运动，就能完成直线分度。直线分度装置是主要用于加工有一定距离要求的平行孔系和槽系等。

由于直线分度装置与回转分度装置的结构原理设计思路基本相同，且生产中回转分度装置应用较多，这里主要介绍回转分度装置。

(2) 回转分度装置的组成

① 回转分度装置的组成。回转分度装置由固定部分、转动部分、对定机构、锁紧机构

等组成。

a. 固定部分。固定部分是整个装置的基体，常与夹具体连接成一体。通过它与机床工作台或机床主轴箱连接。其他各组成部分一般都安装在它上面。

b. 转动部分。转动部分是分度时随之转动的元件，实现工件的转位。转动部分与固定部分相对运动表面要有良好的润滑和耐磨性，否则对分度装置的使用性能产生很大影响。当两者间为滑动摩擦时，通常固定部分采用灰铸铁，转动部分则采用 45 钢（或 20 钢渗碳淬火）以提高其耐磨性。

c. 对定机构。对定机构的作用是转位分度后，确保其转动部分相对固定部分的位置，得到正确定位，实现分度要求。

d. 锁紧机构。锁紧机构是分度对定后将转动部分和固定部分紧固在一起，减小加工时的振动，保护对定机构，确保分度装置的工作精度。

② 分度对定机构。常见的分度对定机构的结构形式如图 4-11 所示。

a. 钢球对定机构。如图 4-11（a）所示，钢球对定机构是依靠弹簧的弹力将钢球压入分度盘锥形孔中实现分度对定的。锥形孔深度应小于钢球的半径。钢球对定结构简单，操作方便，但分度精度不高，对定也不可靠。常用于切削负荷小且分度精度较低的场合，或作预定位。

b. 枪栓式圆柱销对定机构。如图 4-11（b）所示，枪栓式圆柱销对定机构结构简单、制造容易，当对定机构有污物或碎屑沾附时，对定销插入分度套时能将污物推出，并不影响对定元件的接触。缺点是无法补偿对定元件间配合间隙所造成的分度误差，主要用于中等精度的分度装置中。对定销与分度套之间常采用 H7/g6 配合。

c. 手拉式菱形销对定机构。如图 4-11（c）所示，手拉式菱形销对定机构是为了避免对定销至分度盘回转中心距离 R_1 与衬套孔中心至其回转中心距离 R_2 误差较大时，对定销插不进衬套孔，可降低分度套至分度盘转轴中心的尺寸要求。在同样的使用条件下，它的分度精度高于圆形对定机构，制造也不困难，广泛应用于中等精度的分度装置中。

d. 齿轮齿条操纵的圆锥销对定机构。如图 4-11（d）所示为圆锥销对定机构。因为圆锥销与分度孔接触时，能消除其配合间隙，所以分度精度比圆柱销高；但如果圆锥销表面上沾有污物，将会影响对定元件的良好接触，影响分度精度。因此这类对定机构应有防尘措施。

e. 杠杆操作单斜面对定机构。如图 4-11（e）所示为单斜面对定机构。它用直边对定，直边插入时可推除污物，斜面处污物不影响误差。这种定位机构，借助斜面的作用，使分度误差始终分布在有斜面的一边。常用于精密分度装置。

③ 锁紧机构。当分度对定好之后，必须将转盘锁紧，以增强分度装置的刚度和稳定性。锁紧机构除通常的螺杆、螺母外，锁紧机构还有多种结构形式。图 4-12（a）为偏心轮锁紧机构，转动手柄 3，偏心轮 2 通过支板 1 将回转台 5 压紧在底座 4 上。图 4-12（b）为楔式锁紧机构，通过带斜面的梯形压紧钉 9 将回转台 6 压紧在底座上。图 4-12（c）为切向锁紧机构，转动手柄 11，锁紧螺杆 13 使两个锁紧套 12 相对运动，将转轴 10 锁紧。图 4-12（d）为压板锁紧机构，转动手柄 11，通过压板 15 将回转台 6 压紧在底座 4 上。

（3）提高分度精度的措施

在常规设计中，可以采用下列措施来提高分度装置的分度精度。

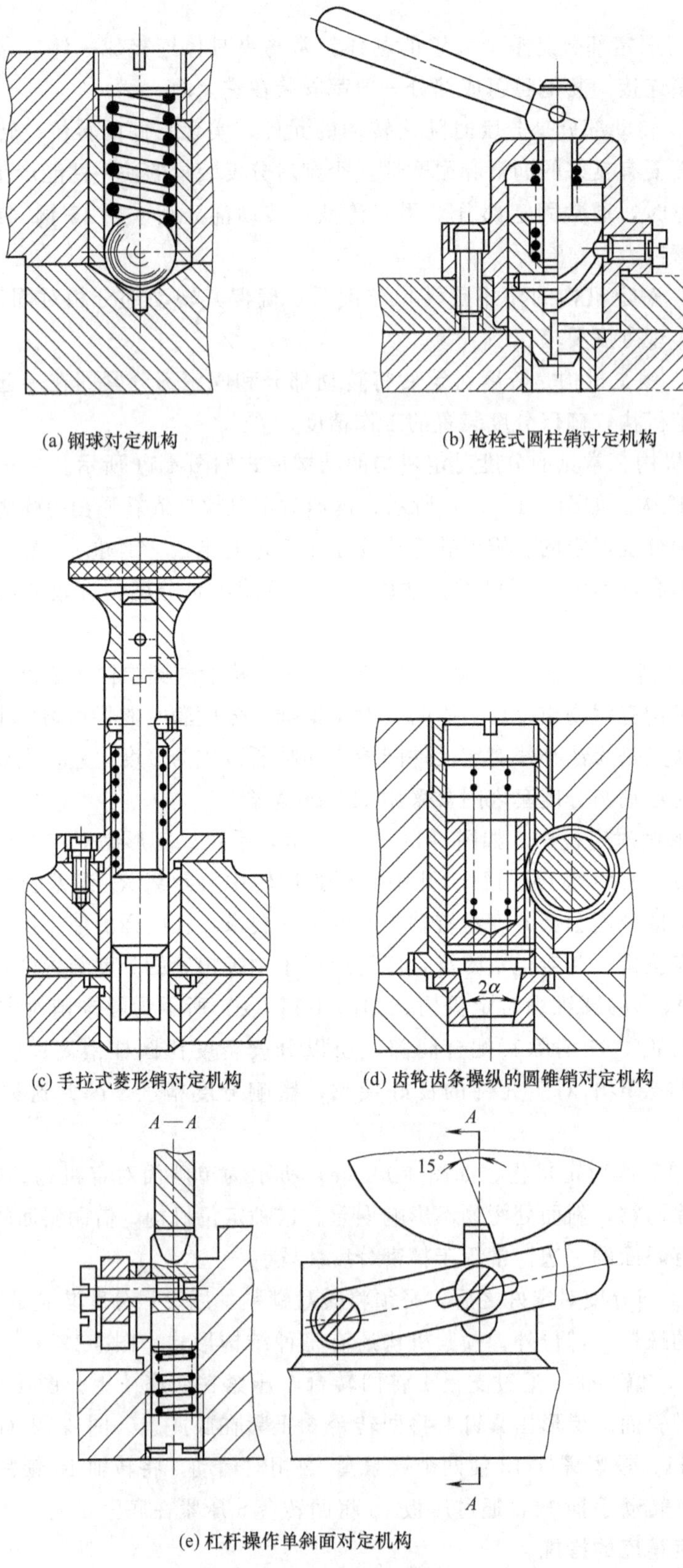

图 4-11　常见分度对定机构

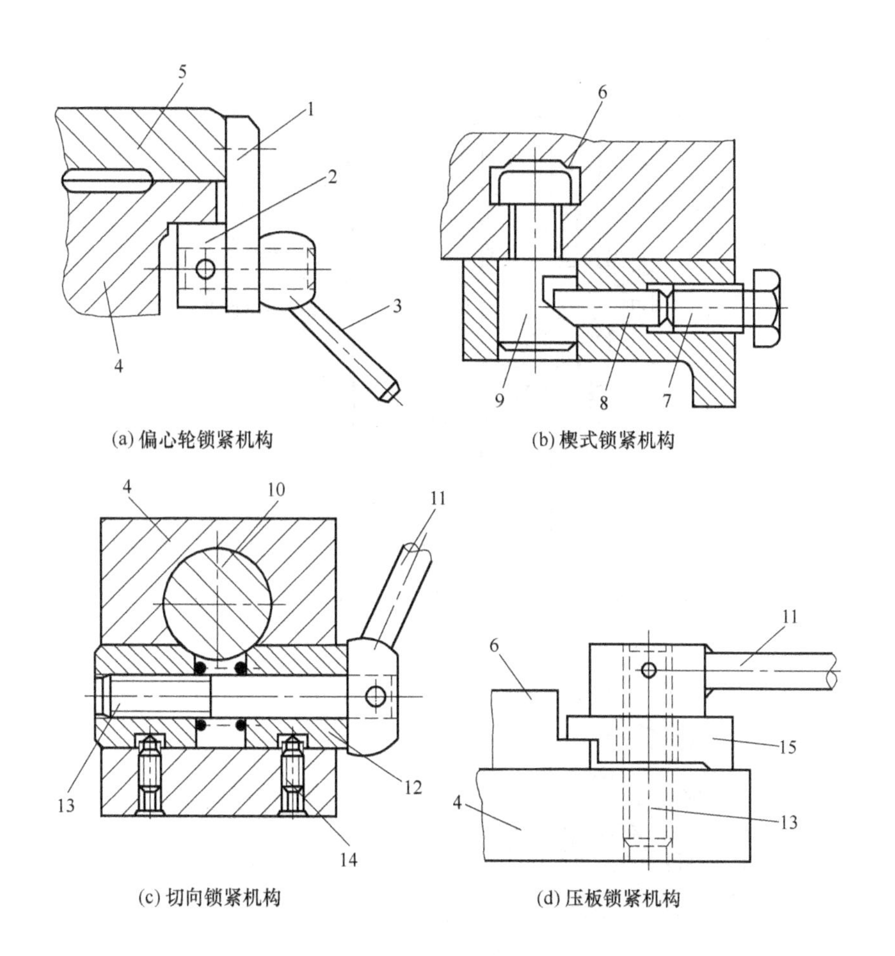

图 4-12 锁紧机构

1—支板；2—偏心轮；3,11—手柄；4—底座；5,6—回转台；7—螺钉；8—滑柱；9—梯形压紧钉；10—转轴；12—锁紧套；13—锁紧螺杆；14—防转螺钉；15—压板

① 提高主要零件间的配合精度及其间的相互位置精度。一般对定销和衬套、导套孔的配合选用 H7/g6，分度盘相邻孔距公差≤0.06mm；精密的分度装置相应精度分别为 H6/n5，分度盘相邻孔距公差≤0.03mm；特别精密的分度装置应保证配合间隙 X_1、X_2≤0.01mm，分度盘相邻孔距公差≤0.03mm。

② 减小对定销与分度孔、导向孔间的配合间隙。如选用锥形对定销等。

③ 提高对定元件的制造精度。

④ 增大回转轴中心至分度盘衬套孔中心的距离。径向分度比轴向分度精度高。但这样必然使分度装置外形尺寸增大，应视结构而定。

⑤ 采用高精度分度对定结构。

4.2.3 实例思考

如图 4-13 所示是专用分度夹具用于钻削套类零件壁上孔的典型结构。工件以内孔、端面及一小孔在定位块 13 和菱形销 17 上定位，拧紧螺母 16，通过开口垫圈 15 将工件夹紧在转盘 12 上。试分析工件如何进行分度，并指出其分度装置各组成部分的零件。

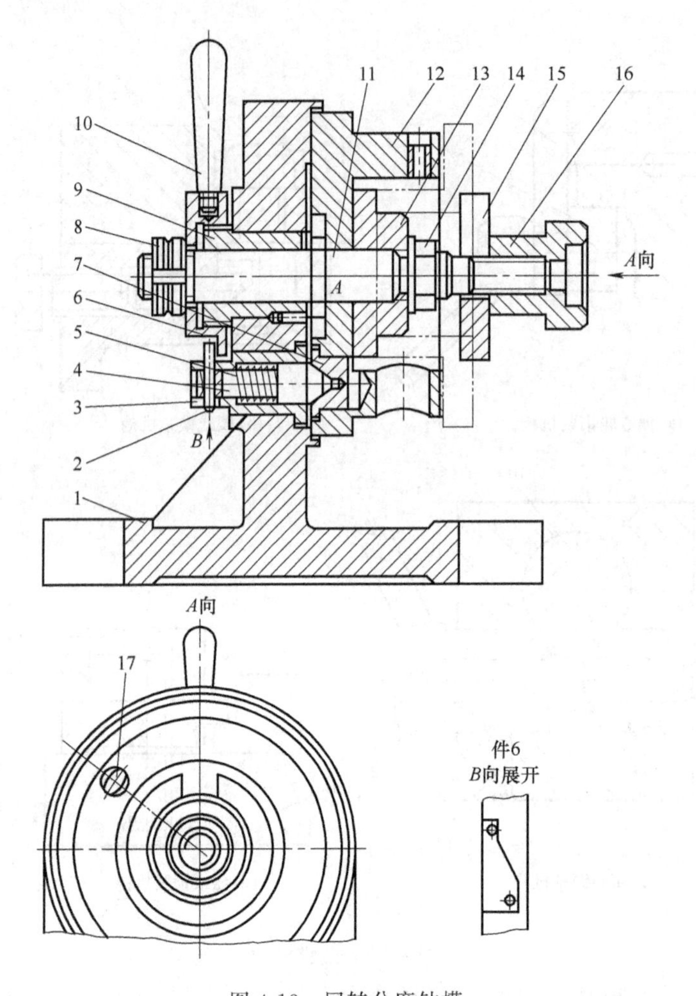

图 4-13　回转分度钻模

1—夹具体；2,4—销；3,9—衬套；5—弹簧；6,8,14,16—螺母；7—定位套；10—手柄；11—心轴；12—转盘；13—定位块；15—开口垫圈；17—菱形销

4-1　夹具体的毛坯类型有哪些？试分析其特点及应用范围。

4-2　机床夹具对夹具体的基本要求是什么？

4-3　何谓分度装置？分度装置有哪些类型？

4-4　试述回转分度装置的组成及其各组成部分的作用。

4-5　提高分度精度的措施有哪些？

第5章

专用夹具的设计方法

机床夹具设计得是否合理，直接影响工件的质量、产量和加工成本。只有正确应用夹具设计的基本原理和知识，掌握夹具设计的方法，才能设计出既能保证工件质量、提高劳动生产率，又能降低成本和减轻工人劳动强度的机床夹具。

5.1 专用夹具的设计方法和步骤

5.1.1 实例分析

(1) 实例

如图5-1所示为拨叉钻孔工序图。大批量生产。设计在Z525立式钻床上钻拨叉零件上M10螺纹底孔$\phi8.4$mm的钻床夹具。

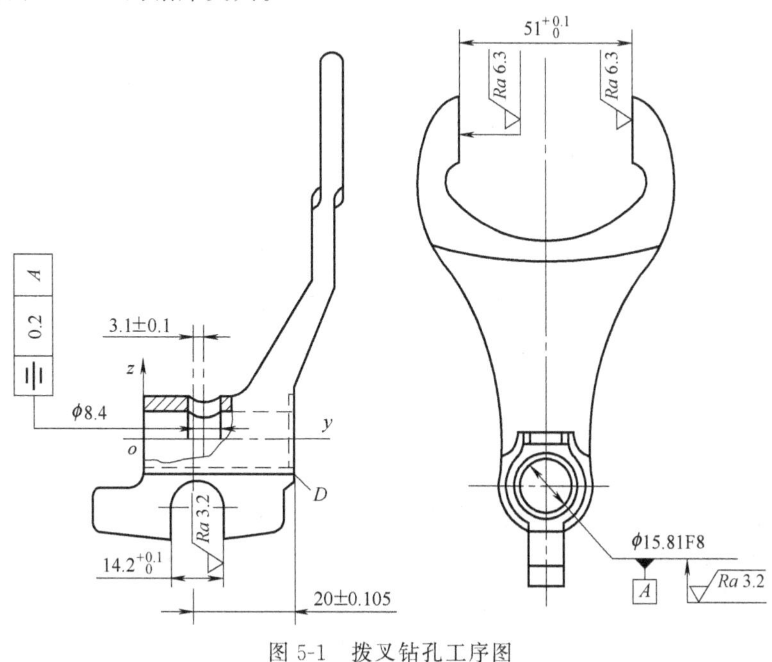

图5-1 拨叉钻孔工序图

（2）分析

① 孔 ϕ8.4mm 为自由尺寸，可一次钻削保证。该孔在轴线方向的设计基准距离槽 $14.2^{+0.1}_{0}$mm 的对称中心线为 3.1mm±0.1mm；在径向方向的设计基准是孔 ϕ15.81F8 的中心线，其对称度要求为 0.2mm，该尺寸精度可以通过钻模保证。

② 孔 ϕ15.81F8、槽 $14.2^{+0.1}_{0}$mm 和拨叉槽口 $51^{+0.1}_{0}$mm 是已完成的尺寸，钻底孔 ϕ8.4mm 后攻螺纹 M10。

③ 立钻 Z525 的最大钻孔直径为 ϕ25mm，主轴端面到工作台面的最大距离 H 为 700mm，工作台面尺寸为 375mm×500mm，其空间尺寸完全能够满足夹具的布置和加工范围的要求。

④ 本工序为单一的孔加工，夹具可采用固定式。

（3）方案设计

① 定位基准的选择。为了保证孔 ϕ8.4mm 对基准孔 ϕ15.81F8 垂直并对该孔中心线的对称度符合要求，应当限制工件的$\vec{X}$、$\overset{\frown}{X}$和$\overset{\frown}{Z}$三个自由度；为了保证孔 ϕ8.4mm 处于拨叉的对称面内且不发生扭斜，应当限制$\overset{\frown}{Y}$自由度；为了保证孔对槽的位置尺寸3.1mm±0.1mm，还应当限制$\vec{Y}$自由度。由于 ϕ8.4mm 为通孔，孔深度方向的自由度$\vec{Z}$可以不加限制，因此，本夹具应当限制五个自由度。

孔 ϕ15.81F8 是已经加工好的，且又是本工序要加工的孔 ϕ8.4mm 的设计基准，按照基准重合原则，选择它作为主要定位基准是比较恰当的。若定位元件采用 ϕ15.81h6 的心轴，则该心轴限制了$\vec{X}$、$\vec{Z}$、$\overset{\frown}{X}$和$\overset{\frown}{Z}$四个自由度。若心轴水平放置并与钻床主轴垂直和共面，则所钻的孔与基准孔之间的垂直度与对称度就可以保证，其定位精度取决于配合间隙。

为限制$\overset{\frown}{Y}$自由度，应以拨叉槽口 $51^{+0.1}_{0}$mm 为定位基准。这时有两种定位方案。图 5-2（a）是在叉口的一个槽面上布置了一个防转销；图 5-2（b）是利用叉口的两侧面布置一个大削边销，其尺寸采用 ϕ51g6，从定位稳定和有利于夹紧来考虑，后一方案较好。

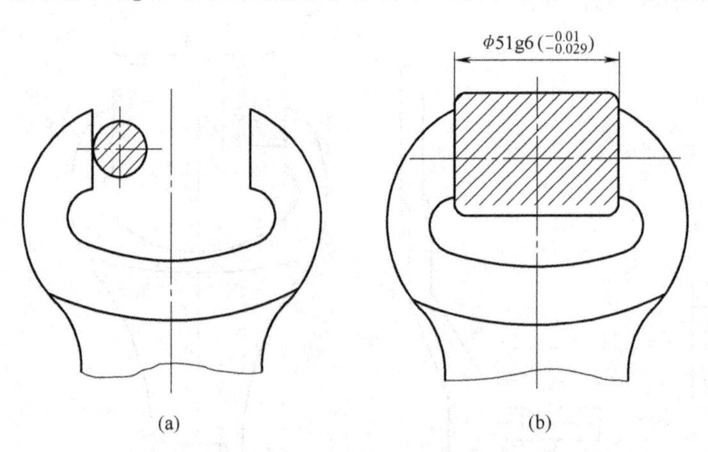

图 5-2　定位方案分析

为了限制其自由度，定位元件的布置有以下三种方案：

a. 以 D 面定位，这时定位基准与设计基准（槽 $14.2^{+0.1}_{0}$mm 的对称中心线）不重合，设计基准与定位基准之间的尺寸 20mm±0.105mm 所具有的误差必然会反映到定位误差中来，其基准不重合误差为 0.21mm，不能保证 3.1mm±0.1mm 的要求。

b. 以槽口两侧面中的任一面为定位基准，采用圆柱销单面定位，这时，由于设计基准是槽的对称中心线，属于基准不重合，槽口尺寸变化所形成的基准不重合误差为0.05mm。

c. 以槽口两侧面为定位基准，采用具有对称结构的定位元件（可伸缩的锥形定位销或带有对称斜面的偏心轮等）定位，此时，定位基准与设计基准完全重合，定位间隙也可以消除。

在这三个方案中，第一方案不能保证加工精度；第二方案具有结构简单、定位误差可以保证的优点；第三方案定位误差为零，但结构比前两方案复杂些。从大批量生产的条件来看，第三方案虽结构复杂一点，却能完成夹紧的任务，因此第三方案是较合适的。

② 夹紧机构的确定。当定位心轴水平放置时，在Z525立钻上钻ϕ8.4mm孔的钻削力和扭矩均由定位心轴来承担。这时工件的夹紧可以有以下两种方案。

a. 在心轴轴向施加轴向力夹紧。这时，可在心轴端部采用螺纹夹紧装置，夹紧力与切削力处于垂直状态。这种结构虽然简单，但装卸工件却比较麻烦。

b. 在槽14.2mm中采用带对称斜面的偏心轮定位件夹紧，偏心轮转动时，对称斜面楔入槽中，斜面上的向上分力迫使工件孔ϕ15.81F8与定位心轴的下母线紧贴，而轴向分力又使斜面与槽紧贴，使工件在轴向被偏心轮固定，起到了既定位又夹紧的作用。

显然，后一方案具有操作方便的优点。

(4) 总体结构

按设计步骤，先在各视图部位用双点画线画出工件的外形，然后围绕工件布置定位、夹紧和导向元件（见图5-3），再进一步考虑零件的装卸、各部件结构单元的划分、加工时操作的方便性和结构工艺性的问题，使整个夹具形成一个整体。

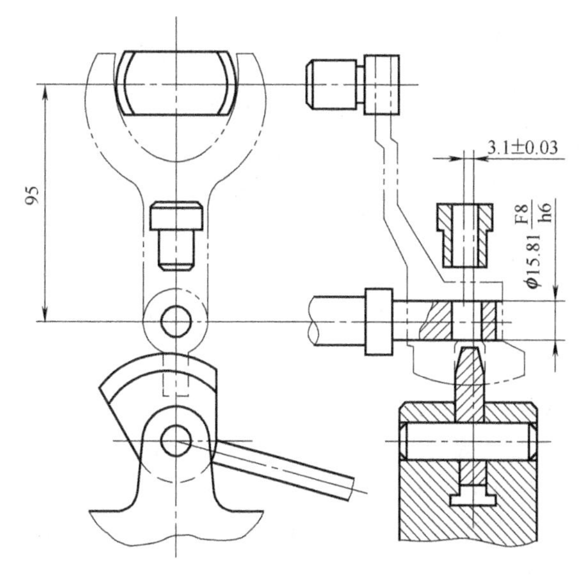

图5-3　定位夹紧元件的布置

图5-4为该夹具的总体结构设计图，从该图可以看出，该夹具具有如下结构特点。

① 夹具体采用整体铸件结构，刚性较好。为保证铸件壁厚均匀，内腔掏空。为减少加工面，各部件的结合面处设置铸件凸台。

② 定位心轴6和定位防转扁销1均安装在夹具体的立柱上，通过夹具体上的孔与底面的平行度来保证心轴与夹具底面的平行度要求。

③ 为了便于装卸零件和钻孔后进行攻丝，夹具采用了铰链式钻模板结构。钻模板4用销轴3采用基轴制装在模板座7上，翻下时与支承钉5接触，以保证钻套的位置精度，并用锁紧螺钉2锁紧。

④ 钻套孔对心轴的位置，在装配时，通过调整模板座来达到要求。在设计时，提出了钻套孔对心轴轴线的对称度要求0.04mm。夹具调整达到此要求后，在模板座与夹具体上配钻铰定位孔、打入定位销使之位置固定。

⑤ 偏心轮装在其支座中，安装调整夹具时，偏心轮的对称斜面的中心与夹具钻套孔中

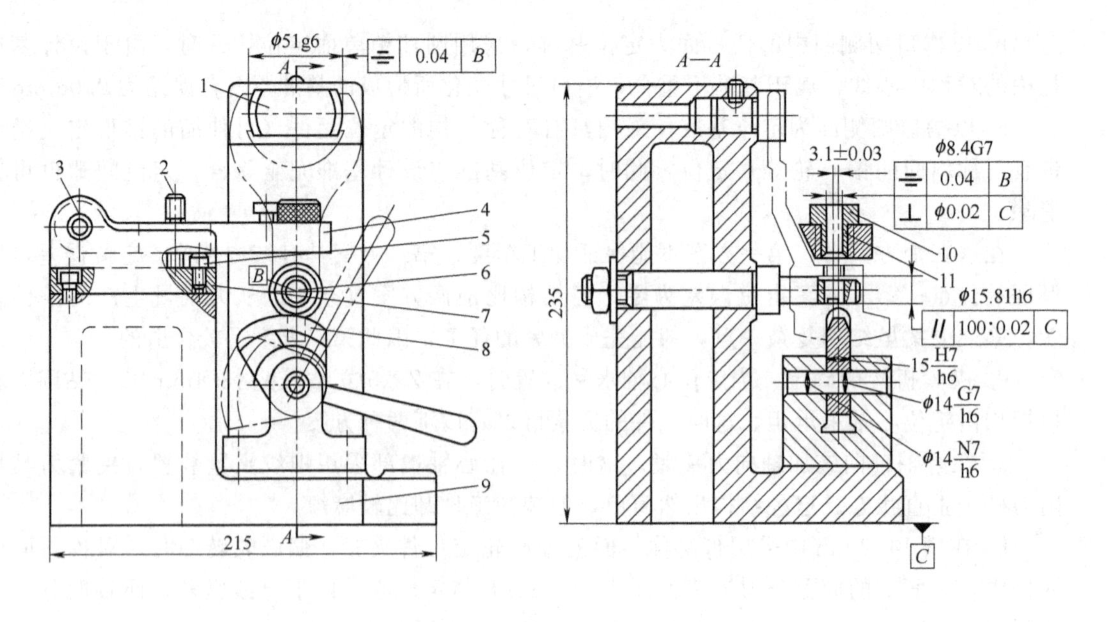

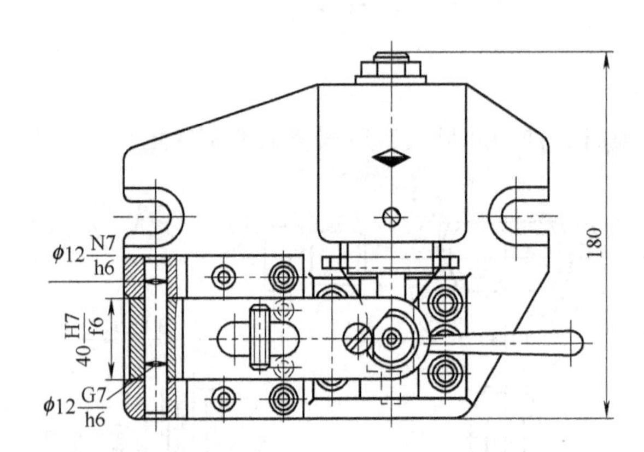

图 5-4　拨叉钻孔夹具图

1—扁销；2—锁紧螺钉；3—销轴；4—钻模板；5—支承钉；6—定位心轴；7—模板座；8—偏心轮；9—夹具体；10—钻套；11—衬套

心线保持 3.1mm±0.03mm 的要求，并在调整好后打入定位销使之固定。

⑥ 夹紧时，通过手柄顺时针转动偏心轮，使其对称斜面楔入工件槽内，在定位的同时将工件夹紧。由于钻削力不大，故工作可靠。

该夹具对工件定位考虑合理，且采用偏心轮使工件既定位又夹紧，简化了夹具结构，适用于批量生产。

5.1.2 相关知识

(1) 专用夹具设计的基本要求

① 保证工件的加工精度。工件加工工序的技术要求，包括工序尺寸精度、形位精度、表面粗糙度和其他特殊要求。夹具设计首先要保证工件被加工工序的这些质量指标。其关键在于正确地按六点定位原则去确定定位方法和定位元件，必要时进行误差的分析和计算。同时，要合理地确定夹紧点和夹紧力，尽量减小因加压、切削、振动所产生的变形。为此，夹具结构要合理，刚性要好。

② 提高生产率、降低成本、提高经济性。尽量采用多件多位、快速高效的先进结构，缩短辅助时间，条件和经济许可时，还可采用自动操纵装置，以提高生产效率。在此基础上，要力求结构简单，制造容易，尽量采用标准元件和结构，以缩短设计和制造周期，降低夹具制造成本，提高其经济性。

③ 操作方便、省力和安全。夹具的操作要尽量使之方便。若有条件，尽可能采用气动、液压以及其他机械化、自动化的夹紧装置，以减轻劳动强度。同时，要从结构上、控制装置上保证操作的安全，必要时要设计和配备安全防护装置。

④ 便于排屑。排屑是一个容易被忽视的问题。排屑不畅，将会影响工件定位的正确性和可靠性；同时，积屑热量将造成系统的热变形，影响加工质量；清屑要增加辅助时间；聚屑还可能损坏刀具以至造成工伤事故。

⑤ 结构工艺性要好。夹具应便于制造、装配、调整、检验和维修，使其工艺性能最好。

总之，设计时，针对具体设计的夹具，结合上述各项基本要求，最好提出几种设计方案进行综合分析和比较，以期达到质量好、效率高、成本低的综合经济效果。

(2) 专用夹具设计的设计步骤

专用夹具的设计过程可分四个阶段：明确设计任务，收集、分析技术资料；拟定夹具结构并绘制结构草图；绘制夹具总装配图并标注有关尺寸及技术要求；绘制夹具零件图。

① 明确设计任务，准备有关资料

a. 根据设计任务书，明确本工序的加工技术要求和任务，熟悉工艺规程、零件图、毛坯图和有关的装配图；了解定位基准的状况、工件的结构特点、材料性能、本工序的加工余量及切削用量、生产规模、生产周期以及前后工序的情况等。

b. 收集所用机床、刀具、辅助工具、检验量具的有关资料，了解它们主要的技术参数、性能特点以及与所设计夹具有关的技术规格和性能资料。

c. 了解工具车间（或工段）的技术水平、工作条件以及国内外制造和使用同类夹具的资料和经验，并广泛征求有关人员的意见和建议，尽可能避免脱离实际，并有所创新。

d. 准备夹具零部件标准（国标、部标、厂标）、典型夹具结构图册、设计指导资料等。

② 夹具结构方案设计。在充分做好上述准备工作的基础上，按下列内容，拟订夹具结构的初步方案。

a. 确定工件定位方案，并选取或设计定位元件；

b. 确定刀具的导向或对刀方式，选取或设计导向元件或对刀元件；

c. 确定夹紧方案，设计夹紧机构或装置；

d. 确定夹具体及其他部分（如分度装置）的结构形式；

e. 草绘结构总图，协调各元件、装置的布局，确定夹具体的总体结构和尺寸。

绘制时，先要绘出一些准备性的草图，如：主要部分或重要部分的结构详图，各元件的形状和尺寸，元件间的连接方式，标注必要的尺寸、公差配合并提出技术要求；确定视图的数量，剖面位置以及布图方式；必要时要作加工精度的分析和估算、夹紧力的估算及经济分析等。对夹具的总体结构，最好设计几个方案，以便进行分析、比较和优选。

③ 绘制夹具总图。总图的绘制，是在夹具结构方案草图经过讨论审定之后进行的。遵循国家制图标准，总图的比例一般取 1∶1，但若工件过大或过小，可按制图比例缩小或放大；夹具总图应有良好的直观性，因此，总图上的主视图应尽量选取正对操作者的工作位置；在完整地表示出夹具工作原理和构造的基础上，总图上的视图数量要尽量少。

总图的绘制顺序如下：

a. 先用双点画线（或红色细实线）画出工件的外形轮廓和主要表面。主要表面指定位基准面、夹紧表面和被加工表面。被加工面上的加工余量可用网纹线（或粗线）表示。

b. 总图上的工件，是一个假想的透明体，因此，它不影响夹具各元件的绘制。

c. 此后，围绕工件的几个视图依次绘出：定位元件、对刀或导向元件，夹紧机构，力源装置等的具体结构，绘制夹具体及连接件。

d. 标注有关尺寸、公差，形位公差和其他技术要求。

e. 零件编号，编写标题栏和零件明细表。

④ 绘制非标准零件的工作图。夹具中的非标准零件都需绘制零件图。在确定这些零件的尺寸公差或技术条件时，应注意使其满足夹具总图的要求。

夹具设计图纸全部绘制完毕后，设计工作并不就此结束。因为所设计的夹具还有待于实践的验证，在试用后有时可能要对原设计作必要的修改。因此设计人员应关心夹具的制造和装配过程，参与鉴定工作，并了解使用过程，以便发现问题及时加以改进，使之达到正确设计的要求。只有夹具制造出来并使用合格后才能算完成设计任务。

在实际工作中，上述设计程序并非一成不变，但设计程序在一定程度上反映了设计夹具所要考虑的问题和设计经验，因此对于缺乏设计经验的人员来说，遵循一定的方法、步骤进行设计是很有益的。

(3) 夹具总图上尺寸、公差和技术要求的标注

① 夹具总图上应标注的尺寸和公差

a. 最大轮廓尺寸（S_L）。最大轮廓尺寸是指夹具的长、宽、高尺寸。若夹具上有可动部分，则应用双点画线画出最大活动范围，或标出可动部分的尺寸范围（空间位置所占的空间尺寸）。如图 5-4 中最大轮廓尺寸（S_L）为：215mm、180mm 和 235mm。

b. 影响定位精度的尺寸和公差（S_D）。它们主要指工件与定位元件及定位元件之间的尺寸、公差，如图 5-4 中标注的定位基面与限位基面的配合尺寸：ϕ51g6；ϕ15.81F8/h6。

c. 影响对刀精度的尺寸和公差（S_T）。它们主要指刀具与对刀或导向元件之间的尺寸、公差，如图 5-4 中标注的钻套导向孔的尺寸 ϕ8.4G7。

d. 影响夹具在机床上安装精度的尺寸和公差（S_A）。用于确定夹具在机床上正确位置的尺寸，主要指夹具安装基面与机床相应配合表面之间的尺寸、公差。对于车、磨夹具，主要是指夹具与机床主轴端的配合尺寸；对于铣、刨夹具，则是指夹具上的定位键与机床工作台上的 T 形槽的配合尺寸。标注尺寸时，常以定位元件为基准。如图 5-4 中，钻模的安装基面是平面，可不必标注。

e. 影响夹具精度的尺寸和公差（S_J）。它们主要指定位元件、对刀或导向元件、分度装置及安装基面相互之间的尺寸、公差和位置公差。与工件、机床、刀具无关，主要是为了夹具安装后能满足规定的使用要求。如图 5-4 中标注的钻套的轴线与安装基面的垂直度 ϕ0.02mm；定位轴与安装基面的平行度 100mm：0.02mm 等。

f. 其他尺寸公差和表面粗糙度的标注。它们为一般机械设计中应标注的尺寸、公差；定位元件的表面粗糙度应比工件定位基面的粗糙度低 1～3 级。如图 5-4 中标注的配合尺寸 ϕ14G7/h6 等。

② 夹具总图上技术要求标注。为了保证夹具制造和装配后达到设计规定的精度要求，在设计图上除了直接标注尺寸公差和形位公差之外，夹具总图上无法用符号标注而又必须说

明的问题，可作为技术要求用文字写在总图上，习惯上把用文字说明的夹具精度要求统称为技术条件。主要内容有：

a. 夹具的装配、调整方法。如几个支承钉应装配后修磨达到等高，装配时调整某元件或临床修磨某元件的定位表面等，以保证夹具精度。

b. 某些零件的重要表面应一起加工，如一起镗孔、一起磨削等。

c. 工艺孔的设置和检测。

d. 夹具使用时的操作顺序。

e. 夹具表面的装饰要求等。

③ 夹具总图上公差值的确定。夹具总图上标注公差值的原则是：在满足工件加工要求的前提下，尽量降低夹具的制造精度。

a. 直接影响工件加工精度的夹具公差 δ_J。本节（3）中①部分 b～e 类尺寸的尺寸公差和位置公差均直接影响工件的加工精度。取夹具总图上的尺寸公差或位置公差为

$$\delta_J=(1/2\sim1/5)\delta_K \tag{5-1}$$

式中　δ_K——与 δ_J 相应的工件尺寸公差或位置公差。

当工件批量大、加工精度低时，δ_J 取小值，因这样可延长夹具使用寿命，又不增加夹具制造难度；反之取大值。如图 5-4 中的尺寸公差、位置公差均取相应工件公差的 1/3 左右。

b. 对于直接影响工件加工精度的配合尺寸，在确定了配合性质后，应尽量选用优先配合，如图 5-4 中的配合尺寸 ϕ15.81F8/h6。

c. 工件的加工尺寸未注公差时，工件公差 δ_K 视为 IT12～IT14，夹具上相应的尺寸公差按 IT9～IT11 标注；工件上的位置要求未注公差时，工件位置公差 δ_K 视为 9～11 级，夹具上相应的位置公差按 7～9 级标注；工件上加工角度未注公差时，工件公差 δ_K 视为 $\pm30'\sim\pm10'$，夹具上相应的角度公差标为 $\pm10'\sim\pm3'$（相应边长为 10～400mm，边长短时取大值）。

d. 夹具上其他重要尺寸的公差与配合。这类尺寸的公差与配合的标注对工件的加工精度有间接影响。在确定配合性质时，应考虑减小其影响，其公差等级可参照“夹具手册”或《机械设计手册》标注。如图 5-4 中的配合尺寸 ϕ12N7/h6、40H7/f6、ϕ12G7/h6 等。

(4) 夹具总体设计中应注意的问题

为了使所设计的夹具在制造、检验、装配、调试、维修等方面所花费的劳动量最少、费用最低，应做到在整个夹具中广泛采用各种标准件和通用件，减少专用件，各专用件的结构应易于加工、测量。

① 防止工件误装。图 5-5 表示工件以大孔 2 和小孔 4 分别在圆柱定位销 1 和削边定位销 3 上定位。为了保证加工精度，定位孔已精加工。该工件另一旁还有一孔 5，其直径大小和距大孔的孔心距都和孔 4 相同。因此，操作者往往容易误装，把工件以大孔 2 和小孔 5 来定位，使工件转了 180°。这样加工会出废品，造成质量事故。在总体设计时，要根据工件形状的特点，采取措施，防止误装。图 5-5 中就是在旁边增加一个挡销 6，它与工件外形斜面有足够间隙，不会影响工件正常

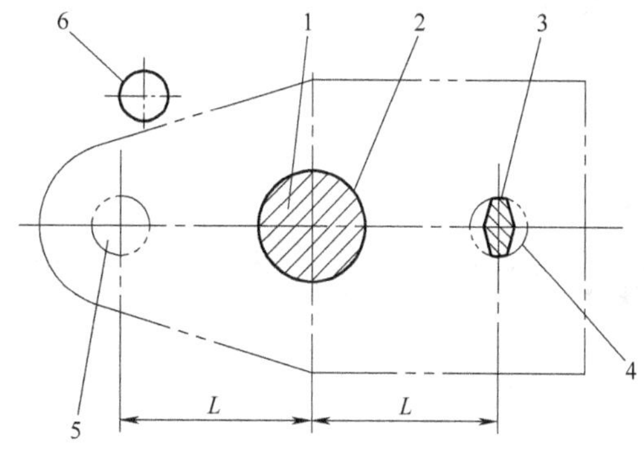

图 5-5　防止工件误装

1—圆柱定位销；2—定位大孔；3—削边定位销；4—定位小孔；5—非定位孔；6—挡销

安装。若工件转 180°时，则因右边长方形外形被销子挡住，无法装入，就可及时发现错误，加以纠正。

② 注意加工和维修的工艺性。夹具主要元件的连接定位采用螺钉和销钉，如图 5-6 所示。

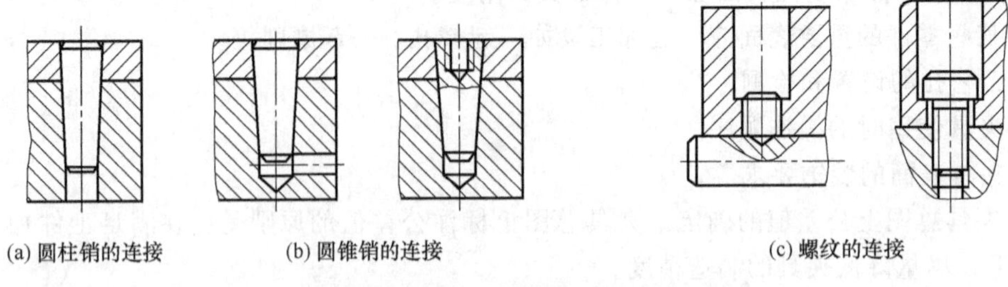

图 5-6 销孔和螺纹连接的工艺性

③ 顶出工件的装置。因工件重量较重或冷却液影响，使得不易抓住工件，或冷却液产生一种吸住作用，使取出工件困难。这时，就应设置顶出工件装置，把工件顶起，便于取出或移走。

5.1.3 实例思考

如图 5-7 所示为 ϕ20H8 锪孔工序图。在如图 5-8 所示夹具图上标注尺寸和技术条件。

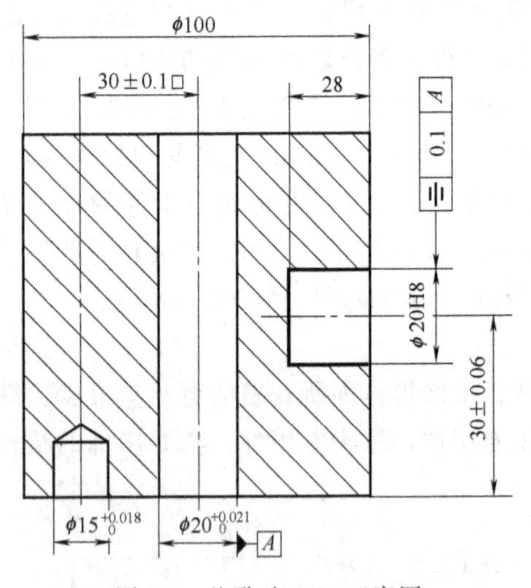

图 5-7 锪孔 ϕ20H8 工序图

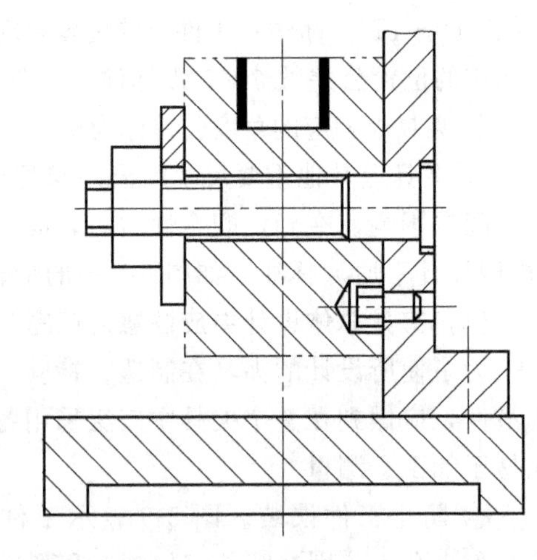

图 5-8 加工孔 ϕ20H8 夹具简图

5.2 工件在夹具上加工精度的分析

5.2.1 实例分析

（1）实例

如图 5-9 所示为钢套钻孔工序图。本工序需在钢套上钻 ϕ5mm 孔，工件材料为 Q235A，中批量生产。

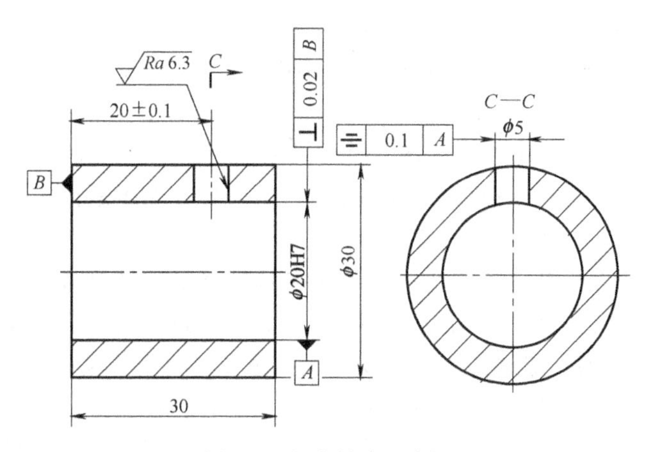

图 5-9　钢套钻孔工序图

(2) 分析

从钢套钻孔工序图上可以看出，应满足 ϕ5mm 的孔轴线到端面距离为 20mm±0.1mm，ϕ5mm 孔对 ϕ20H7 孔的对称度为 0.1mm。可按划线找正方式定位，在钻床上用平口虎钳进行装夹，但是效率较低，精度难以保证。采用机床夹具能够直接装夹工件而无需找正，达到工件的加工要求且效率高，ϕ5mm 孔需在钻床夹具钢套钻模（如图 5-10）上加工。

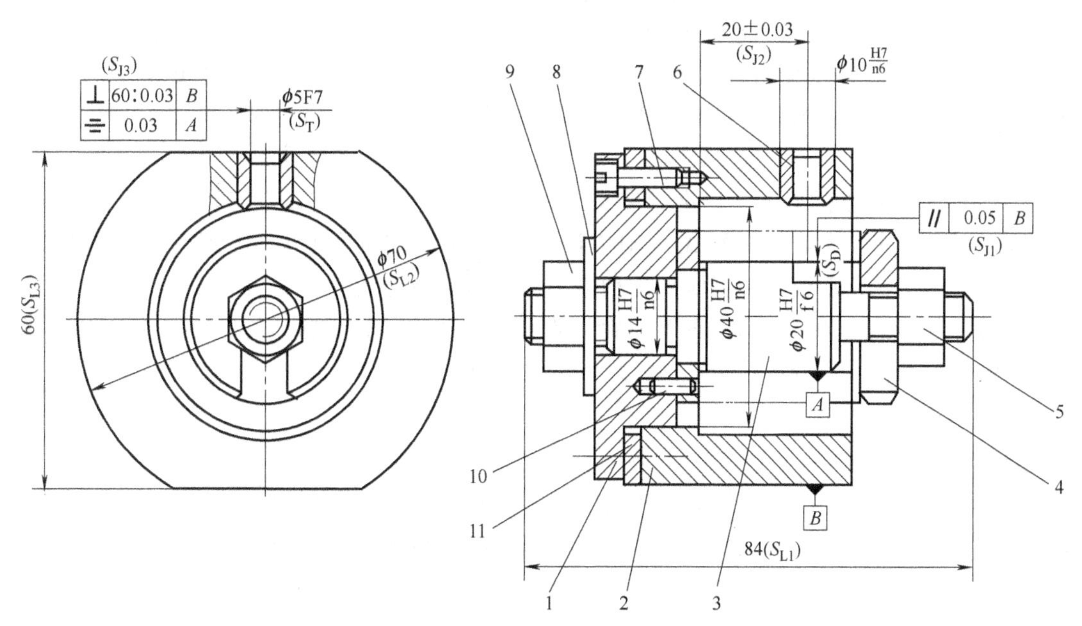

技术要求：装配时修磨调整垫圈 11，保证尺寸 20mm±0.03mm

图 5-10　钢套钻模

1—盘；2—套；3—定位销轴；4—开口垫圈；5—夹紧螺母；6—固定钻套；7—螺钉；8—垫圈；9—锁紧螺母；10—销；11—调整垫圈

5.2.2 相关知识

(1) 夹具精度的概念

使用夹具的首要目的在于保证工件的加工质量，具体来说，使用夹具加工时必须保证工件的尺寸精度、形状精度和位置精度。

在机械加工过程中，不可避免地会出现各种载荷和干扰，它们以不同形式、不同程度地反映为各种加工误差。工件的加工误差是工艺系统误差的综合反映，其中夹具的误差是加工误差直接的主要误差成分。

① 夹具精度的概念。夹具的误差分为静态误差和动态误差两部分，其中静态误差所占的比例要远远大于动态误差。因此，夹具的精度在无特殊注明时是指夹具的静态误差，或称静态精度，即指夹具非受力状态下的精度。

② 夹具零件制造的平均经济精度。为了使夹具制造尽量达到成本低、精度高的目的，需要研究夹具零件制造的平均经济精度的问题。由机械制造工艺学知识可知，零件的加工精度和加工费用是成反比的，即加工精度越高，误差越小，费用就越高。所谓平均经济精度，是对某种加工方法而言，费用较低而加工精度最高的一种合理加工精度。也就是说，对某种加工方法规定零件的加工精度比平均经济精度高，则加工费用会急剧增加；规定零件的加工精度比平均经济精度低很多，而加工费用也不会明显减少。夹具零件属单件小批量生产，精度要求较高，设计时应该十分重视零件加工的平均经济精度的问题，否则将急剧增加制造成本。

（2）加工精度分析

机床夹具是用于保证工件相对于刀具的正确相对位置的，而产品的加工精度主要取决于机械加工过程中工件与刀具之间的相对位置，所以夹具的精度直接影响产品的质量。夹具设计中，为了保证制造精度，首先应选择好定位表面（基准），其次应考虑定位点的合理分布。定位件的位置不准确，必然造成工件定位和方位的变化，进而引起工件产生几何误差，因此设计时必须认真分析、综合考虑各方面因素，包括受力变形、受热变形、磨损等动态因素对定位的影响。

① 影响加工精度的因素。用夹具装夹工件进行机械加工时，其工艺系统中影响工件加工精度的因素很多。有定位误差 Δ_D、对刀误差 Δ_T、夹具在机床上的安装误差 Δ_A 和夹误差 Δ_J。在机械加工工艺系统中，影响加工精度的其他因素综合称为加工方法误差 Δ_G。上述各项误差均导致刀具相对工件的位置不精确，从而形成总的加工误差 $\Sigma\Delta$。

以图 5-10 钢套钻 ϕ5mm 孔的钻模为例进行加工精度的计算。

a. 定位误差 Δ_D

加工尺寸 20mm±0.1mm 的定位误差，$\Delta_D=0$。

对称度 0.1mm 的定位误差为工件定位孔与定位心轴配合的最大间隙。工件定位孔的尺寸为 ϕ20H7（$\phi20^{+0.021}_{0}$mm），定位心轴的尺寸为 ϕ20f6（$\phi20^{-0.020}_{-0.033}$mm）。

$$\Delta_D = X_{max} = 0.021 + 0.033 = 0.054\text{mm}$$

b. 对刀误差 Δ_T。因刀具相对于对刀或导向元件的位置不精确而造成的加工误差，称为对刀误差。如图 5-10 中钻头与钻套间的间隙，会引起钻头的位移或倾斜，造成加工误差。由于钢套壁厚较薄，可只计算钻头位移引起的误差。钻套导向孔尺寸为 ϕ5F7（$\phi5^{+0.022}_{+0.010}$mm），钻头尺寸为 ϕ5h9（$\phi5_{-0.03}^{\ 0}$mm）。尺寸 20mm±0.1mm 及对称度 0.1mm 的对刀误差均为钻头与导向孔的最大间隙

$$\Delta_T = X_{max} = 0.022 + 0.03 = 0.052\text{mm}$$

c. 夹具的安装误差 Δ_A。因夹具在机床上的安装不精确而造成的加工误差，称为夹具的安装误差。图 5-10 中夹具的安装基面为平面，因而没有安装误差，$\Delta_A=0$。

d. 夹具误差 Δ_J。因夹具上定位元件、对刀或导向元件、分度装置及安装基准之间的位置不精确而造成的加工误差，称为夹具误差。夹具误差 Δ_J 主要包含定位元件相对于安装基准的尺寸或位置误差 Δ_{J1}；定位元件相对于对刀或导向元件（包含导向元件之间）的尺寸或位置误差 Δ_{J2}；导向元件相对于安装基准的尺寸或位置误差 Δ_{J3}；若有分度装置时，还存在分度误差 Δ_F。以上几项共同组成夹具误差 Δ_J。

图5-10中，影响尺寸20mm±0.1mm的夹具误差为定位面到导向孔轴线的尺寸公差 $\Delta_{J2}=0.06$mm，及导向孔对安装基面B的垂直度 $\Delta_{J3}=0.03$mm。

影响对称度0.1mm的夹具误差为导向孔对定位心轴的对称度 $\Delta_{J2}=0.03$mm（导向孔对安装基面 B 的垂直度误差 $\Delta_{J3}=0.03$mm与 Δ_{J2} 在公差上兼容，只需计算其中较大的一项即可）。

e. 加工方法误差 Δ_G。因机床精度、刀具精度、刀具与机床的位置精度、工艺系统的受力变形和受热变形等因素造成的加工误差，统称为加工方法误差。因该项误差影响因素多，又不便于计算，所以常根据经验为它留出工件公差 δ_K 的1/3。计算时可设

$$\Delta_G=\delta_K/3 \tag{5-2}$$

② 保证加工精度的条件。工件在夹具中加工时，总加工误差 $\sum\Delta$ 为上述各项误差之和。由于上述误差均为独立随机变量，应用概率法叠加。因此保证工件加工精度的条件是

$$\sum\Delta=\sqrt{\Delta_D^2+\Delta_T^2+\Delta_A^2+\Delta_J^2+\Delta_G^2}\leqslant\delta_K \tag{5-3}$$

为保证夹具有一定的使用寿命，防止夹具因磨损而过早报废，在分析计算工件加工精度时，需留出一定的精度储备量 J_C。因此将上式改写为

$$\sum\Delta\leqslant\delta_K-J_C \text{或} \quad J_C=\delta_K-\sum\Delta\geqslant0 \tag{5-4}$$

当 $J_C\geqslant0$ 时，夹具能满足工件的加工要求。J_C 值的大小还表示了夹具使用寿命的长短和夹具总图上各项公差值 δ_J 确定得是否合理。

③ 在钢套上钻 $\phi5$mm 孔的加工精度计算。在如图5-10所示钻模上钻钢套的 $\phi5$mm 孔时，加工精度的计算列于表5-1中。由表5-1可知，该钻模能满足工件的各项精度要求，且有一定的精度储备。

表5-1　用钻模在钢套上钻 $\phi5$mm 孔的加工精度计算

误差计算 / 误差名称	加工要求	
	(20±0.1)mm	对称度为0.1mm
Δ_D	0	0.054mm
Δ_T	0.052mm	0.052mm
Δ_A	0	0
Δ_J	$\sqrt{\Delta_{J2}^2+\Delta_{J3}^2}=\sqrt{(0.06^2+0.03^2)}=0.067$mm	$\Delta_{J2}=0.03$mm
Δ_G	0.2/3=0.067mm	0.1/3=0.033mm
$\sum\Delta$	$\sqrt{0.052^2+0.067^2+0.067^2}=0.103$mm	$\sqrt{0.054^2+0.052^2+0.03^2+0.033^2}=0.087$mm
J_C	0.2−0.103=0.097mm	0.1−0.087=0.013mm>0

(3) 获得夹具精度的工艺方法

夹具的精度是由一组完备的测量尺寸精度保证的，然而这些测量尺寸精度一般都很高，有的不采取特殊的工艺手段是不容易达到的。了解达到这些要求的工艺方法，无疑对于提高夹具精度、降低夹具制造成本是十分必要的。

获得夹具测量尺寸精度的工艺方法通常有如下五种。

① 装配后加工法。为了达到钻套孔或镗套孔轴线对夹具安装基面的垂直度或平行度要求，唯一的工艺方法是采用装配后精镗孔。对于如图5-11所示的铰链式钻模夹具的活动钻

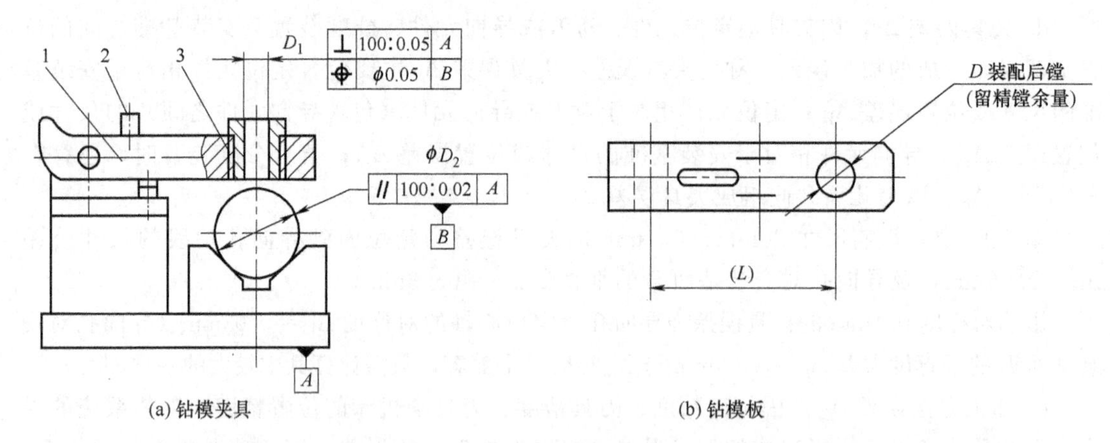

(a) 钻模夹具 (b) 钻模板

图 5-11 铰链式钻模

1—钻模板；2—翼形螺母；3—钻套衬套

模板上的钻套底孔，采用装配后精镗孔，其优点尤为明显。

这种工艺方法基本上是靠坐标镗床的精度直接保证夹具所要求的位置精度。因此，它是保证钻套或镗套轴线和夹具安装基面垂直或平行的最可靠、最简便的方法，所有钻镗类夹具的导向套底孔基本上都采用这种工艺方法加工。

② 找正固定法。找正固定法是指先找正位置，然后用螺钉紧固，再合件配钻、铰销钉孔并压入有过盈量的定位销，以实现最后的定位的方法。这是广泛应用于获得夹具形状和位置精度的方法。找正固定法常用于找正 V 形块、对刀块、定位用支座等元件的位置精度。

根据生产实践的经验，找正固定法的平均经济精度在±0.02～±0.05mm 范围之内，对高精度的夹具取±0.02mm 即可满足要求。

③ 就地加工法。就地加工法是指在使用该夹具的机床上直接进行最终加工来保证夹具精度的方法。这只有那些精度要求很高而结构比较简单的夹具，如一些内、外磨床和车床夹具才采用。直接用机床上的砂轮或刀具精加工夹具的定位元件工作表面，可以获得对安装基面极小的径向跳动和端面跳动。这种方法可以消除夹具的制造、装配、安装误差，以获得极高的精度。

使用就地加工法的情况是有限的，只有具备就地加工条件的机床才能使用此法。设计人员要求使用此法时，在夹具设计总图上应予注明“按图样尺寸留精加工余量到使用机床上最终加工”。

④ 修磨调整法。如图 5-10 所示为保证尺寸 20mm±0.03mm，采用修磨调整垫圈 11 的方法以保证钻套的正确位置。

⑤ 组成零件精度保证法。以上四种都是利用特殊的工艺方法消除了各组成零件的误差积累而直接获得所需要的夹具精度，当然是获得夹具精度比较理想的方法。但是，在有些情况下，以上各种方法均无法采用，必须依靠组成零件的精度来获得零件组合之精度。设计夹具时，应根据累积误差的计算，合理确定组成零件的精度。一般说来，组成零件越少，累积误差也越小，精度也就越高。因此设计夹具时，为了提高组合件之间的位置精度，应尽量减少夹具的零件数目。

(4) 机床夹具的计算机辅助设计简介

① 概述。计算机辅助设计（CAD）是一个正在发展的技术领域。世界上有为许多设计

系统已经在运行或者正在研究开发之中。传统的机床夹具设计需要检索许多资料，并花费许多绘图时间，设计的效率低且成本高。机床夹具设计往往还需借助于设计者的经验。机床夹具CAD技术的开发和应用，既可缩短设计周期，又能促进机床夹具的标准化和系列化。

机床夹具的CAD软件包括夹具结构软件和夹具绘图软件等。设计时按工件形状尺寸绘出轮廓［见图5-12（a)］，然后绘制定位和夹紧装置［见图5-12（b)］的相关视图。通常在计算机数据库中还可存放典型元件和装置的图形、数据以及相关的标准、资料等数据。

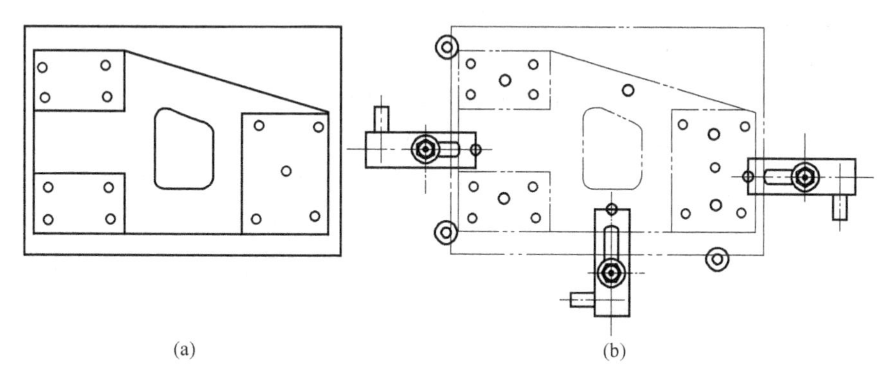

图5-12 机床夹具CAD实例

如图5-13所示为一种计算机辅助设计系统框图。这是一种人机对话式程序，可完成定位元件、夹紧装置、夹具体和总体设计。程序先按工件加工要求、材料，确定所使用的机床；由切削用量和有关系数计算切削力，选样夹紧螺钉的参数和夹紧机构；然后再设计定位元件和夹具体等。

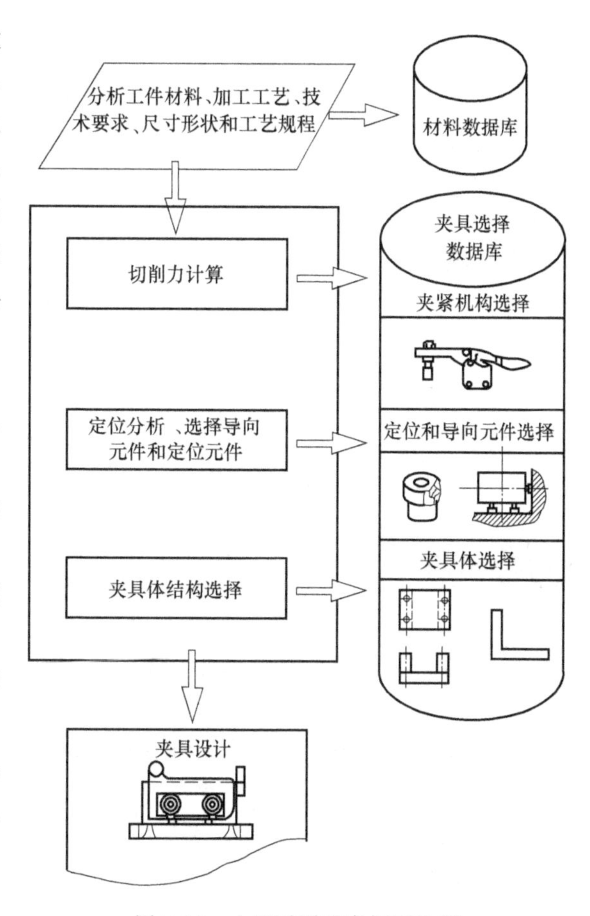

图5-13 人机对话程序框图示例

夹具计算机辅助设计有如下特点：

a. 提高效率，缩短夹具设计的周期，以适应市场经济的要求。

b. 设计的水平不依赖于设计人员的技术水平，有利于夹具设计水平的提高。

c. 有利于夹具结构设计的优化和标准化。

d. 计算机辅助夹具设计是自动化的现代制造技术的发展需要。

② 夹具计算机辅助设计的类型。夹具计算机辅助设计有如下类型：变异型、创成型、综合型、交互型。

a. 变异型。变异型是利用成组技术，将夹具的典型定位、夹紧装置存入数据库中，以便选用。

b. 创成型。创成型由设计决策模块对夹具结构进行系列决策，从无到有地生成夹具结构，适用于设计专用夹具。

c. 综合型。综合型是变异型与创成型的合成，是目前使用较为广泛的一种计算机辅助夹具设计类型。综合型可用于设计专用夹具、成组夹具等。

d. 交互型。交互型以人机对话的方式完成夹具设计（如图 5-13 所示）。

③ 夹具计算机辅助设计的基本模块。夹具计算机辅助设计包括以下基本模块：

a. 控制模块。用于协调控制各模块的运行，也是人机交互的窗口。

b. 零件信息模块。用此模块可输入零件有关的信息。

c. 相似性判别模块。用于选择相似的夹具结构单元。

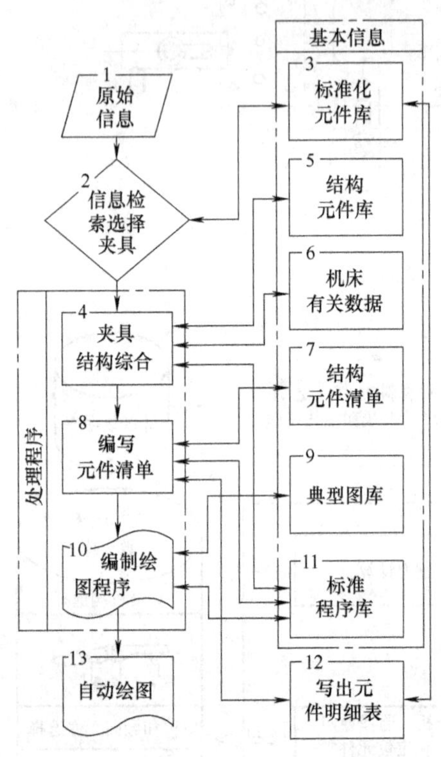

图 5-14 夹具计算机辅助设计框图

d. 修改模块。

e. 设计策划模块。为创成模块，其中包括定位元件、对刀导向元件、夹紧装置及夹具体的设计。

f. 输出模块。输出夹具图样和文件、夹具计算机辅助设计框图（见图 5-14）。

④ 夹具计算机辅助设计的数据库。夹具计算机辅助设计的数据库包括下列七个部分：

a. 材料及切削力计算数据库。

b. 刀具数据库。

c. 机床资料数据库。

d. 夹具体结构元素数据库。

e. 定位元件元素数据库。

f. 夹紧机构元素数据库。

g. 对刀导向元件数据库。

数据库结构要标准化、规格化、典型化。

5.2.3 实例思考

依据图 5-4 拨叉钻孔夹具图，分析计算拨叉钻孔尺寸 3.1mm±0.1mm 及对称度 0.2mm 的加工误差。

5-1 专用夹具的基本要求是什么？

5-2 简述专用夹具的设计步骤。

5-3 影响加工精度的因素有哪些？保证加工精度的条件是什么？

5-4 获得夹具精度的工艺方法有哪些？

5-5 图 5-15 为工件铣槽（塞尺厚度为 3mm）夹具总图，在图中标注主要的尺寸、公差及技术条件。

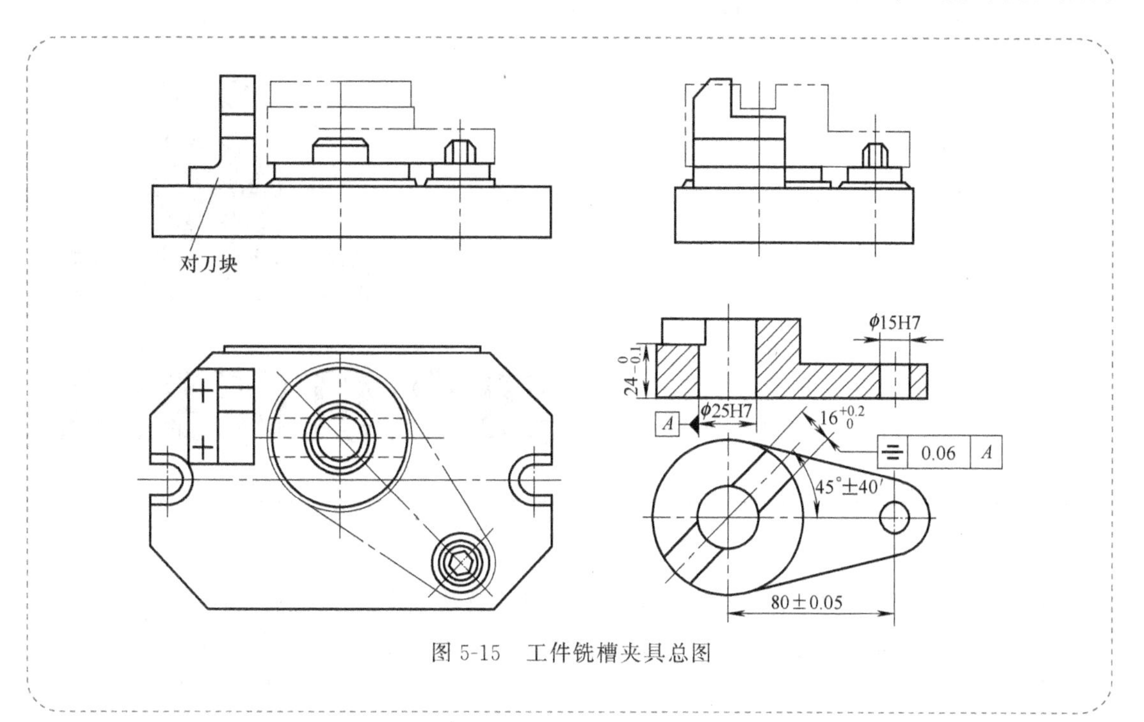

图 5-15　工件铣槽夹具总图

第6章 典型机床夹具

机床夹具一般是由定位元件、夹紧装置、夹具体及其他装置所组成，但各类机床的加工工艺特点、夹具与机床的连接方式、夹具的总体结构和技术要求等方面都有各自的特点。本章对几类典型的机床夹具结构进行剖析，以便进一步了解和掌握各类机床夹具的设计要点。

6.1 车床夹具

6.1.1 实例分析

(1) 实例

如图 6-1 所示为开合螺母车削工序图。本道工序为精镗 $\phi40^{+0.027}_{0}$ mm 孔及车端面。工件的

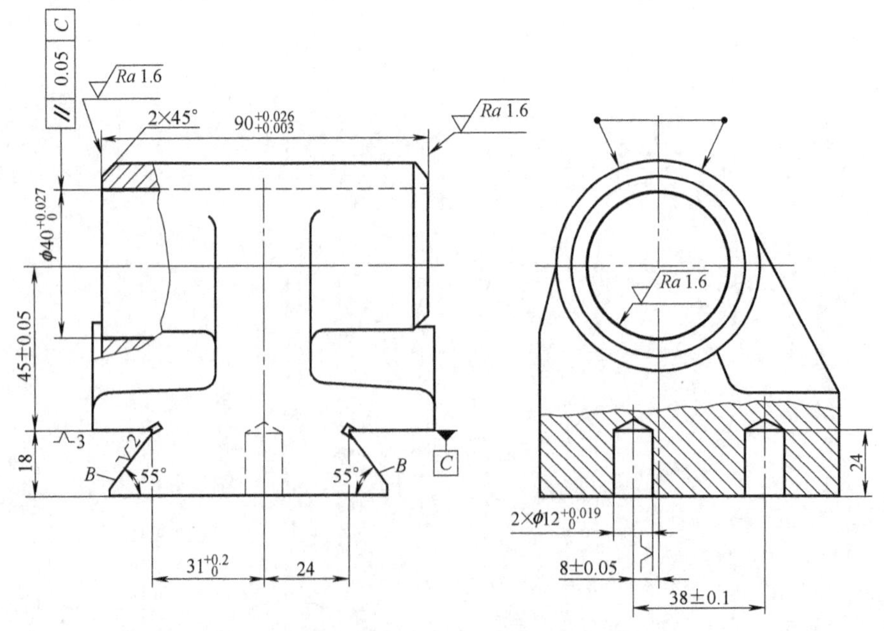

图 6-1　开合螺母车削工序图

燕尾面和两个 $\phi12^{+0.019}_{0}$mm 孔已经加工，两孔距离为 38mm±0.1mm，$\phi40^{+0.027}_{0}$mm 孔经过粗加工。加工要求是：$\phi40^{+0.027}_{0}$mm 孔轴线至燕尾底面 *C* 的距离为 45mm±0.05mm，$\phi40^{+0.027}_{0}$mm 孔轴线与 *C* 面的平行度为 0.05mm，加工孔轴线与 $\phi12^{+0.019}_{0}$mm 孔的距离为 8mm±0.05mm。

(2) 分析

由于工件的燕尾面和两个 $\phi12^{+0.019}_{0}$mm 孔已经加工，可选作为定位基准。如图 6-2 所示为加工开合螺母上 $\phi40_{0}^{+0.027}$mm 孔的车床夹具。为使基准重合，工件用燕尾面 *B* 和 *C* 在固定支承板 8 及活动支承板 10 上定位（两板高度相等），限制五个自由度；用 $\phi12^{+0.019}_{0}$mm 孔与活动菱形销 9 配合，限制一个自由度；工件装卸时，可从上方推开活动支承板 10 将工件插入，靠弹簧力使工件靠紧固定支承板 8，并略推移工件使活动菱形销 9 弹入定位孔 $\phi12^{+0.019}_{0}$mm 内；采用带摆动 V 形块 3 的回转式螺旋压板机构夹紧；用平衡块 6 来保持夹具的平衡。

6.1.2 相关知识

车床夹具主要用于加工零件的旋转表面以及端平面。因而车床夹具的主要特点是工件加工表面的中心线与机床主轴的回转轴线同轴。

(1) 车床夹具的主要类型

① 安装在车床主轴上的夹具。这类车床夹具很多，有通用的三爪、四爪卡盘，花盘，顶尖等，还有自行设计的心轴；专用夹具通常可分为心轴式、夹头式、卡盘式、角铁式和花盘式等。这类夹具的特点是加工时随机床主轴一起旋转，刀具做进给运动。

② 安装在拖板上的夹具。对某些重型、畸形工件，常常将夹具安装在拖板上。刀具则安装在车床的主轴上做旋转运动，夹具做进给运动。

由于后一类夹具应用很少，属机床改装范畴，不作介绍。而生产中需自行设计的较多是安装在车床主轴上的专用夹具，所以主要讨论安装在车床主轴上的专用夹具的结构和设计要点。

a. 圆盘式车床夹具。圆盘式车床夹具的夹具体为圆盘形，其加工工件的定位基准为圆柱面和与其垂直的端面，夹具上工件的定位平面与车床主轴的轴线相垂直。

图 6-3（a）为阀体的工序图。图 6-3（b）所示为加工阀体三孔的车床夹具。本夹具在一次安装中加工阀体上三孔 ϕ30H8 和 2×ϕ20H8，三个被加工孔的中心位于同一圆周上，分度盘 2 连同工件绕转轴 5 相对法兰盘 9 可分别转过三个位置，靠夹具上的对定装置来确定。工件以平面及 2×ϕ6H8 孔在分度盘 2 的平面及定位销 4 和 7 上定位，用螺旋压板夹紧机构将工件夹紧在分度盘上。分度盘由螺钉紧固在夹具体上。法兰盘以内圆柱面与机床主轴定位，通过螺纹与主轴连接，并利用法兰盘上的找正面找正。为保证夹具在回转时的平衡，法兰盘上装有平衡块 1，其在法兰盘上的位置可以调节。

b. 角铁式车床夹具。角铁式车床夹具的夹具体类似角铁，其结构不对称，用于加工壳体、支座、杠杆、接头等零件上的回转面和端面。被加工面的轴线对主要定位基准面保持一定的位置关系（平行或成一定的角度）时，相应夹具上的平面定位件设置在与车床主轴线相平行或成一定角度的位置上。

如图 6-4（a）所示为座板零件加工工序图。如图 6-4（b）所示为车削座板零件的端面 *A*、*B* 和孔 $\phi10^{+0.011}_{+0.005}$mm 的角铁式车床夹具。

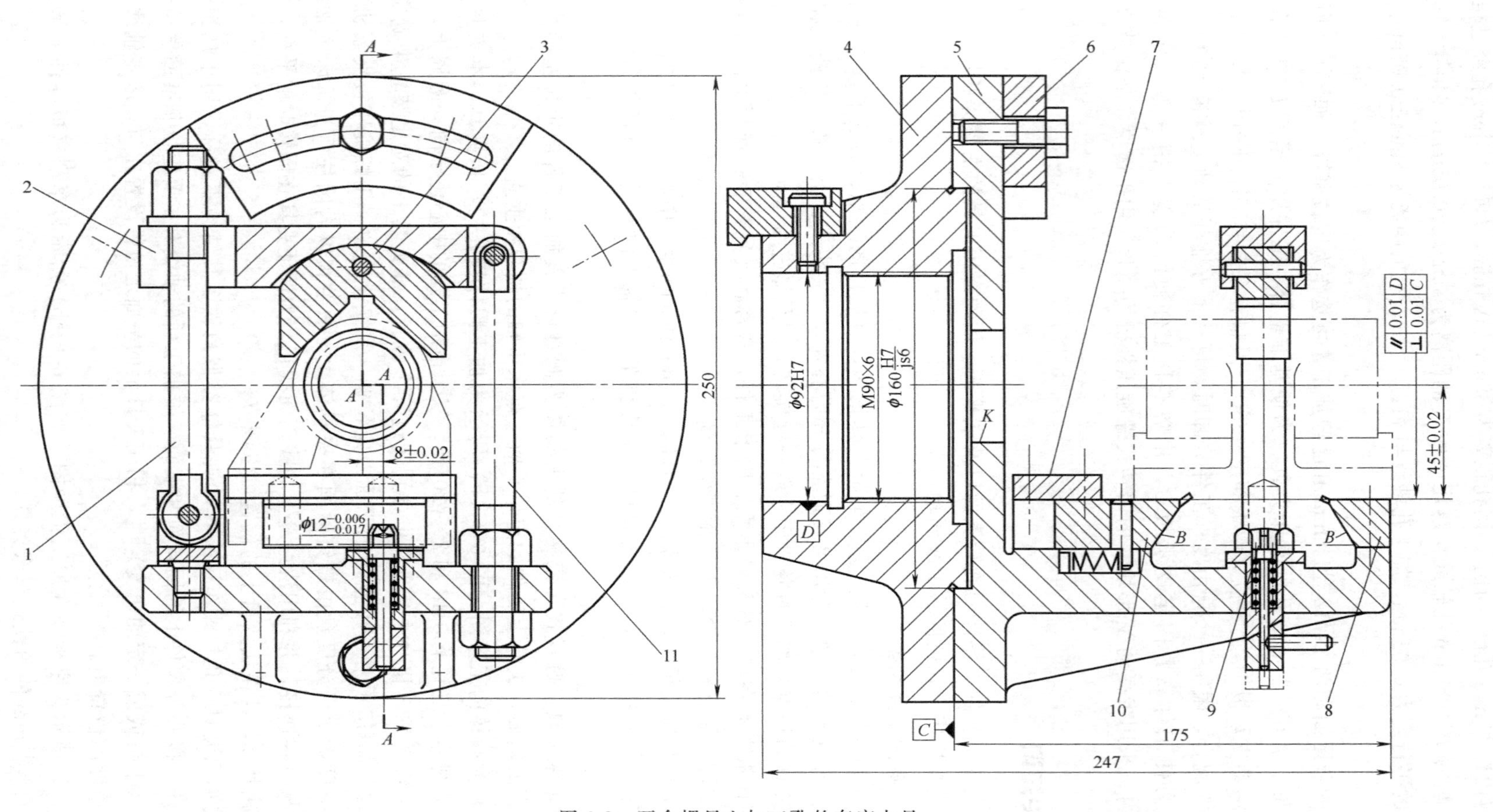

图 6-2 开合螺母上加工孔的车床夹具

1,11—螺栓；2—压板；3—摆动 V 形块；4—过渡盘；5—夹具体；6—平衡块；7—盖板；8—固定支承板；9—活动菱形销；10—活动支承板

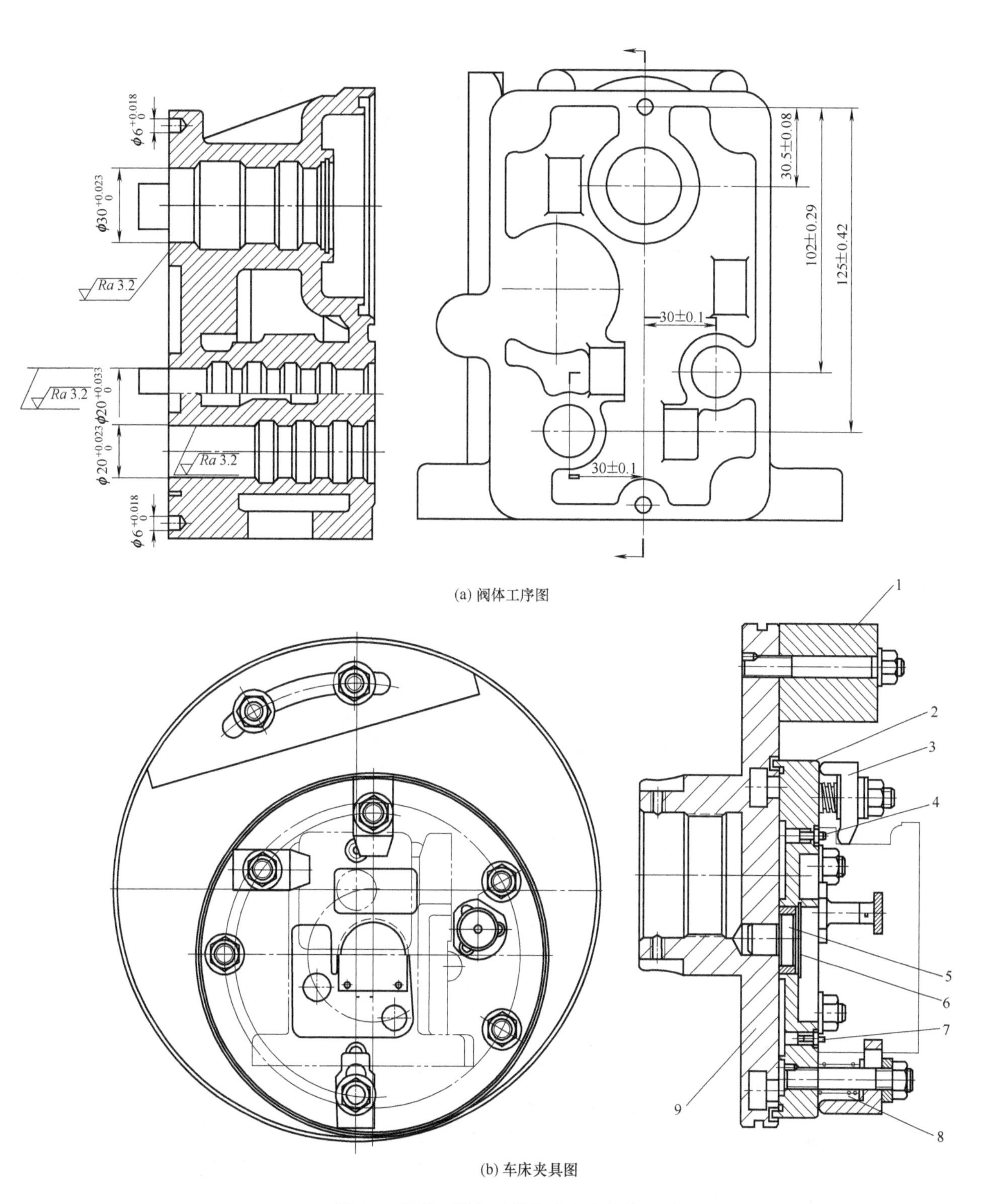

(a) 阀体工序图

(b) 车床夹具图

图 6-3　阀体三孔加工圆盘式车床夹具

1—平衡块；2—分度盘；3—压板；4，7—定位销；5—转轴；

6—盖板；8—弹簧；9—法兰盘

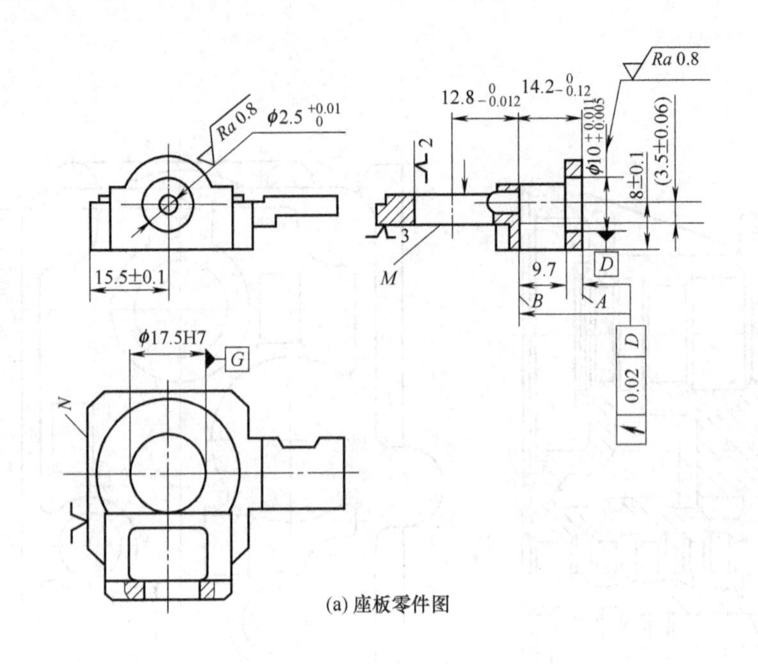

(a) 座板零件图

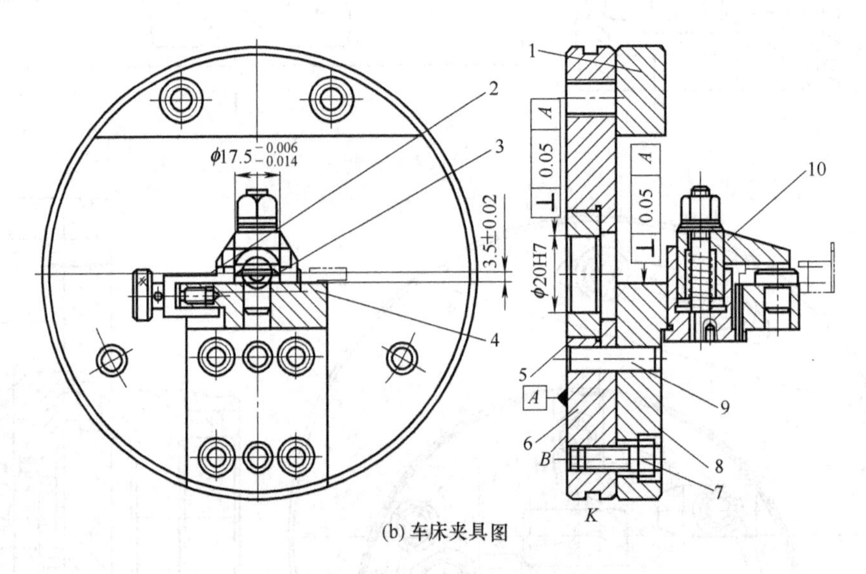

(b) 车床夹具图

图 6-4　座板加工角铁式车床夹具

1—平衡块；2—导向定位板；3—定位销；4—定位板；5—圆套；
6—夹具体；7—螺钉；8—角铁板；9—圆柱销；10—钩形压板

如图 6-4（b）所示车床夹具选用工件上 $\phi17.5^{+0.021}_{0}$ mm 孔轴心线和 M、N 两个平面为定位基准，用定位销 3、定位板 4 和活动导向定位板 2 限制工件的六个自由度。以孔 ϕ20H7 和端面 B 作为与过渡盘的安装基准，表面 K 作为夹具与机床主轴的找正基面。

c. 心轴类车床夹具。心轴类车床夹具的主要限位元件为轴，多用于以孔作为主要定位基准加工外圆柱面，如套类、盘类零件等。常用的有圆柱心轴和弹簧心轴等。这部分在第 3 章已经介绍过了，此处不再赘述。

（2）车床夹具的设计要点

① 定位装置的设计特点

a. 当加工回转表面时，要求工件加工面的轴线与机床主轴轴线重合，夹具上定位装置的结构和布置必须保证这一点。

b. 当加工的表面与工序基准之间有尺寸联系或相互位置精度要求时，则应以夹具的回转轴线为基准来确定定位元件的位置。

② 夹紧装置的设计要求。工件的夹紧应可靠。由于加工时工件和夹具一起随主轴高速回转，故在加工过程中工件除受切削力矩的作用外，整个夹具还要受到重力和离心力的作用，转速越高离心力越大，这些力不仅降低夹紧力，同时会使主轴振动。因此，夹紧机构必须具有足够的夹紧力，自锁性能要好，以防止工件在加工过程中移位或发生事故。对于角铁式夹具（如图 6-4 所示），夹紧力的施力方式要注意防止引起夹具变形。

③ 夹具与机床主轴的连接。夹具与机床主轴的连接方式，主要取决于夹具径向尺寸的大小和机床主轴前端的结构形式。常用的连接方式有以下两种。

a. 夹具以锥柄与机床主轴的锥孔连接，如图 6-5（a）所示。这种连接方式，用于径向尺寸 $D<140\text{mm}$ 或 $D<(2\sim3)d$ 。夹具 3 通过锥柄安装在机床主轴的锥孔中，并用螺杆拉紧。这种安装方式的安装误差小，定心精度较高，适用于小型夹具。

b. 夹具通过过渡盘与机床主轴的轴颈连接，如图 6-5（b）和图 6-5（c）所示。这种连接方式适用于径向尺寸较大的夹具。夹具 3 以其上口 A 按 H7/h6 或 H7/js6 的配合精度安装在过渡盘的凸缘上，然后用螺钉紧固。过渡盘与主轴配合面的形状取决于主轴前端的结构。如图 6-5（b）中所示的过渡盘，以内孔在主轴前端的定心轴颈上定位，采用 H7/h6 或 H7/js6 配合，并用螺纹紧固，轴向由过渡盘端面与主轴前端的台阶面接触。为防止停车和倒车

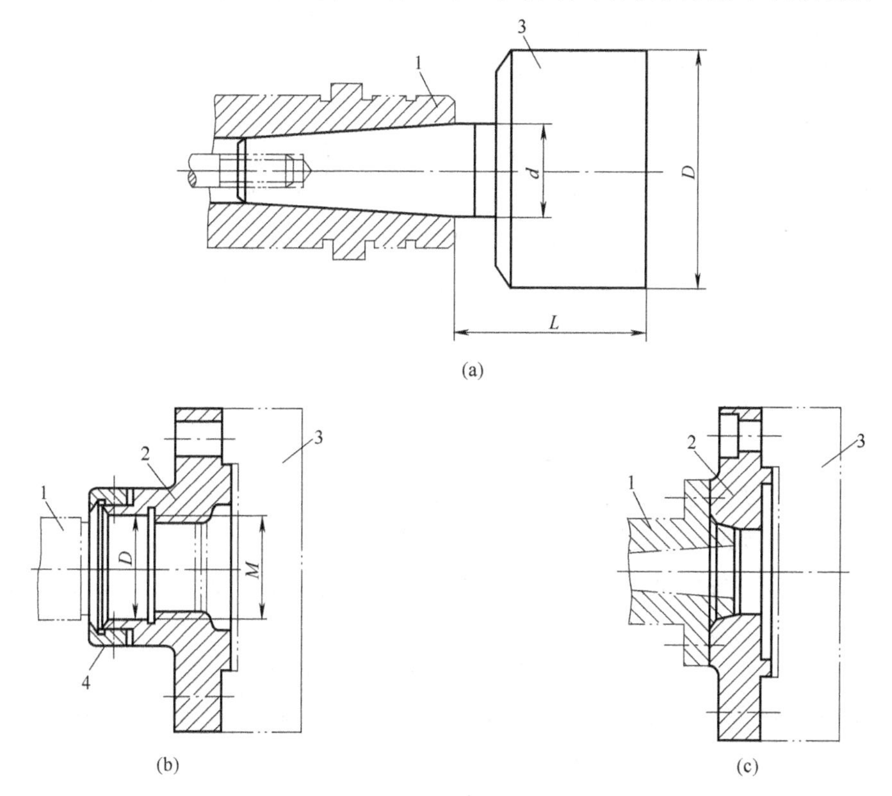

图 6-5 夹具与机床主轴的连接

1—主轴；2—过渡盘；3—夹具；4—压块

时因惯性作用使两者松开，用压块 4 将过渡盘压在主轴上。这种安装方式的安装精度受配合精度的影响，所以在机床上安装夹具时，要按夹具体上的找正圆校正夹具与主轴的同轴度。

如图 6-5（c）所示的过渡盘，以锥孔和端面在主轴前端的短圆锥面和端面上定位。安装时，先将过渡盘推入主轴，使其端面与主轴端面之间有 0.05～0.1mm 间隙，用螺钉均匀拧紧后，产生弹性变形，使端面与锥面全部接触，这种安装方式定心准确，刚性好，但加工精度要求高。

(3) 夹具的总体设计

① 夹具的总体结构应力求紧凑、轻便，悬臂尺寸要短，重心尽可能靠近主轴。

夹具的悬伸长度 L 与外廓直径 D 之比可参照下列数值选取。

当 $D<150$ 时，$L/D\leqslant1.25$；当 $D=150\sim300$ 时，$L/D\leqslant0.9$；当 $D>300$ 时，$L/D\leqslant0.6$。

② 夹具配重的设计要求。当工件和夹具上各元件相对机床主轴的旋转轴线不平衡时，将产生较大的离心力和振动，影响工件的加工质量、刀具的寿命、机床的精度和安全生产，特别是在转速较高的情况下影响更大。因此，对于重量不对称的夹具，要有平衡要求。平衡的方法有两种：设置平衡块或加工减重孔。在工厂实际生产中，常用试配的方法进行夹具的平衡工作。

③ 夹具的外形轮廓。为了保证安全，夹具上各种元件一般不允许突出夹具体的圆形轮廓之外。此外，还应注意防止切屑和冷却液的飞溅等问题，必要时应加防护罩。

(4) 车床夹具的加工误差

工件在车床夹具上加工时，加工误差的大小受工件在夹具上的定位误差 Δ_D、夹具误差 Δ_J、夹具在主轴上的安装误差 Δ_A 和加工方法误差 Δ_G 的影响。

例如，如图 6-1 所示的开合螺母在图 6-2 所示夹具上加工时，尺寸 45mm±0.05mm 的加工误差的影响因素如下所述。

① 定位误差 Δ_D。由于 C 面既是工序基准，又是定位基准，基准不重合误差 Δ_B 为零。工件在夹具上定位时，定位基准与限位基准（支承板 8、10 的平面）是重合的，基准位移误差 Δ_Y 也为零，因此，尺寸 45mm±0.05mm 的定位误差 Δ_D 等于零。

② 夹具误差 Δ_J。夹具误差为限位基面（支承板 8、10 的平面）与止口轴线间的距离误差，即夹具总图上尺寸 45mm±0.02mm 的公差 0.04mm，以及限位基面相对安装基面 D、C 的平行度和垂直度误差 0.01mm（两者公差兼容）。

③ 夹具的安装误差 Δ_A

$$\Delta_A=X_{1\max}+X_{2\max}$$

式中 $X_{1\max}$——过渡盘与主轴间的最大配合间隙；

$X_{2\max}$——过渡盘与夹具体间的最大配合间隙。

设过渡盘与车床主轴的配合尺寸为 ϕ92H7/js6，查表 ϕ92H7 为 $\phi92^{+0.035}_{0}$ mm，ϕ92js6 为 ϕ92mm±0.011mm，因此

$$X_{1\max}=0.035+0.011=0.046\text{mm}$$

夹具体与过渡盘止口的配合尺寸为 ϕ160H7/js6，查表 ϕ160H7 为 $\phi160^{+0.040}_{0}$ mm，ϕ160js6 为 ϕ160mm±0.0125mm，因此

$$X_{2\max}=0.040+0.0125=0.0525\text{mm}$$

故

$$\Delta_A=\sqrt{0.046^2+0.0525^2}\text{mm}$$

④ 加工方法误差 Δ_G。如车床主轴上安装夹具基准（圆柱面轴线、圆锥面轴线或圆锥孔轴线）与主轴回转轴线间的误差、主轴的径向跳动、车床溜板进给方向与主轴轴线的平行度或垂直度等。它的大小取决于机床的制造精度、夹具的悬伸长度和离心力的大小等因素。一般取

$$\Delta_G=\delta_k/3=0.1/3=0.033\text{mm}$$

图 6-2 夹具的总加工误差为

$$\Sigma\Delta=\sqrt{\Delta_D^2+\Delta_J^2+\Delta_A^2+\Delta_G^2}$$
$$=\sqrt{0+0.04^2+0.01^2+0.046^2+0.0525^2+0.033^2}=0.088\text{mm}$$

精度储备 $J_C=0.1-0.088=0.012\text{mm}$

故此方案可取。

6.1.3 车床夹具设计实例

实例 1 拉杆接头螺纹孔车床夹具设计

如图 6-6 所示为拉杆接头零件，材料 HT200，大批量生产。设计在普通车床上加工 M24×1.5mm 螺纹的夹具。

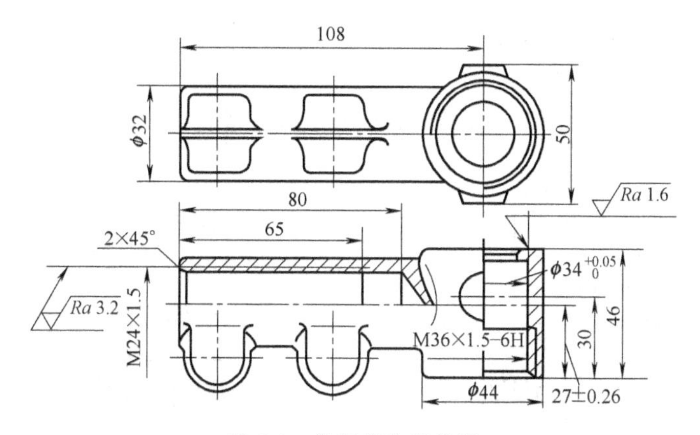

图 6-6 拉杆接头零件图

在加工螺纹之前，工件其余部分都已加工好。本工序加工要求是 M24×1.5mm，且螺纹孔中心至大头端面的距离为 27mm±0.26mm。螺纹直径由工件相对于刀具的加工位置和运动关系来保证，而尺寸 27mm±0.26mm 应由夹具保证。

(1) 定位方案确定

如图 6-7 (a) 所示，选大头端面（工序基准）用支承板定位，用短圆柱销与孔 $\phi34^{+0.05}_{0}$mm 配合定位，用支承钉定位 ϕ32mm 母线，限制六个自由度。

如图 6-7 (b) 所示，选用长圆柱销与孔 $\phi34^{+0.05}_{0}$mm 配合定位，大头端面用支承钉定位，定心夹紧装置实现 ϕ32mm 中心线定位，限制六个自由度。

由以上分析可知，选用工件大头端面限制三个自由度，孔 $\phi34^{+0.05}_{0}$mm 限制两个自由度，用定心夹紧装置限制另外一个自由度。

(2) 夹紧装置设计

如图 6-8 (a) 所示，在工件大头的另一端面用钩形压板夹紧，也可采用螺母、垫圈、螺杆（圆柱销延长并加工为小于圆柱销直径的螺纹）紧固，如图 6-8 (b) 所示。但夹紧力没

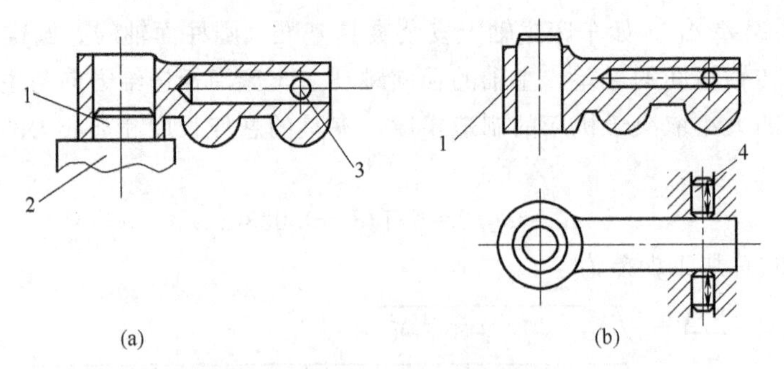

图 6-7　定位方案分析

1—圆柱销；2—支承板；3—支承钉；4—摆块

有靠近加工表面，再用定位用的定心联动夹紧机构在 ϕ32mm 圆柱面上夹紧。虽然结构较复杂，但效率高，符合定位要求。

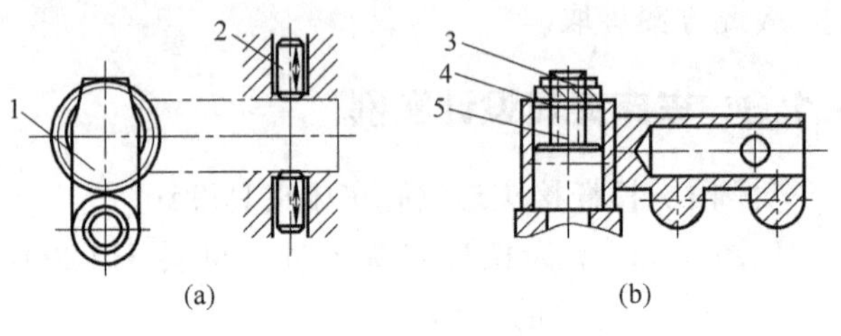

图 6-8　夹紧装置设计

1—压板；2—定心夹紧；3—螺母；4—垫圈；5—螺杆

(3) 夹具总体结构

夹具结构设计如图 6-9 所示。工件在定位心轴 6 上定位后，拧紧螺母 9 时，迫使螺杆 7 向上做轴向运动，通过连接块 3 带动杠杆 5 绕销钉 4 做顺时针转动，将楔块 11 拉下，由两个 V 形摆动压块 12

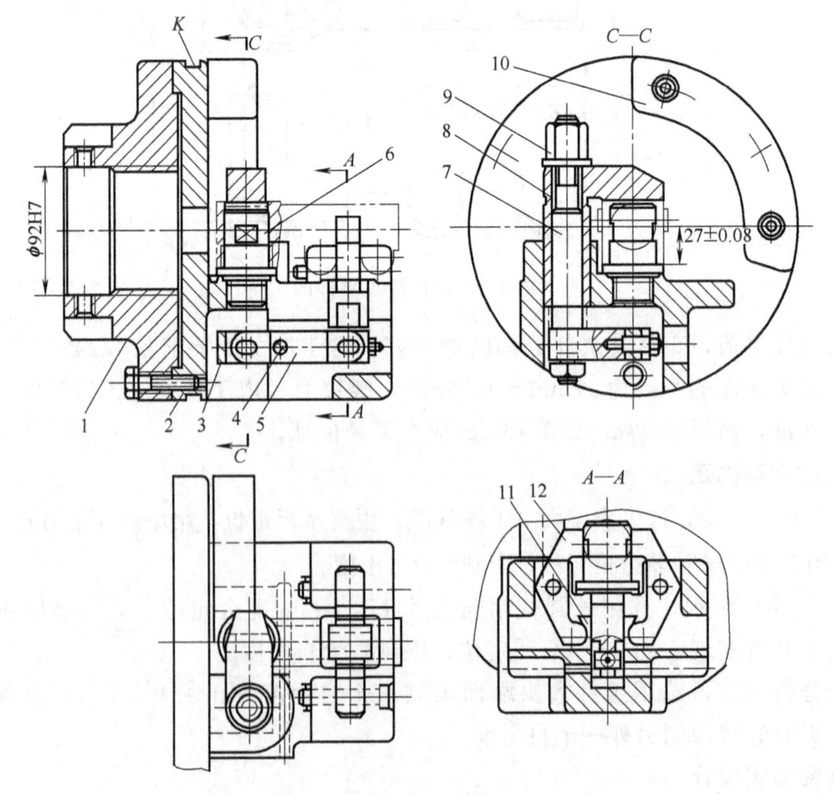

图 6-9　拉杆接头车螺纹夹具

1—过渡盘；2—夹具体；3—连接块；4—销钉；5—杠杆；6—定位心轴；7—螺杆；8—钩形压板；9—螺母；10—平衡块；11—楔块；12—摆动压块

同时将工件定心夹紧。与此同时，钩形压板8在螺母9的作用下，将工件压紧在定位心轴6的台肩上。夹具体上设有找正圆 K，用来校正夹具与主轴的同轴度要求。平衡块10用来平衡角铁式车床夹具的重量不对称。

实例2　液压泵上体阶梯孔车床夹具设计

如图6-10所示，加工液压泵上体的三个阶梯孔，中批生产，试设计所需的车床夹具。

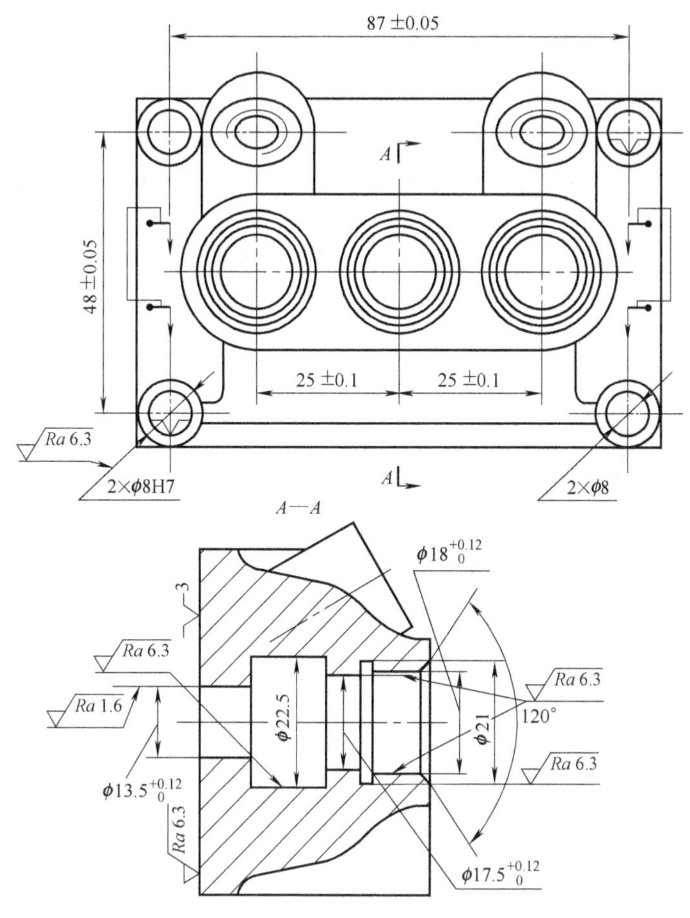

图6-10　液压泵上体加工三阶梯孔工序图

根据工艺规程，在加工阶梯孔之前，工件的顶面与底面、两个 ϕ8H7孔和两个 ϕ8mm孔均已加工好。本工序的加工要求有：阶梯孔的尺寸依次为 $\phi13.5^{+0.12}_{0}$ mm、ϕ22.5mm、$\phi17.5^{+0.12}_{0}$ mm、ϕ21mm和 $\phi18^{+0.12}_{0}$ mm，每两个阶梯孔的距离为25mm±0.1mm，三孔轴线与底面的垂直度、中间阶梯孔与四小孔的位置度都未注公差，加工要求较低。

根据加工要求，可设计成如图6-11所示的花盘式车床夹具。这类夹具的夹具体是一个大圆盘（俗称花盘），在花盘的端面上固定着定位、夹紧元件及其他辅助元件，夹具的结构不对称。

(1) 定位装置

根据加工要求和基准重合原则，应以底面和两个 ϕ8H7孔定位，定位元件采用“一面两销”，定位孔与定位销的主要尺寸如图6-12所示。

① 两定位孔中心距 L 及两定位销中心距 l

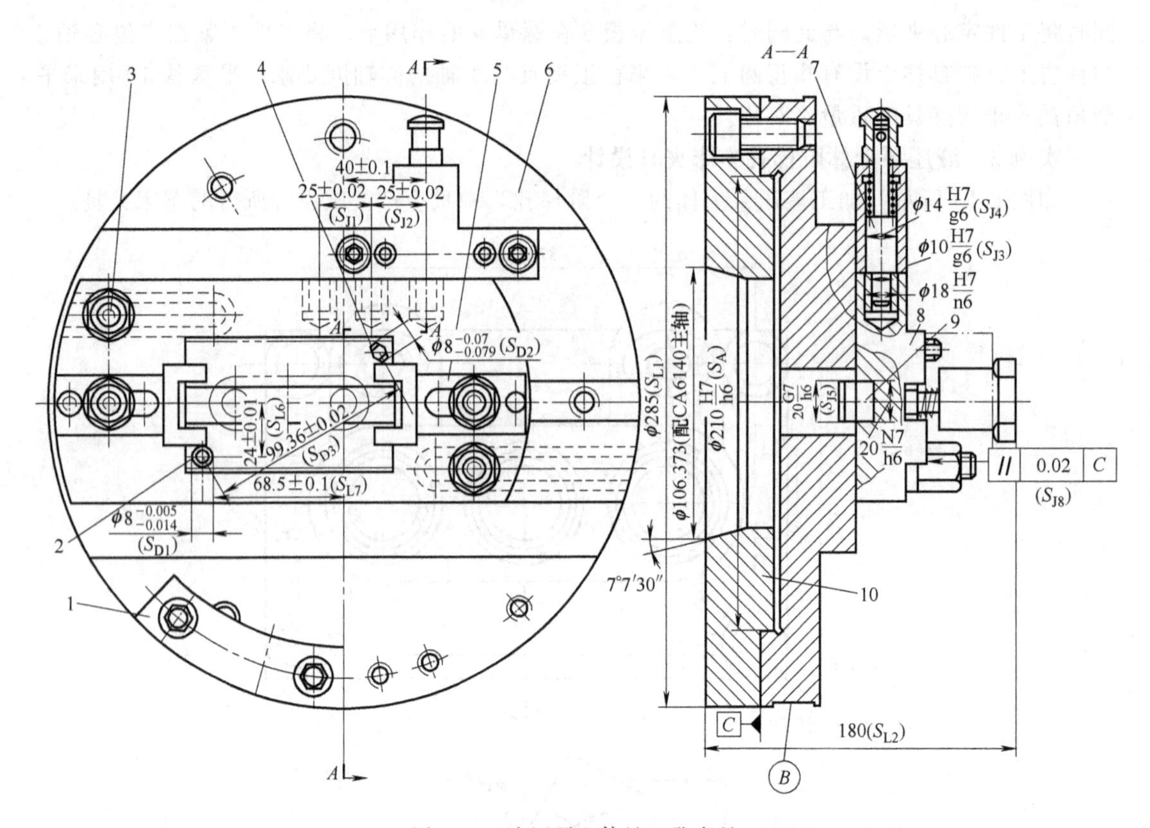

图 6-11 液压泵上体镗三孔夹具

1—平衡铁；2—圆柱销；3—T 形螺钉；4—菱形销；5—螺旋压板；6—花盘；7—对定销；8—分度滑块；9—导向键；10—过渡盘

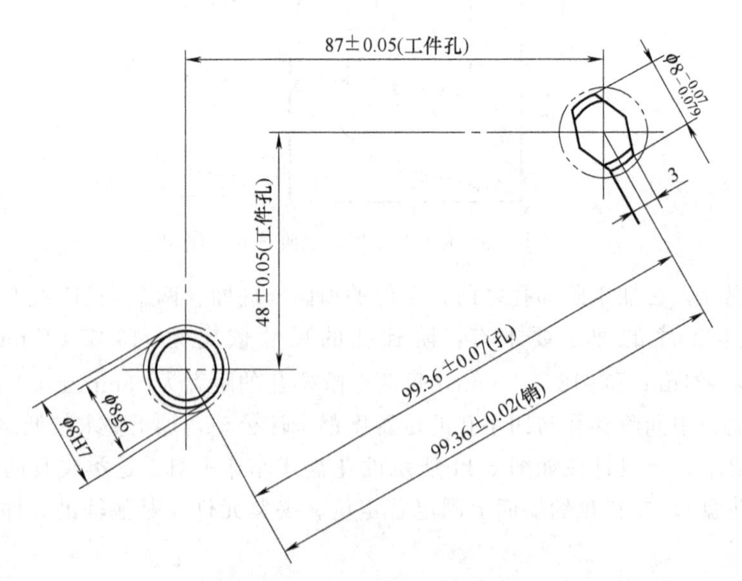

图 6-12 定位孔与定位销尺寸

$$L=\sqrt{87^2+48^2}=99.36\text{mm}\quad L_{max}=\sqrt{87.05^2+48.05^2}=99.43\text{mm}$$

$$L_{min}=\sqrt{86.95^2+47.95^2}=99.29\text{mm} \text{ 所以 } L=99.36\text{mm}\pm0.07\text{mm}$$

取 $l_0=99.36\text{mm}\pm0.02\text{mm}$

② 取圆柱销直径为 $\phi8\text{g}6=\phi8^{-0.005}_{-0.014}\text{mm}$。

③ 查表 2-3 得菱形销尺寸 $b=3\text{mm}$。

④ 菱形销的直径。由式（2-14）可知

$$a=\frac{\delta_{Ld}+\delta_{Ld}}{2}=\frac{0.14+0.04}{2}\text{mm}=0.09\text{mm}$$

$$X_{2\min}=\frac{2ab}{D_{2\min}}=\frac{2\times0.09\times3}{8}=0.07\text{mm}$$

所以 $d_{2\max}=D_{2\min}-X_{\min}=(8-0.07)\text{mm}=7.93\text{mm}$

菱形销直径的公差取 IT6 为 0.009mm，得菱形销的直径为 $\phi8^{-0.07}_{-0.079}\text{mm}$。

（2）夹紧装置

因是中批生产，不必采用复杂的动力装置。为使夹紧可靠，采用两副移动式螺旋压板 5 夹压在工件顶面两端，如图 6-11 所示。

（3）分度装置

液压泵上体三孔呈直线分布，要在一次装夹中加工完毕，需设计直线分度装置。在图 6-11 里，花盘 6 为固定部分，移动部分为分度滑块 8。分度滑块与花盘之间用导向键 9 连接，用两对 T 形螺钉 3 和螺母锁紧。由于孔距公差为±0.1mm，分度精度不高，用手拉式圆柱对定销 7 即可。为了不妨碍工人操作和观察，对定机构不宜轴向布置，而应径向安装。

（4）夹具在车床主轴上的安装

由于本工序在 CA6140 车床上进行，过渡盘应以短圆锥面和端面在主轴上定位，用螺钉紧固，有关尺寸可查阅“夹具手册”。花盘的止口与过渡盘凸缘的配合为 H7/h6，在花盘的外圆上设置找正圆 B。

（5）夹具总图上尺寸、公差和技术要求的标注

① 最大外形轮廓尺寸 S_L：ϕ285mm 和长度 180mm。

② 影响工件定位精度的尺寸和公差 S_D：两定位销孔的中心距 99.36mm±0.02mm、圆柱销与工件孔的配合尺寸 $\phi8^{-0.005}_{-0.014}\text{mm}$ 及菱形销的直径 $\phi8^{-0.07}_{-0.079}\text{mm}$。

③ 影响夹具精度的尺寸和公差 S_J：相邻两对定套的距离 25mm±0.02mm、对定销与对定套的配合尺寸 ϕ10（H7/g6）、对定销与导向孔的配合尺寸 ϕ14（H7/g6）、导向键与夹具的配合尺寸 20（G7/h6）以及圆柱销 2 到加工孔轴线的尺寸 24mm±0.1mm、68.5mm±0.1mm，定位平面相对基准 C 的平行度为 0.02mm。

④ 影响夹具在机床上安装精度的尺寸和公差 S_A：夹具体与过渡盘的配合尺寸 ϕ210（H7/h6）。

⑤ 其他重要配合尺寸：对定套与分度滑块的配合尺寸 ϕ18（H7/n6）；导向键与分度滑块的配合尺寸 20（N7/h6）。

（6）工件的加工精度分析

本工序的主要加工要求是三孔的孔距尺寸 25mm±0.1mm。此尺寸主要受分度误差和加工方法误差的影响，故只要计算这两部分的误差即可。

① 分度误差 Δ_F。查相关资料，直线分度的分度误差

$$\Delta_F=2\sqrt{\delta^2+X_1^2+X_2^2+e^2}$$

式中 2δ——两相邻对定套的距离尺寸公差。因两对定套的距离为 25mm±0.02mm，所以

$\delta=0.02$，mm；

X_1——对定销与对定套的最大配合间隙。因两者的配合尺寸是 $\phi10$（H7/g6），$\phi10$H7 为 $\phi10^{+0.015}_{0}$mm，$\phi10$g6 为 $\phi10^{-0.005}_{-0.014}$mm，所以 $X_1=0.015+0.014=0.029$mm；

X_2——对定销与导向孔的最大配合间隙。因两者的配合尺寸是 $\phi14$（H7/g6），$\phi14$H7 为 $\phi14^{+0.018}_{0}$mm，$\phi14$g6 为 $\phi14^{-0.006}_{-0.017}$mm，所以 $X_2=0.018+0.017=0.035$mm；

e——对定销的对定部分与导向部分的同轴度。

设 $e=0.01$mm，因此

$$\Delta_F=2\sqrt{0.02^2+0.029^2+0.035^2+0.01^2}=0.101\text{mm}$$

② 加工方法误差 Δ_G。取加工尺寸公差 δ_k 的 1/3，加工尺寸公差 $\delta_k=0.2$mm，所以 $\Delta_G=0.2/3=0.066$mm

总加工误差 $\sum\Delta$ 和精度储备 J_C 的计算见表 6-1。

表 6-1　液压泵上体镗三孔夹具的加工误差　/mm

代号＼加工要求	25±0.1	代号＼加工要求	25±0.1
Δ_D	0	Δ_G	0.2/3=0.066
Δ_A	0	$\sum\Delta$	$\sqrt{0.101^2+0.066^2}=0.12$
Δ_J	$\Delta_F=0.101$	J_C	0.2−0.12=0.08

由计算结果可知，该夹具能保证加工精度，并有一定的精度储备。

6.1.4 实例思考

如图 6-13 所示为活塞头车削工序图。工件上的定位止口 $\phi245^{+0.046}_{0}$mm、端面 B 和避阀坑 E 等已经加工，本工序是加工均布在 $\phi150$ 圆周上的 $\phi12.5$ 和 $\phi21$ 的 8 组同轴孔，并要求保证孔对基准 A、B 和 D 的位置度要求，以及孔底面 C 对基准面 B 的平行度要求。

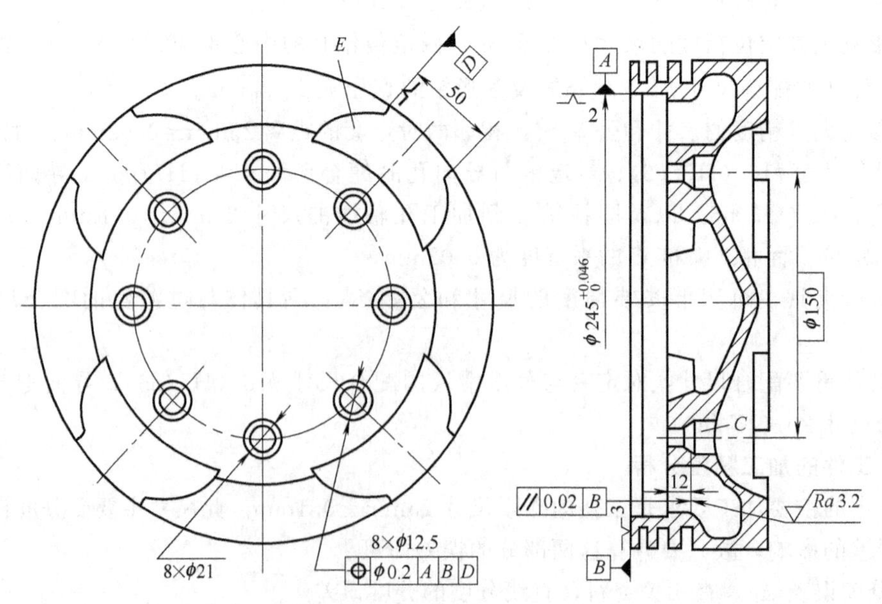

图 6-13　活塞头车削工序图

为了保证在一次装夹中完成本工序的加工要求，设计了如图 6-14 所示的车床夹具。请对其夹具的结构进行分析，看能否达到。

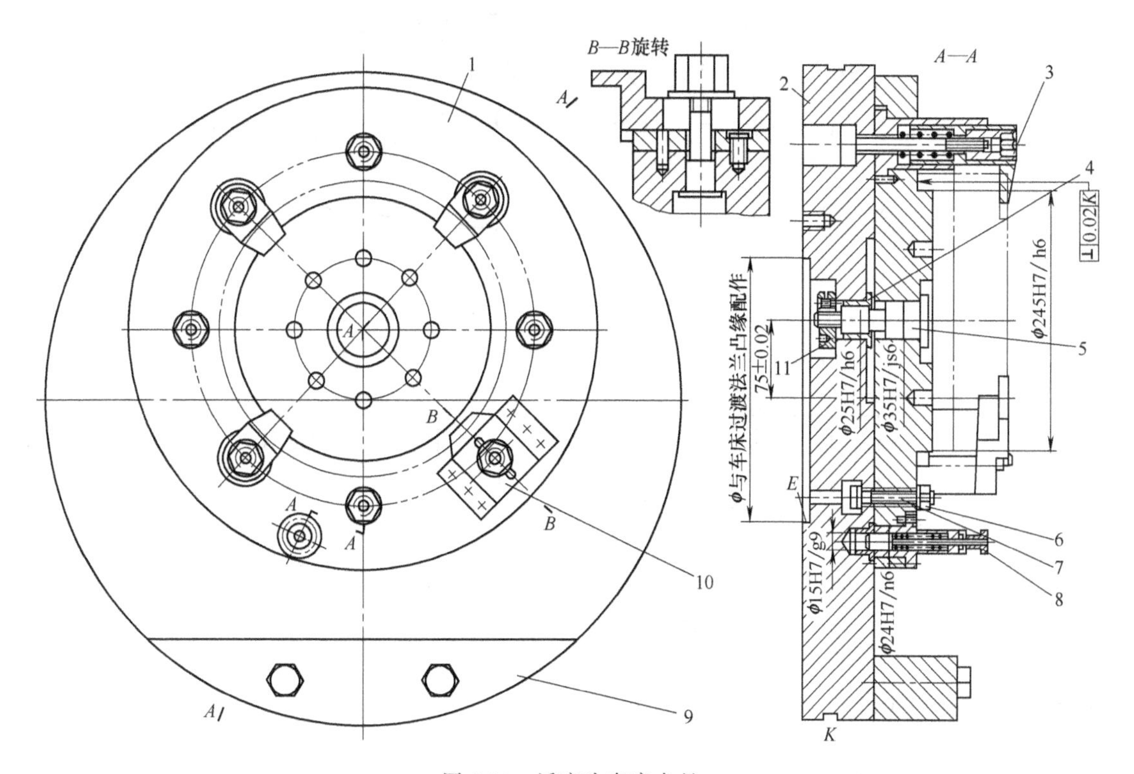

图 6-14 活塞头车床夹具

1—转盘；2—夹具体；3—压板；4—衬套；5—转轴；6—螺母；7—T形螺栓；8—对定销；9—平衡块；10—定位板；11—锁紧螺母

6.2 铣床夹具

铣床夹具主要用于加工零件的平面、凹槽、花键和各种成型面，特别是一些复杂的型面加工，更多地采用铣削。铣削加工时切削用量较大，且为断续切削，故切削力较大，冲击和振动也较严重，因此设计铣床夹具时，应注意工件的装夹刚性和夹具在工作台上的安装平稳性。

6.2.1 实例分析

(1) 实例

图 6-15 为连杆铣槽工序图。连杆加工要求：槽宽 $45^{+0.1}_{0}$mm，槽深 10mm，槽的中心线至小孔中心线的距离为 38.5mm±0.05mm。外形、底平面和 2×φ13H8 的孔都已加工好，大批量生产，设计铣床夹具。

(2) 分析

图 6-16 为连杆上铣直角凹槽的直线进给式铣床夹具。工件以底平面和 2×φ13H8 的孔在支承板 8、菱形销 7 和圆柱销 9 上定位。拧紧螺母 6，通过活节螺栓 5 带动浮动杠杆 3，使两副压板 10 均匀地同时夹紧两个工件。该夹具可同时加工六个工件，为多件加工铣床夹具。

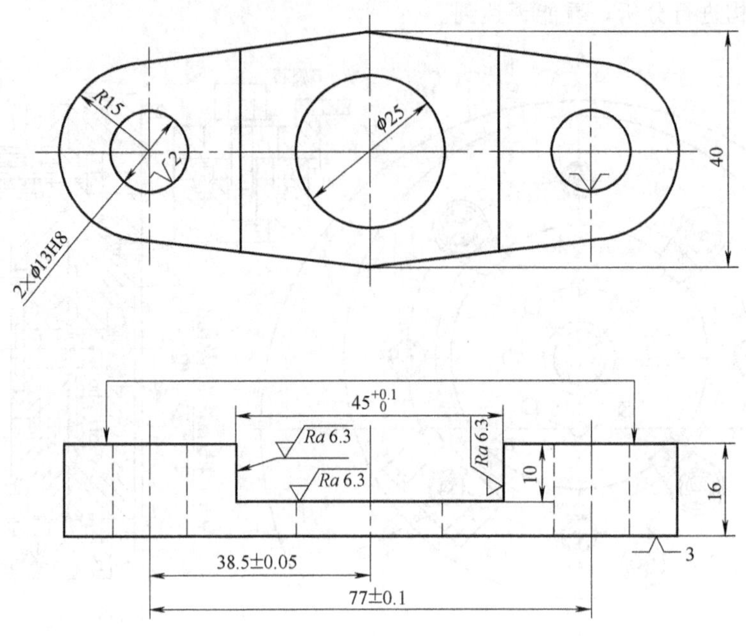

图 6-15　连杆铣槽工序图

6.2.2　相关知识

(1) 铣床夹具的主要类型

① 直线进给铣床夹具。在铣床夹具中，这类夹具用得最多（如图 6-16 所示），按照在夹具上装夹工件的数目，可分为单件和多件加工的铣床夹具。

单件铣床夹具多在单件小批量生产中使用，或用于加工尺寸较大的工件。

多件铣床夹具广泛用于成批生产或大量生产的中小零件加工。这种夹具可按工件是先后连续加工、平行加工等方式设计，在多件铣床夹具上铣削工件，能大大提高生产率。

为了进一步提高铣床夹具的工作效率，在批量较大的情况下，还可采用各种形式的联动夹紧机构，气压、液压等传动装置，以及使加工机动时间和装卸工件的时间相重合等措施来节省装卸工件的辅助时间。

② 圆周进给铣床夹具。圆周进给铣床夹具，多用在有回转工作台或回转鼓轮的铣床上，依靠回转台或鼓轮的旋转将工件顺序送入铣床的加工区域，以实现连续切削。在切削的同时，可在装卸区域装卸工件，使辅助时间与机动时间重合，因此它是一种高效率的铣床夹具。

如图 6-17 所示是在立式铣床上连续铣削拨叉两端面的圆周进给铣床夹具。工件以圆孔、孔的端面及侧面在定位销 2 和挡销 4 上定位，由液压缸 6 驱动拉杆 1，通过开口垫圈 3 将工件夹紧。夹具上同时装夹 12 个工件。电动机通过蜗杆蜗轮机构带动工作台回转，*AB* 扇形区是切削区域，*CD* 是装卸工件区域，可在不停车情况下装卸工件。

设计圆周铣床夹具时应注意下列问题：

a. 沿圆周排列的工件应尽量紧凑，以减少铣刀的空行程和转台（或鼓轮）的尺寸。

b. 尺寸较大的夹具不宜制成整体式，可将定位、夹紧元件或装置直接安装在转台上。

c. 夹紧用手柄、螺母等元件，最好沿转台外沿分布，以便操作。

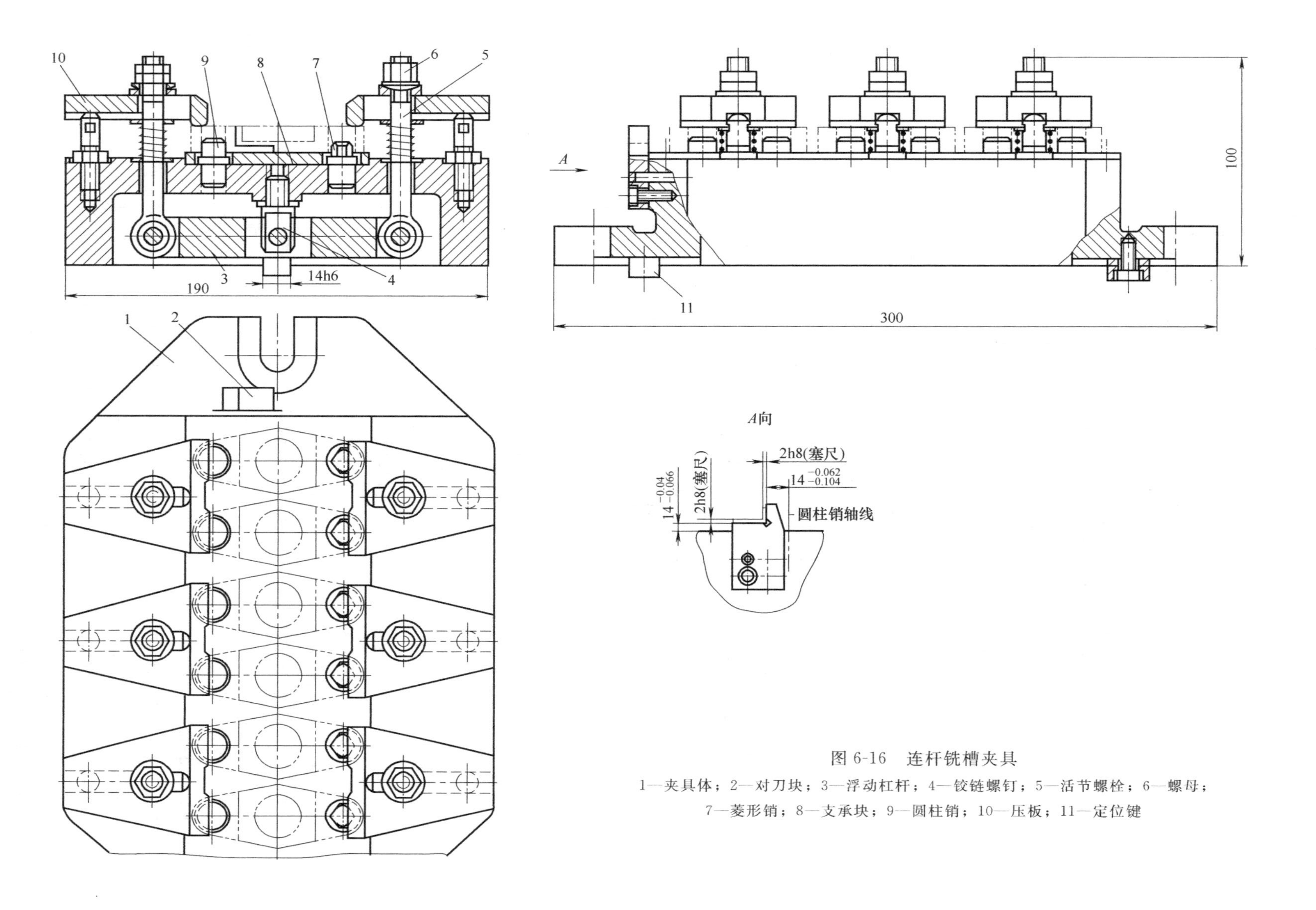

图 6-16 连杆铣槽夹具

1—夹具体；2—对刀块；3—浮动杠杆；4—铰链螺钉；5—活节螺栓；6—螺母；7—菱形销；8—支承块；9—圆柱销；10—压板；11—定位键

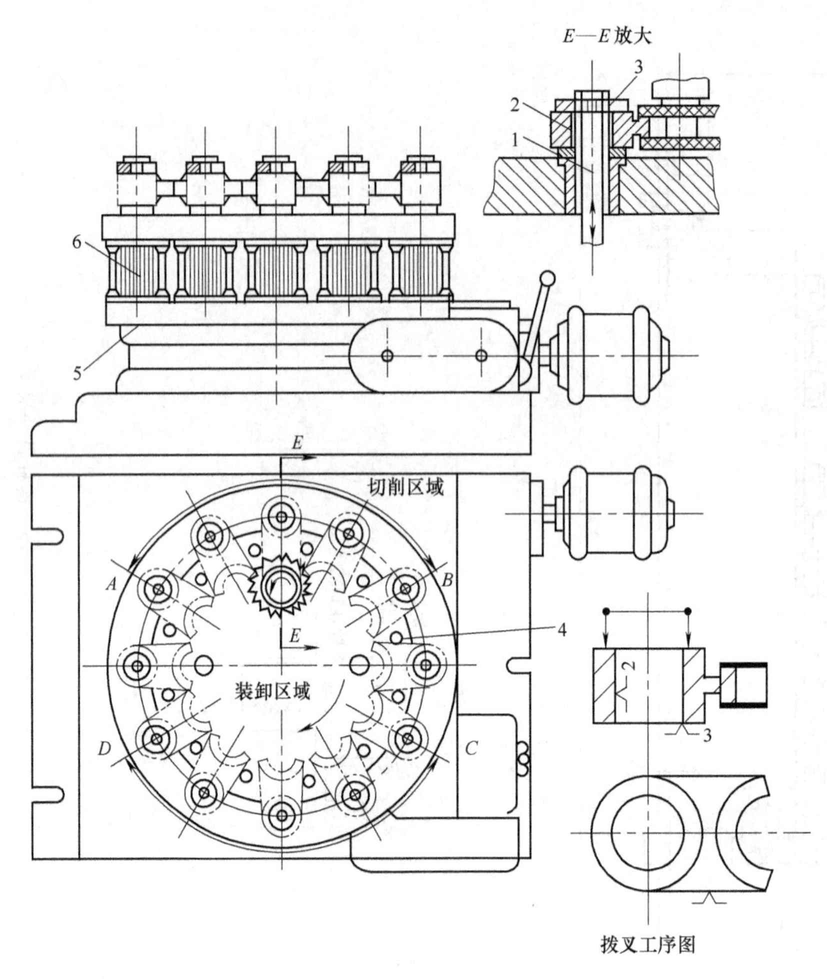

图 6-17 圆周进给铣床夹具

1—拉杆；2—定位销；3—开口垫圈；4—挡销；5—转台；6—液压缸

d. 应设计合适的工作节拍，以减轻工人的劳动强度，并注意安全。

③ 靠模铣床夹具。带有靠模的铣床夹具称为靠模铣床夹具，用于专用或通用铣床上加工各种非圆曲面。靠模的作用是使工件获得辅助运动。如图 6-18 所示为靠模铣床夹具的结构原理图。按照主进给运动的运动方式，靠模铣床夹具可分为直线进给和圆周进给两种。

图 6-18（a）为直线进给式靠模铣床夹具。靠模板 2 和工件 3 分别装在机床工作台的夹具上，铣刀滑座 5 和滚柱滑座 6 两者连成一组合体，并保持两者轴线间的距离 K 不变。该滑座组合体在重锤拉力或强力弹簧的作用下，使滚柱 1 始终压在靠模板 2 上。当工作台做纵向直线进给时，滑座组合体获得一横向辅助运动，从而铣刀按靠模曲线轨迹在工件上铣出所需要的曲面轮廓。

图 6-18（b）为圆周进给式靠模铣床夹具。工件 3 和靠模板 2 共轴装在回转台 7 上，转台做等速圆周进给运动，在重锤或强弹簧拉力作用下，使靠模板 2 与滚柱 1 始终保持接触，滑座 8 便带动工件相对于刀具做仿形运动，从而加工出与靠模相仿的成形面。

在设计靠模铣床夹具时，要注意下列问题：

a. 铣刀的半径应略小于工件形面上的最小曲率半径。

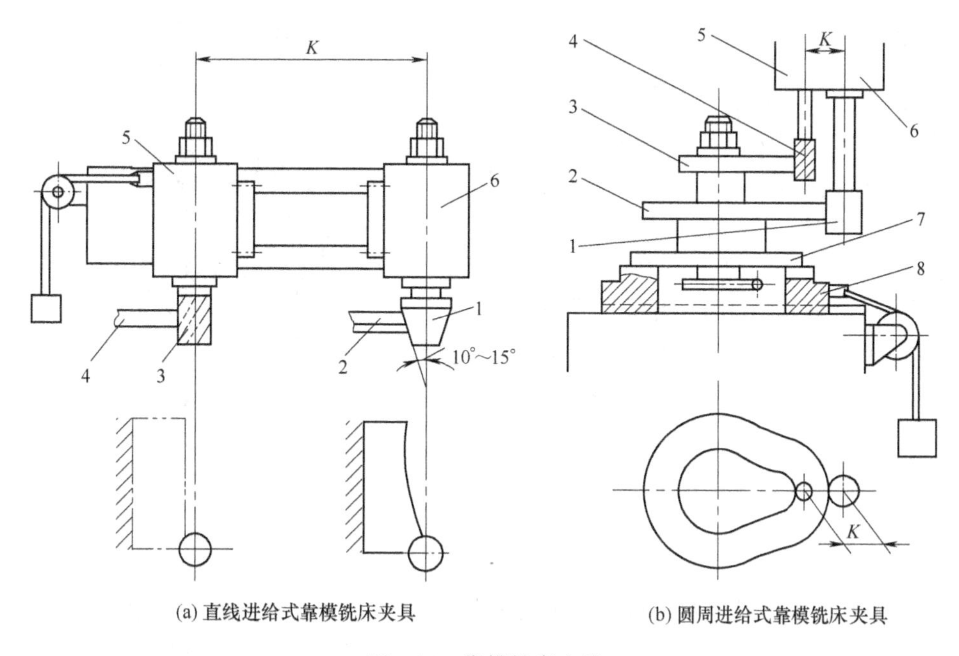

图 6-18 靠模铣床夹具

1—滚柱；2—靠模板；3—工件；4—铣刀；5—铣刀滑座；6—滚柱滑座；7—回转台；8—滑座

b. 滚柱的工作部分应做成 10°～15°的锥面，以补偿铣刀磨损或刃磨后因直径的变化所产生的工件轮廓误差。

c. 靠模和滚柱要具有很好的耐磨性能。常选用 T8A、T10A 或 20、20Cr 钢渗碳淬硬至 58～62HRC。

(2) 铣床夹具的设计要点

① 定位装置的设计特点。铣削时一般切削用量和切削力较大，又是多刃断续切削，因此铣削时极易产生振动。设计定位装置时，应特别注意工件定位的稳定性及定位装置的刚性。如尽量增大主要支承的面积，导向支承的两个支承点要尽量相距远些，止推支承应布置在工件刚性较好的部位并要有利于减小夹紧力。还可以通过增大定位元件和夹具体厚度尺寸，增大元件之间的连接刚性，必要时可采用辅助支承等措施来提高工件安装刚性。

② 夹紧装置设计特点。夹紧装置要求具有足够的夹紧力和良好的自锁性能，以防止夹紧机构因振动而松动；夹紧力的施力方向和作用点要合理，必要时可采用辅助支承或浮动夹紧机构，以提高夹紧刚度。由于夹紧元件和传力机构等要直接承受较大的切削力和夹紧力，尤其是夹具体，要承受各种作用力，因此要求有足够的强度和刚度。此外，在产品批量较大的情况下，为提高生产率，应尽量采用快速联动夹紧装置及机械化传动装置，以节省装卸工件的辅助时间。

③ 特殊元件的设计。定位键和对刀装置是铣床夹具的特殊元件，设计时要妥善处理。

a. 定位键。定位键安装在夹具体底面的纵向槽中，一般使用两个，其距离尽可能布置得远些。通过定位键与铣床工作台 T 形槽配合，使夹具上定位元件的工作表面对工作台的进给方向具有正确的相对位置。定位键还能承受部分切削力矩，以减小夹具体与工作台连接螺栓的负荷，并增强铣床夹具在加工过程中的稳定性。

定位键的断面有矩形和圆形两种，如图 6-19 所示。常用的是矩形定位键，有 A 型和 B

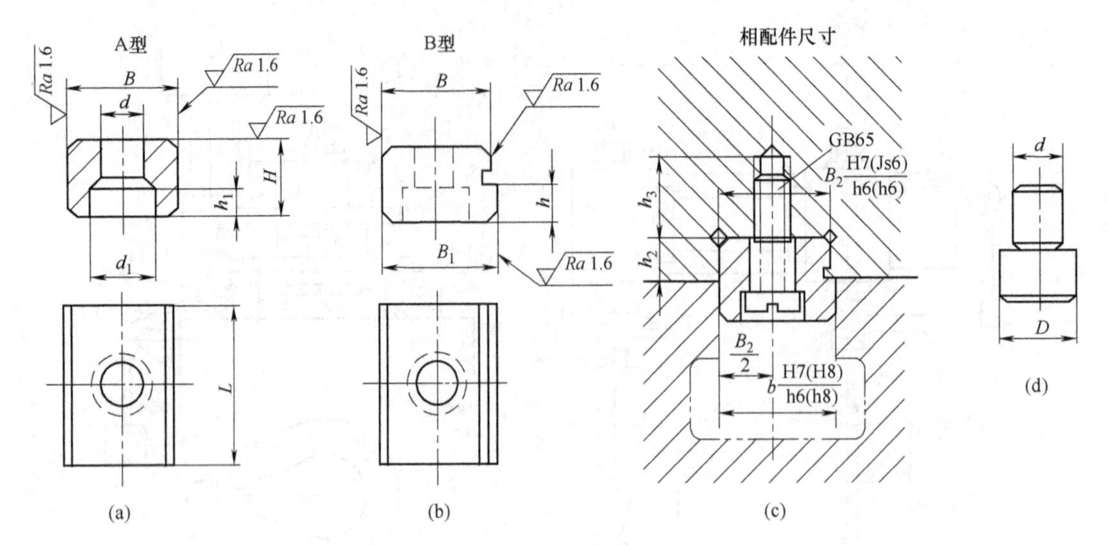

图 6-19 定位键

型两种结构。A 型定位键的宽度按尺寸 B 制作，适用于对夹具的定向精度要求不高时采用。B 型定位键的侧面开有沟槽，槽上部与夹具体的键槽按 H7/h6 公差相配合，下部与工作台的 T 形槽按 H8/h8 或 H7/h6 相配合。定位键与 T 形槽的配合间隙有时会影响加工精度，如在轴类零件上铣键槽时会影响键槽对工件轴线的平行度和对称度要求。因此，为提高夹具的定位精度，定位键的下部尺寸 B 可留有修配余量，或在安装夹具时把它推向一边，以避免间隙的影响。

在有些小型夹具中，可采用如图 6-19（d）所示的圆柱形定位键，这种定位键制造方便，但容易磨损，定位稳定性不如矩形定位键好，故应用不多。

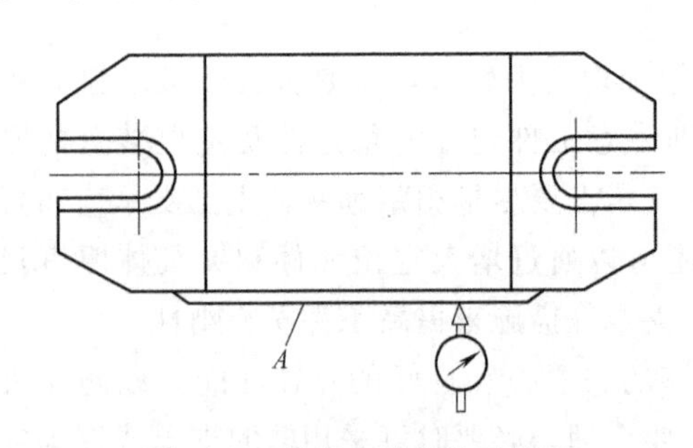

图 6-20 铣床夹具的找正基面

定位键已标准化，其材料为 45 钢，热处理硬度为 40～45HRC，选用时可查阅相关资料。

对于重型夹具，或者定向精度要求高的铣床夹具，不宜采用定位键，可不设置定位键，而在夹具体的侧面加工出一窄长平面作为夹具安装时的找正基面，通过找正获得较高的定向精度，如图 6-20 所示的 A 面。

b. 对刀装置。对刀装置由对刀块和塞尺两部分组成，用以确定刀具对夹具的相对位置。图 6-21 为几种对刀块的使用情况，其中图 6-21（a）、图 6-21（b）是标准对刀块，图 6-21（c）、图 6-21（d）是用于铣成形面的特殊对刀块。

常见的标准对刀块有：圆形对刀块［如图 6-21（d）所示］，用于加工单一平面时对刀；方形对刀块［如图 6-21（a）所示］，用于调整组合铣刀位置时对刀；直角对刀块［如图 6-21（b）所示］，用于加工两相互垂直面或铣槽时对刀；侧装对刀块［如图 6-21（c）所示］，它安装在夹具体侧面，用于加工两相互垂直面或铣槽时对刀。

对刀块通常制成单独元件，用定位销和螺钉紧固在夹具体上。为操作方便及使用安全，对刀块应布置在进给方向的后方。

对刀时，铣刀不能与对刀块的工作表面直接接触，以免损坏切削刃或造成对刀块过早磨

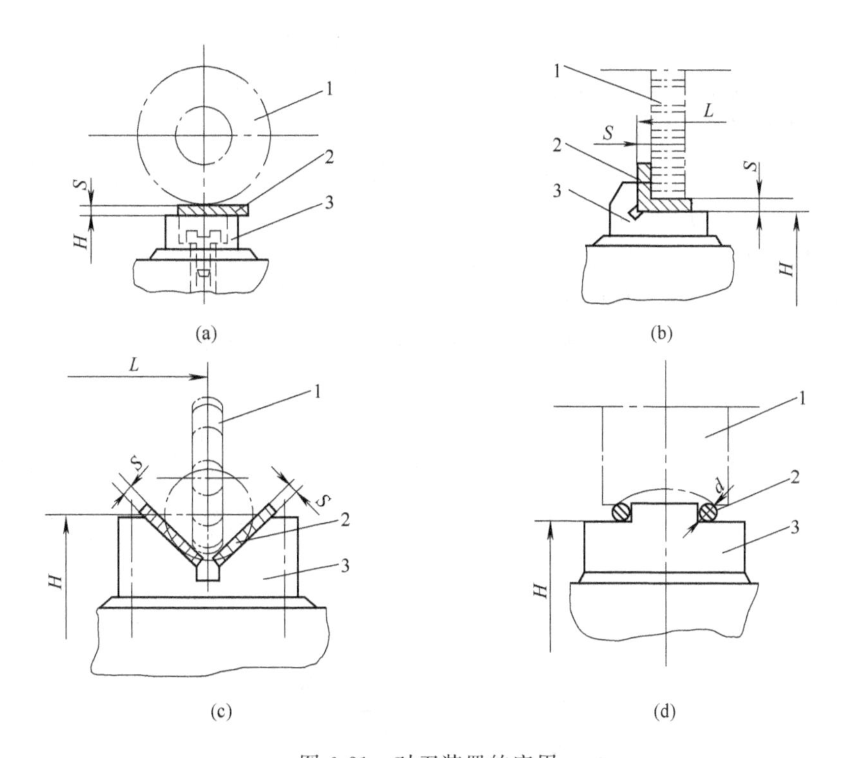

图 6-21 对刀装置的应用

1—刀具；2—塞尺；3—对刀块；S—平塞尺厚度；d—圆塞尺直径；L—对刀块工作表面距水平方向定位基准之间的尺寸；H—对刀块工作表面与垂直方向定位基准之间的尺寸

损，而应通过塞尺来校准它们之间的相对位置，即将塞尺放在刀具与对刀块工作表面之间，凭借抽动塞尺的松紧感觉来判断铣刀的位置。如图 6-22 所示是常用的两种标准塞尺结构。图 6-22（a）为对刀平塞尺，$S=1\sim5$mm，公差取 h8；图 6-22（b）为对刀圆柱塞尺，$d=3\sim5$mm，公差取 h8。具体结构尺寸可参阅“夹具标准”。

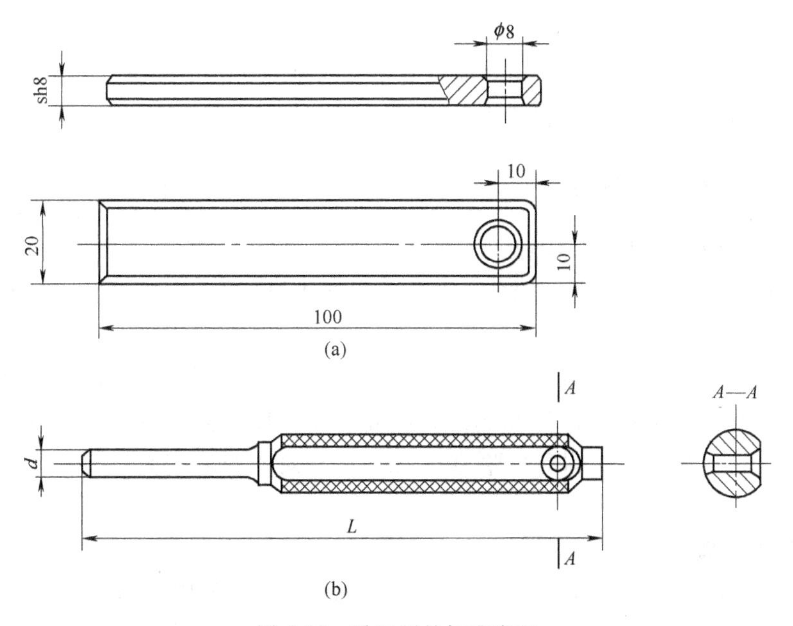

图 6-22 对刀用的标准塞尺

采用对刀块和塞尺对刀时，尺寸精度低于IT8级。当对刀要求较高时，夹具上可不设对刀装置，采用试切法或百分表来找正定位元件相对刀具的位置。对刀块和塞尺已标准化，设计时可查“夹具手册”。

在设计夹具时，夹具总图上应标明对刀块工作表面至定位表面间的距离尺寸 H、L 及塞尺的尺寸和公差，如图6-21所示。

④ 夹具体的设计。由于铣削时的切削力和振动较大，因此，铣床夹具的夹具体不仅要有足够的刚度和强度，还应使工件的加工面尽可能靠近工作台面，以降低夹具的重心，提高加工时夹具的稳定性。因此，其高度与宽度之比也应恰当，一般为 $H/B\leqslant1\sim1.25$，如图6-23（a)所示。

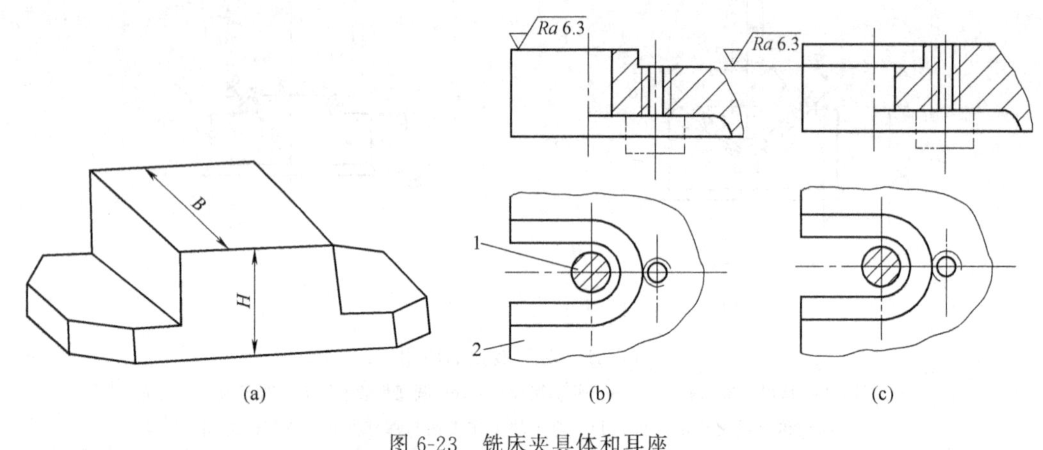

图6-23　铣床夹具体和耳座

1—螺栓；2—耳座

此外，为方便铣床夹具在铣床工作台上的固定，夹具体上应设置耳座，常见的耳座结构如图6-23（b)、图6-23（c）所示，其结构尺寸可参考“夹具手册”。对于小型夹具体，一般两端各设置一个耳座；夹具体较宽时，可在两端各设置两个耳座，两耳座的距离应与工作台上两T形槽的距离一致。

铣削加工时，产生大量切屑，夹具应具有足够的排屑空间，以便清理切屑。对于重型铣床夹具，夹具体两端还应设置吊装孔或吊环等，以便搬运。

6.2.3　铣床夹具设计实例

实例1　接头槽口铣床夹具设计

图6-24所示为接头零件图。材料为45钢，毛坯为模锻件。大批量生产。设计铣削尺寸为28H11mm的槽口所用夹具。

该零件除孔 ϕ10H7 尚未加工外，其余各面均已加工到图纸要求。槽口宽度28H11mm，深度40mm，侧面表面粗糙度为 $Ra3.2\mu m$，底面表面粗糙度为 $Ra6.3\mu m$，并要求两侧面相对于孔 ϕ20H7mm 的轴心线对称度公差为0.1mm，相对于距右端面20mm的平面的垂直度公差为0.1mm。

(1) 定位方案确定

槽口宽度28H11由铣刀的宽度决定，两内侧面的加工采用三面刃铣刀在卧式铣床上进行。

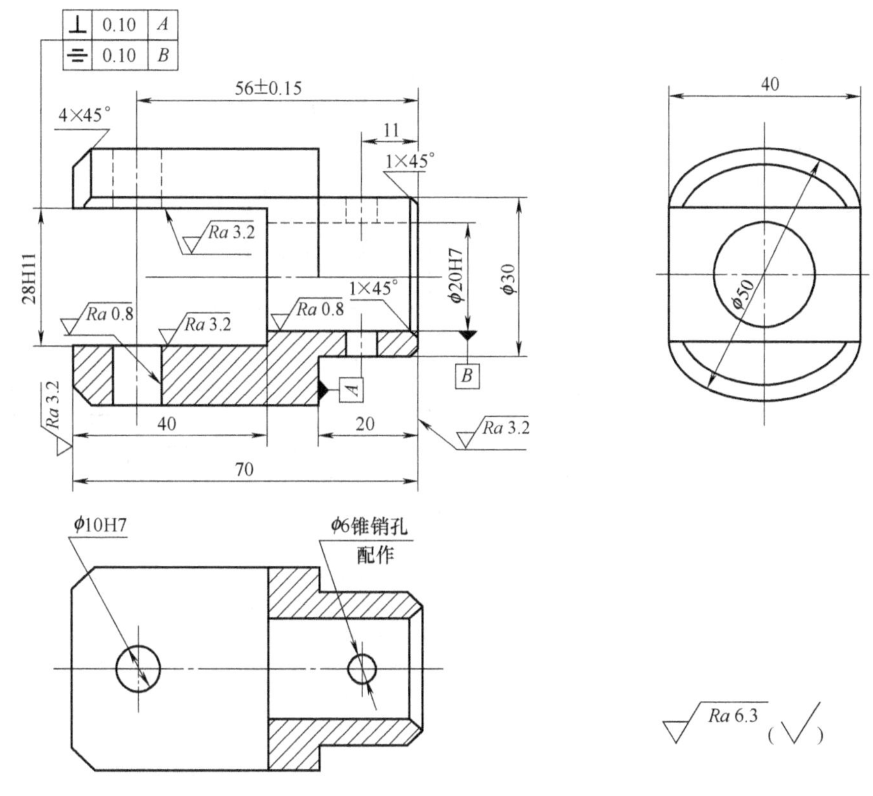

图 6-24　接头零件图

为了保证槽口的尺寸精度和位置精度，应限制六个自由度。

工件以短圆柱销与 ϕ20H7mm 间隙配合限制 $\vec{X}$、$\vec{Y}$，用定位圈与距右端 20mm 的平面定位限制 $\vec{Z}$、$\overset{\frown}{X}$、$\overset{\frown}{Y}$，大端侧面用一挡销接触限制 $\overset{\frown}{Z}$。接头零件的定位方案如图 6-25 所示。

(2) 夹紧装置设计

由于工件生产批量大，为提高生产效率，减轻工人劳动强度，本夹具采用气动夹紧。为将气缸水平方向的夹紧力转化为垂直方向，可利用气缸活塞杆推动一滑块，滑块上开出斜面槽，在滑块上斜槽的作用下，使两钩形压板同时向下压紧工件。当压板向上运动松开工件时，靠其上斜槽的作用使压板向外张开。工件夹紧方案如图 6-26 所示。夹紧机构的工作原理如图 6-27 所示。

(3) 对刀装置设计

工件槽深 40mm 由对刀装置保证。对刀块采用直角对刀块和厚度为 3mm 的平塞尺。

(4) 夹具总体结构

接头零件铣槽夹具如图 6-28 所示。夹具底座通过两个矩形定位键与机床工作台的 T 形槽相连接，用压板压紧。

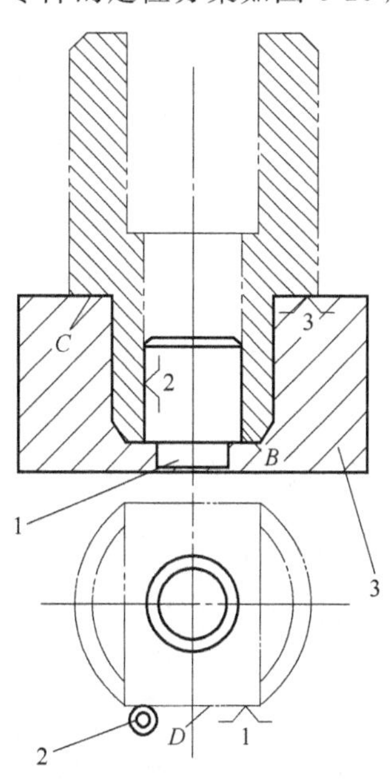

图 6-25　定位方案

1—短圆柱销；2—挡销；3—定位圈

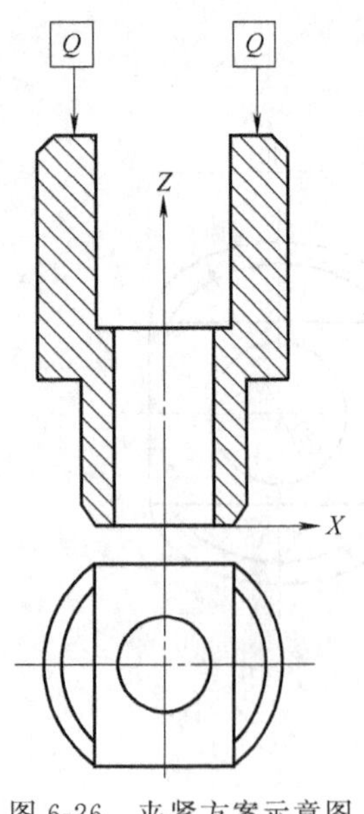

图 6-26　夹紧方案示意图

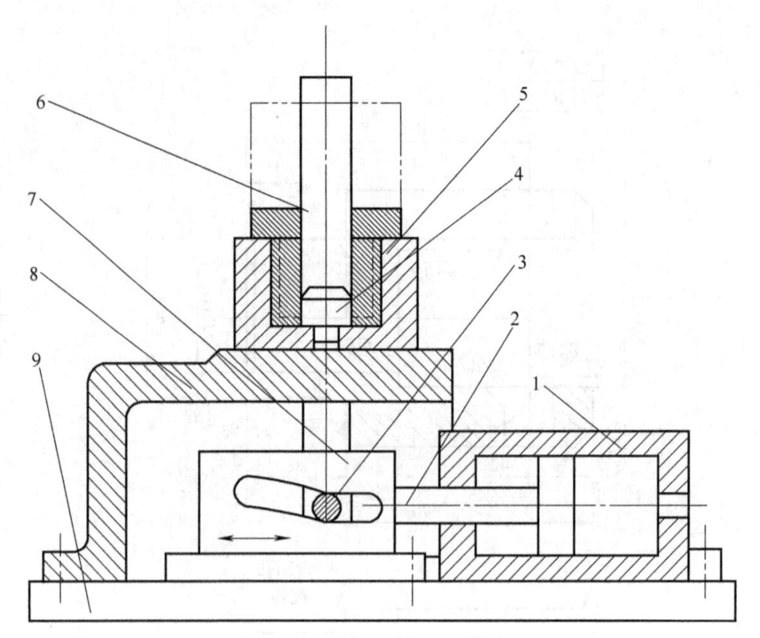

图 6-27　夹紧机构的工作原理

1—气缸体；2—活塞杆；3—浮动支轴；4—短圆柱销；5—定位圈；6—钩形压板；7—滑块；8—箱体；9—底座

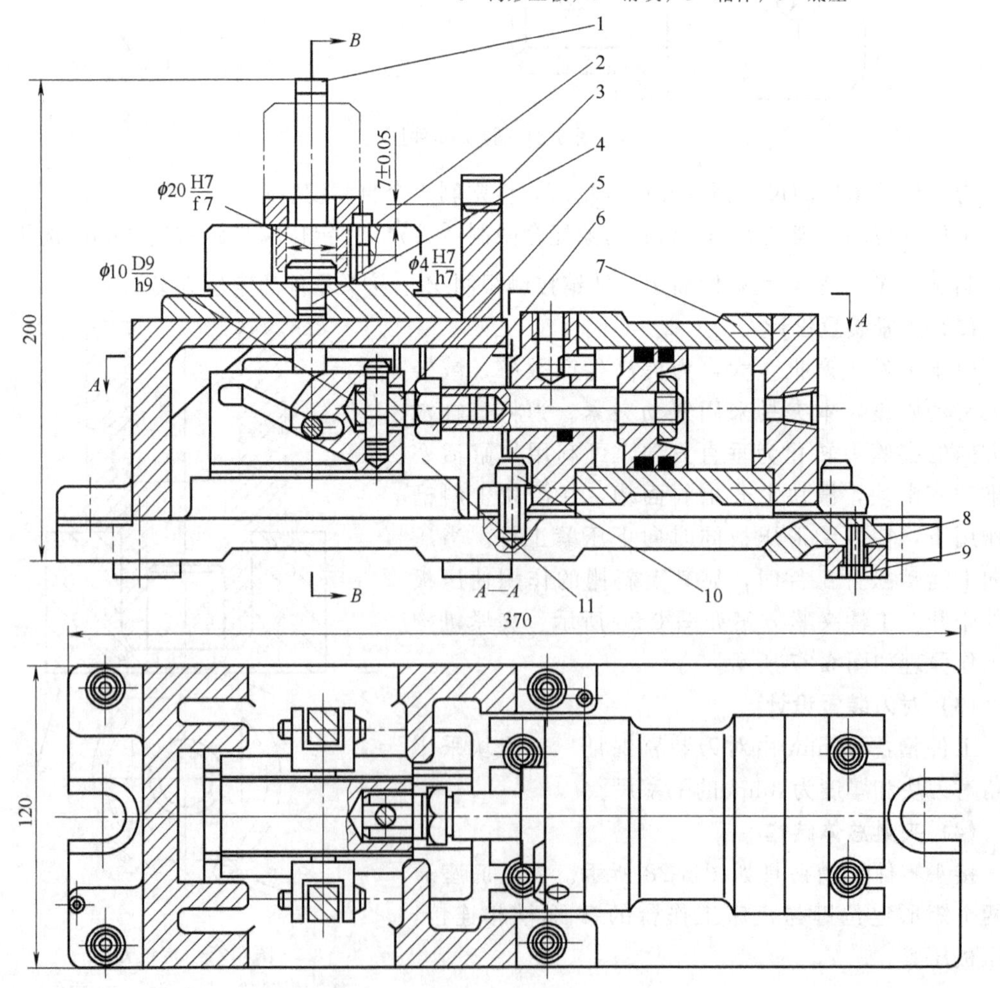

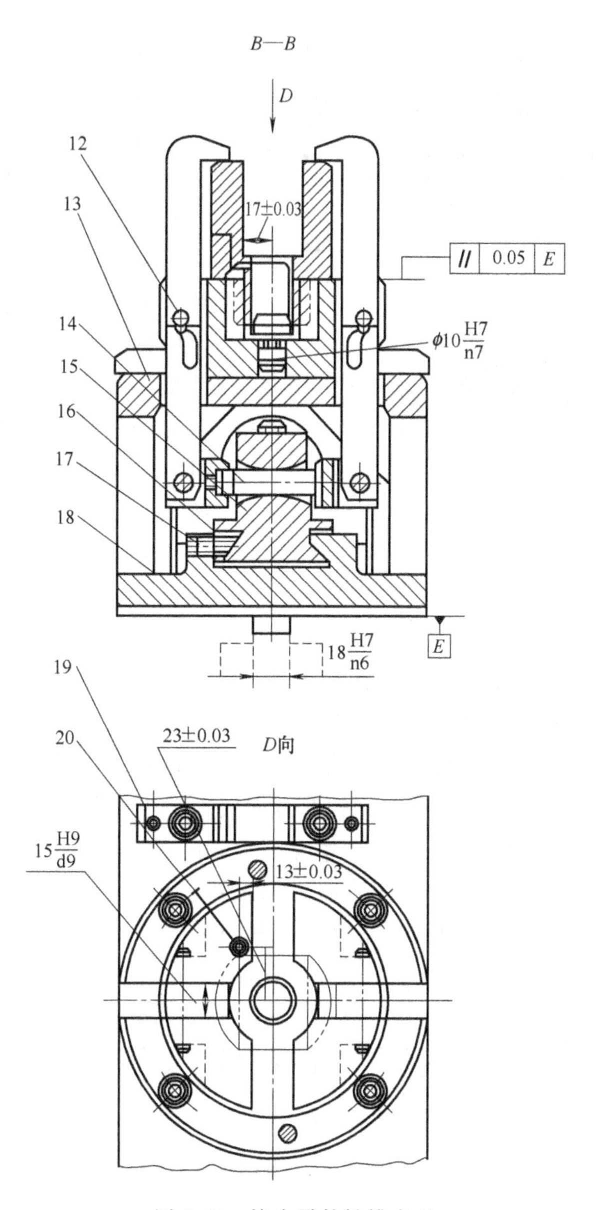

图 6-28　接头零件铣槽夹具

1—钩形压板；2—支座；3—对刀块；4—定位销；5—连接轴；6—螺母；7—气缸；8,10—螺钉；9—定位键；11—轴销；12—小轴；13—箱体；14—浮动支轴；15—滑块；16—斜块；17—紧定螺钉；18—底座；19—定位销；20—挡销

实例2　顶尖套键槽和油槽铣床夹具设计

如图 6-29 所示，要求铣一车床尾座顶尖套上的键槽和油槽，试设计大批生产时所用的铣床夹具。

根据工艺规程，在铣键槽和油槽之前，其他表面均已加工好，本工序的加工要求是：

① 键槽宽 12H11。槽侧面对 φ70.8h6 轴线的对称度为 0.10mm，平行度为 0.08mm。槽深控制尺寸 64.8mm。键槽控制尺寸长度 60mm±0.4mm。

② 油槽半径 3mm，圆心在轴的圆柱面上。油槽长度 170mm。

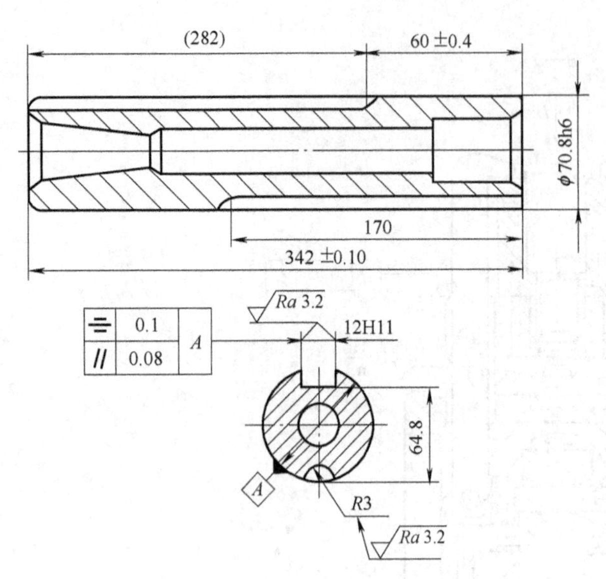

图 6-29　铣顶尖套上键槽和油槽工序图

③ 键槽与油槽的对称面应在同一平面内。

(1) 定位方案

若先铣键槽后铣油槽，按加工要求，铣键槽时应限制五个自由度，铣油槽时应限制六个自由度。

因为是大批生产，为了提高生产率，可在铣床主轴上安装两把直径相等的铣刀，同时对两个工件铣键槽和油槽，每进给一次，即能得到一个键槽和油槽均已加工好的工件，这类夹具称为多工位加工铣床夹具。如图6-30所示为顶尖套铣双槽的两种定位方案。

方案Ⅰ：工件以 ϕ70.8h6 外圆在两个互相垂直的平面上定位，端面加止推销，如图 6-30（a）所示。

方案Ⅱ：工件以 ϕ70.8h6 外圆在 V 形块上定位，端面加止推销，如图 6-30（b）所示。

为保证油槽和键槽的对称面在同一平面内，两方案中的第二工位（铣油槽工位）都需用一短销与已铣好的键槽配合，限制工件绕轴线的角度自由度。由于键槽和油槽的长度不等，要同时进给完毕，需将两个止推销沿工件轴线方向错开适当的距离。

比较以上两种方案，方案Ⅰ使加工尺寸为 64.8mm 的定位误差为零，方案Ⅱ则使对称度的定位误差为零。由于 64.8mm 未注公差，加工要求低，而对称度的公差较小，故选用方案Ⅱ较好，从承受切削力的角度看，方案Ⅱ也较可靠。

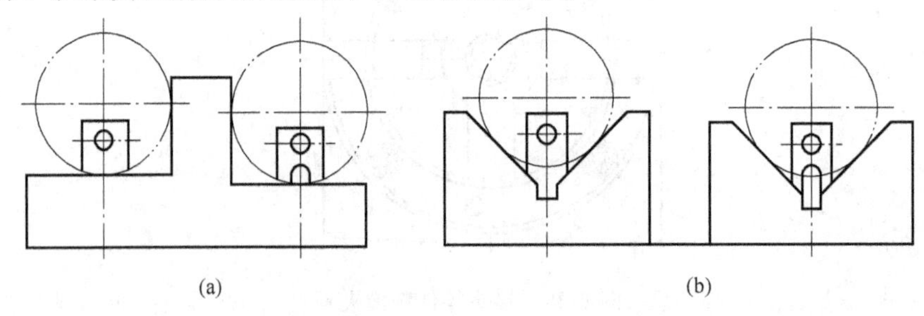

图 6-30　顶尖套铣双槽定位方案

(2) 夹紧方案

根据夹紧力的方向应朝向主要限位面以及作用点应落在定位元件的支承范围内的原则，如图 6-31 所示，夹紧力的作用线应落在 β 区域内（N'为接触点），夹紧力与垂直方向的夹角应尽量小，以保证夹紧稳定可靠。铰链压板的两个弧形面的曲率半径应大于工件的最大半径。

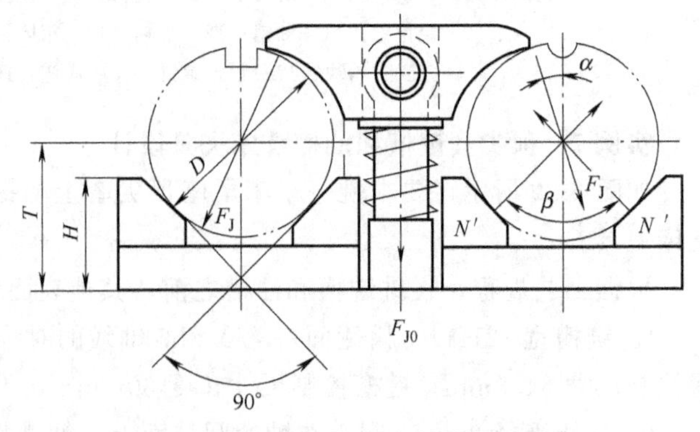

图 6-31　夹紧力的方向和作用点

由于顶尖套较长，必须用两块压板在两处夹紧。如果采用手动夹紧，工件装卸所花时间较多，不能适应大批生产的要求；若用气动夹紧，则夹具体积太大，不便安装在铣床工作台上，因此宜用液压夹紧，如图 6-32 所示。采用小型夹具用法兰式液压缸 5 固定在Ⅰ、Ⅱ工位之间，采用联动夹紧机构使两块压板 7 同时均匀地夹紧工件。液压缸的结构形式和活塞直径可参考“夹具手册”。

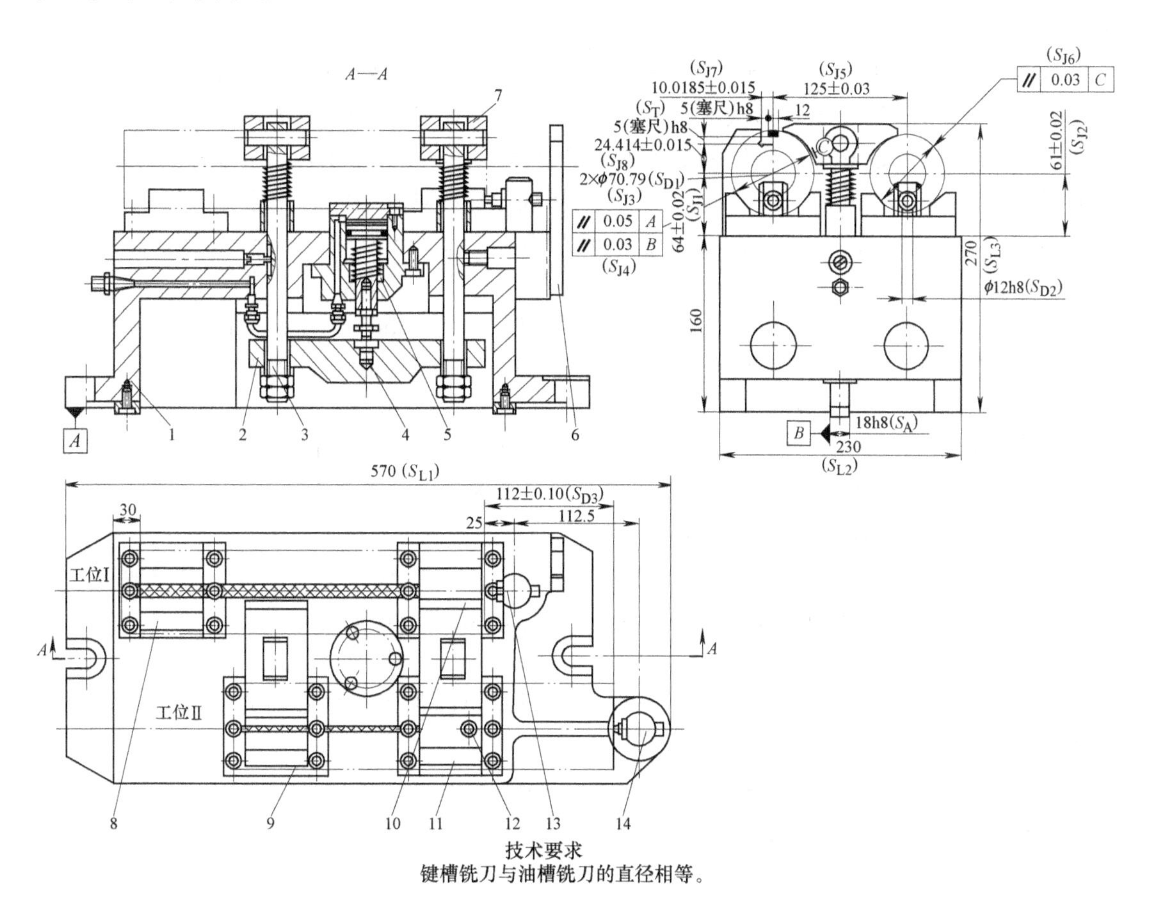

图 6-32 顶尖套上铣键槽和油槽夹具

1—夹具体；2—浮动杠杆；3—螺杆；4—支钉；5—液压缸；6—对刀块；7—压板；8～11—V 形块；12—定位销；13,14—止推销

(3) 对刀方案

键槽铣刀需两个方向对刀，故应采用侧装直角对刀块 6。由于两铣刀的直径相等，油槽深度由两工位 V 形块定位高度之差保证。两铣刀的距离 125mm±0.03mm 则由两铣刀间的轴套长度确定。因此，只需设置一个对刀块即能满足键槽和油槽的加工要求。

(4) 夹具体与定位键

为了在夹具体上安装液压缸和联动夹紧机构，夹具体应有适当高度，中部应有较大的空间。为保证夹具在工作台上安装稳定，应按照夹具体的高宽比不大于 1.25 的原则确定其宽度，并在两端设置耳座，以便固定。

为了保证槽的对称度要求，夹具体底面应设置定位键，两定位键的侧面应与 V 形块的对称面平行。为减小夹具的安装误差，宜采用 B 型定位键。

(5) 夹具总图上的尺寸、公差和技术要求的标注

① 夹具最大轮廓尺寸 S_L。为 570mm、230mm、270mm。

② 影响工件定位精度的尺寸和公差 S_D。为两组 V 形块的设计心轴直径 $\phi70.79$mm、两止推销的距离 112mm±0.1mm、定位销 12 与工件上键槽的配合尺寸 $\phi12h8$。

③ 影响夹具在机床上安装精度的尺寸和公差 S_A。为定位键与铣床工作台 T 形槽的配合尺寸 18h8（T 形槽为 18H8）。

④ 影响夹具精度的尺寸和公差 S_J。为两组 V 形块的定位高度 64mm±0.02mm、61mm±0.02mm；Ⅰ工位 V 形块 8、10 设计心轴轴线对定位键侧面 B 的平行度 0.03mm；Ⅰ工位 V 形块设计心轴轴线对夹具底面 A 的平行度 0.05mm；Ⅰ工位与Ⅱ工位 V 形块的距离尺寸 125mm±0.03mm；Ⅰ工位与Ⅱ工位 V 形块设计心轴轴线间的平行度 0.03mm。对刀块的位置尺寸 $10^{+0.034}_{+0.014}$ mm、$24.5^{-0.071}_{-0.101}$ mm（或 10.0185mm±0.015mm、24.414mm±0.015mm）。

⑤ 影响对刀精度的尺寸和公差 S_T。为塞尺的厚度尺寸 $5h8=5_{-0.018}^{\ 0}$mm。

⑥ 夹具总图上应标注下列技术要求。键槽铣刀与油槽铣刀的直径相等。

(6) 工件的加工精度分析

顶尖套铣双槽工序中，键槽两侧面对 $\phi70.8h6$ 轴线的对称度和平行度要求较高，应进行精度分析，其他加工要求未注公差或公差很大，可不进行精度分析。

① 键槽侧面对 $\phi70.8h6$ 轴线的对称度的加工精度

a. 定位误差 Δ_D。由于对称度的工序基准是 $\phi70.8h6$ 轴线，定位基准也是此轴线，故 $\Delta_B=0$。由于 V 形块的对中性，$\Delta_Y=0$。因此，对称度的定位误差为零。

b. 安装误差 Δ_A

定位键在 T 形槽中有两种位置，如图 6-33 所示。因加工尺寸在两定位键之间，按图 6-33(a)所示计算

$$\Delta_A=X_{max}=0.027+0.027=0.054\text{mm}$$

若加工尺寸在两定位键之外，则应按图 6-33(b) 所示计算

$$\Delta_A=X_{max}+2L\tan\Delta_\alpha$$

$$\tan\Delta_\alpha=X_{max}/L_0$$

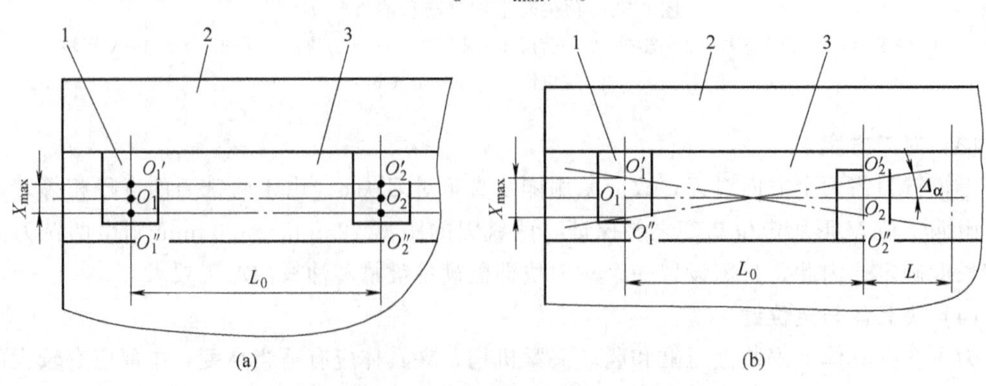

图 6-33 顶尖套上铣键槽和油槽夹具的安装误差

1—定位键；2—工作台；3—T 形槽

c. 对刀误差 Δ_T。对称度的对刀误差等于塞尺厚度的公差，即 $\Delta_T=0.018$mm。

d. 夹具误差 Δ_J。影响对称度的误差有：Ⅰ工位 V 形块设计心轴轴线对定位键侧面 B 的平

行度 0.03mm、对刀块水平位置尺寸 $10^{+0.034}_{+0.014}$mm 的公差，所以 $\Delta_J=0.03+0.02=0.05$mm。

② 键槽侧面对 ϕ70.8h6 轴线的平行度的加工误差

a. 定位误差 Δ_D。由于两 V 形块 8、10（见图 6-32）一般在装配后一起精加工 V 形面，它的相互位置误差极小，可视为一长 V 形块，所以 $\Delta_D=0$。

b. 安装误差 Δ_A。当定位键的位置如图 6-33(a) 所示时，工件的轴线相对工作台导轨平行，所以 $\Delta_A=0$。

当定位键的位置如图 6-33(b) 所示时，工件的轴线相对工作台导轨有转角误差，使键槽侧面对 ϕ70.8h6 轴线产生平行度误差，由于两定位键的距离是 400mm，键的长度是 282mm，故

$$\Delta_A=L\tan\Delta_\alpha=282\times\frac{0.054}{400}=0.038\text{mm}$$

③ 对刀误差 Δ_T。由于平行度不受塞尺厚度的影响，所以 $\Delta_T=0$。

④ 夹具误差 Δ_J。影响平行度的制造误差是Ⅰ工位 V 形块设计心轴轴线与定位键侧面 B 的平行度 0.03mm，所以 $\Delta_J=0.03$mm。

总加工误差 $\sum\Delta$ 和精度储备 J_C 的计算见表 6-2。

表 6-2 顶尖套铣双槽夹具的加工误差 /mm

代号 \ 加工要求	对称度 0.1	平行度 0.08
Δ_D	0	0
Δ_A	0.054	0.038
Δ_T	0.018	0
Δ_J	0.06	0.03
Δ_G	0.1/3=0.033	0.08/3=0.027
$\sum\Delta$	$\sqrt{0.054^2+0.018^2+0.06^2+0.033^2}=0.089$	$\sqrt{0.038^2+0.03^2+0.027^2}=0.055$
J_C	0.1−0.089=0.011	0.08−0.055=0.025

经计算可知，顶尖套铣双槽夹具不仅可以保证加工要求，还有一定的精度储备。

6.2.4 实例思考

图 6-34 为螺母铣槽工序图。螺母的上下平面、六方及螺纹孔都已加工，在上平面铣均布的 6 条槽，尺寸如图 6-34 所示。大批量生产。

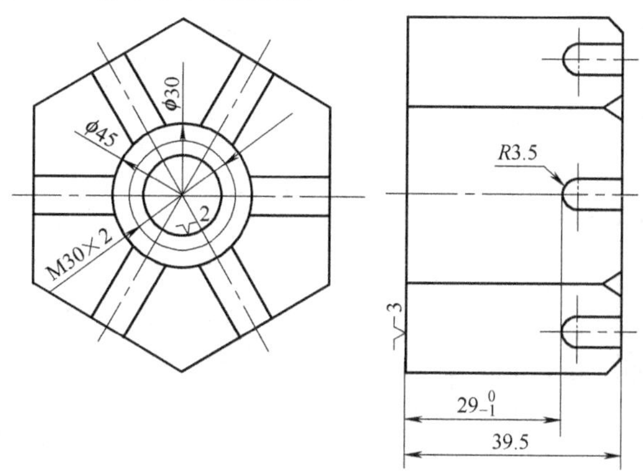

图 6-34 螺母铣槽工序图

如图 6-35 所示为成批生产加工螺母上 6 槽的多件铣床夹具。试对夹具结构进行分析，指出对刀装置和夹紧装置。

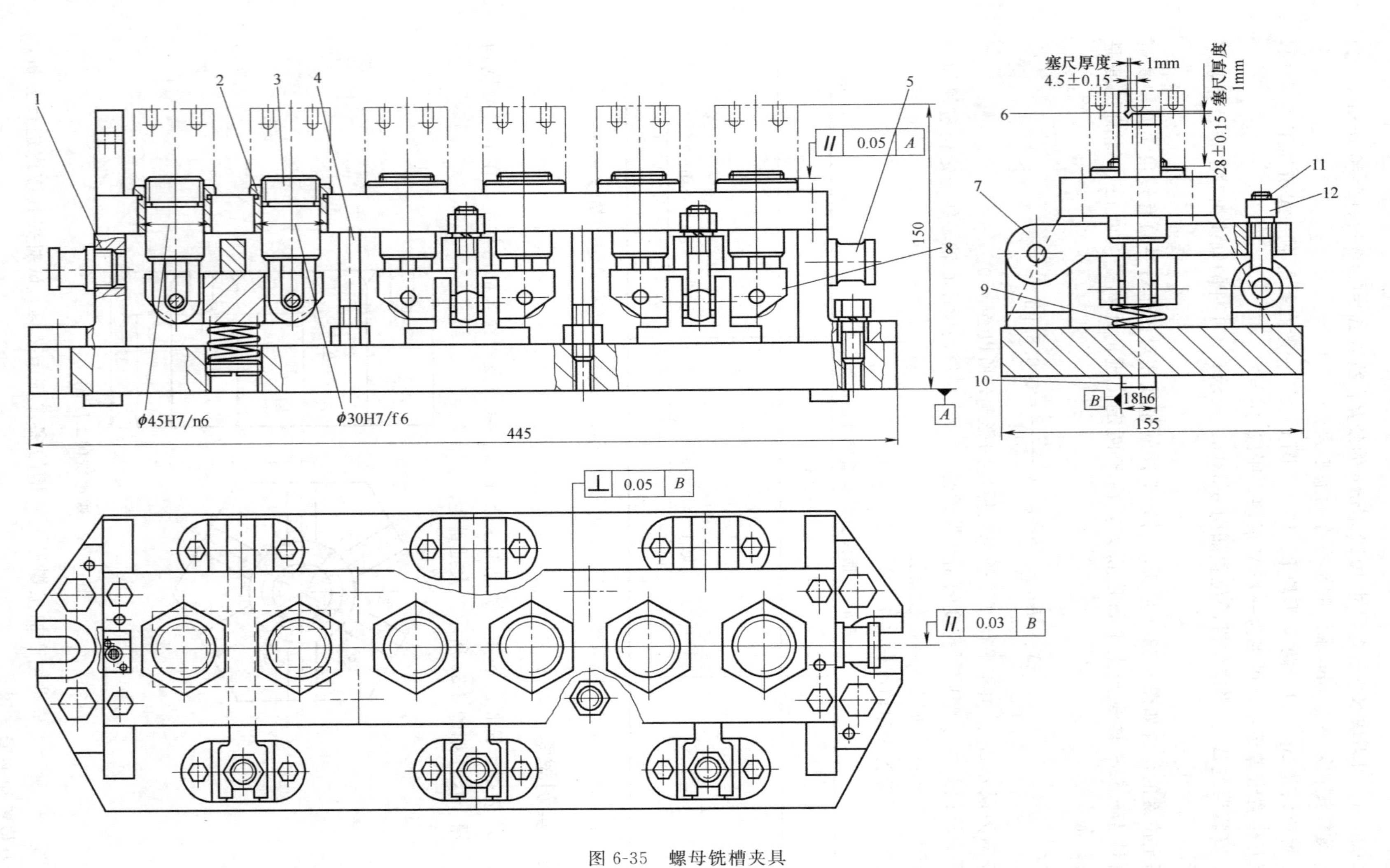

图 6-35 螺母铣槽夹具

1—夹具体；2—六角定位元件；3—拉杆；4—支撑螺杆；5—起吊螺钉；6—对刀块；7—铰链压板；8—杠杆；9—弹簧；10—定向键；11—螺栓；12—螺母

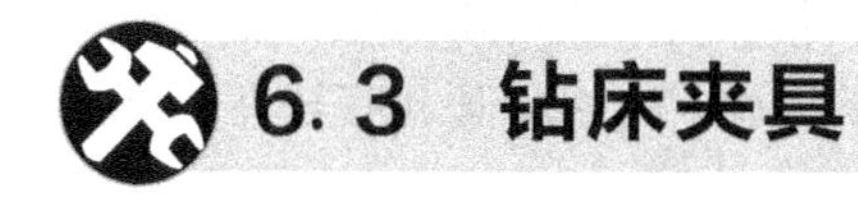

6.3 钻床夹具

钻床上用来钻孔、扩孔、铰孔、锪孔及攻螺纹的机床夹具称为钻床夹具，习惯称为钻模。使用钻模加工时，是通过钻套引导刀具进行加工。钻模主要用于加工中等精度、尺寸较小的孔或孔系。使用钻模可提高孔及孔系间的位置精度，又有利于提高孔的形状和尺寸精度，同时还可节省划线找正的辅助时间，其结构简单、制造方便，因此钻模在批量生产中得到广泛应用。

6.3.1 实例分析

(1) 实例

图6-36是在骨架零件上钻、铰 ϕ16H8 孔的工序图。要求所加工孔的轴心线与内孔 ϕ28H7 的轴心线相垂直，并与 ϕ12H8 孔的轴心线在一个平面内。大批量生产。

(2) 分析

如图6-37所示为在骨架零件上钻、铰 ϕ16H8 孔的钻模。孔的技术要求是保证孔的轴线与工件内孔轴线相交并垂直，且与 ϕ12 孔错开 180°。工件以左端面、内孔 ϕ28H7 和 ϕ12H8 孔，分别在夹具上的垂直平面、短圆柱销 2 和菱形销 1 上定位；工件的夹紧是通过螺母 4、开口垫圈 3 实现的。松开螺母 4，抽出开口垫圈 3，就可以装卸工件；钻套 5 用以确定孔的位置并引导钻头。

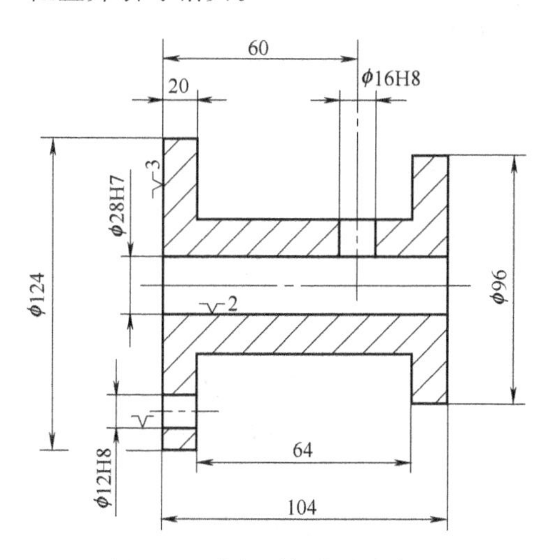

图6-36 骨架零件钻孔工序图

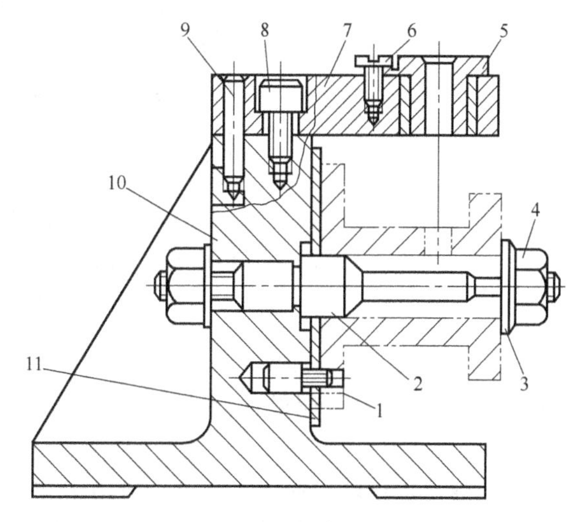

图6-37 骨架零件钻孔模

1—菱形销；2—短圆柱销；3—开口垫圈；4—螺母；5—钻套；6,8—螺钉；7—钻模板；9—圆锥销；10—夹具体；11—定位板

6.3.2 相关知识

(1) 钻床夹具的主要类型

① 固定式钻模。固定式钻模（见图6-37）在使用过程中，其位置在机床上固定不动。一般用于在立式钻床上加工直径大于10mm的单孔或在摇臂钻床上加工平行孔系。固定式钻模的夹具体上需设置凸缘或耳座，以便将其固定在钻床工作台上。

在立式钻床上安装钻模时，应先将装在主轴上的钻头（精度要求高时用心轴）伸入钻套中，以找正钻模位置，然后将其固定。这样既可减小钻套的磨损，又可保证孔有较高的位置精度。

② 移动式钻模。移动式钻模用于钻削中小型工件同一表面上的多个孔。图 6-38 所示为加工连杆大、小头上孔的移动式钻模。工件以端面及大、小头圆弧面作为定位基面，在定位套与 V 形块上定位。先通过手轮 8 推动活动 V 形块 7 压紧工件，然后转动手轮 8 带动螺钉 11 转动，压迫钢球 10，使两片半圆键 9 向外胀开而锁紧。V 形块带有斜面，在夹紧分力的作用下，使工件与定位套表面贴紧。通过移动钻模，使钻头分别在两个钻套 4、5 中导入，加工两孔。两孔之间的距离由两钻套安装在钻模板上的中心距位置来保证。

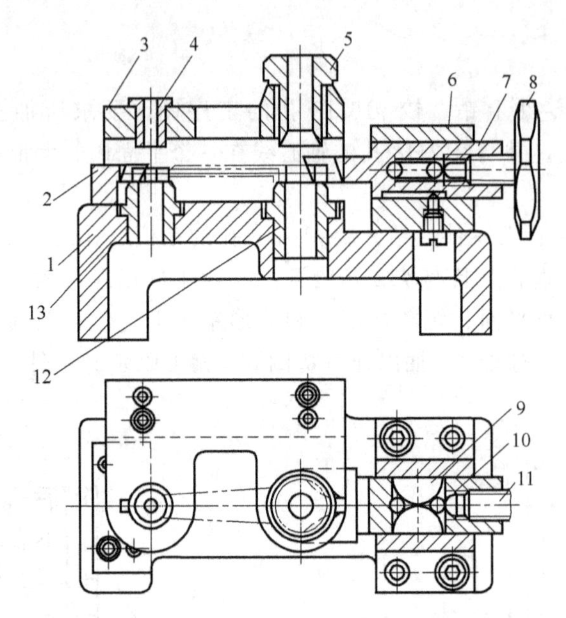

图 6-38　连杆孔加工移动式钻模

1—夹具体；2,7—V 形块；3—钻模板；4,5—钻套；6—支架；8—手轮；9—半圆键；10—钢球；11—螺钉；12,13—定位套

③ 分度式钻模。加工同一圆周上的平行孔系、同一截面内的径向孔系或同一直线上的等距孔系时，钻模上应设置分度装置。带有分度装置的钻模称为分度式钻模。图 4-13 是分度式钻模。

④ 翻转式钻模。翻转式钻模一般用于加工小型工件上分布在不同表面上的孔。这类钻模的主要特点是夹具成箱形结构，使用过程中可在机床工作台上用手翻转，以便钻削各表面所需加工的孔。这类夹具连同工件的总重量一般不超过 10kg。

如图 6-39 所示为加工螺塞上三个轴向孔和三个径向孔的翻转式钻模。工件以螺纹大径及台阶面在夹具体 1 上定位，用两个钩形压板 3 压紧工件，夹具体 1 的外形为六角形，工件一次装夹后，可完成在两个不同平面上六个孔的加工。

设计翻转式钻模时，应处理好夹具任一安装位置的平稳性及排屑问题。

⑤ 盖板式钻模。盖板式钻模的特点是定位元件、夹紧装置及钻套均设在钻模板上，钻模板在工件上装夹。它常用于床身、箱体等大型工件上的小孔加工，也可用于在中、小工件上钻孔。加工小孔的盖板式钻模，因钻削力矩小，可不设置夹紧装置。

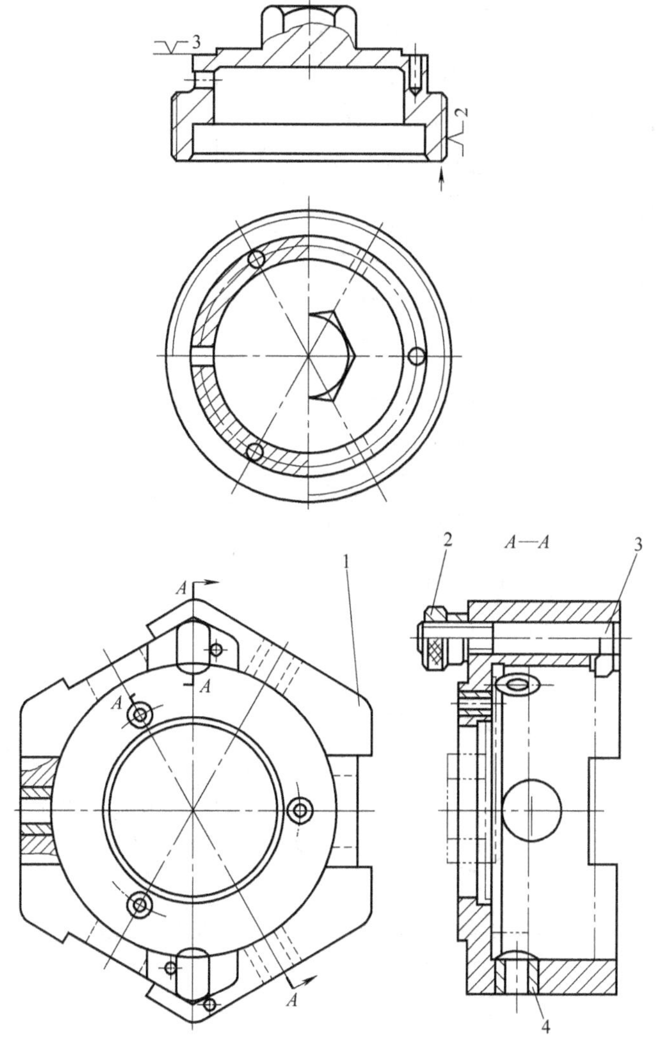

图 6-39 螺塞六孔加工翻转式钻模

1—夹具体；2—夹紧螺母；3—钩形压板；4—钻套

此类钻模结构简单、制造方便、成本低廉、加工孔的位置精度较高，在单件、小批生产中也可使用，因此应用很广。

图 6-40 为主轴箱七孔盖板式钻模，图 6-40（a）为工序简图，需加工两个大孔周围的七个螺纹底孔，工件其他表面均已加工完毕。以工件上两个大孔及其端面作为定位基面，在钻模板的圆柱销 2、菱形销 6 及四个定位支承钉 1 组成的平面上定位。钻模板在工件上定位后，旋转螺杆 5，推动钢球 4 向下，钢球同时使三个柱塞 3 外移，将钻模板夹紧在工件上。该夹紧机构称内涨器 JB/T 8022.1—1999。

⑥ 滑柱式钻模。滑柱式钻模是一种带有升降钻模板的通用可调夹具。按其夹紧的动力来分有手动和气动两种。

图 6-41 为手动滑柱式钻模的通用结构，由钻模板 1、两根滑柱 2 和一根齿轮轴 6、齿条柱 3、夹具体 4 等机构组成。这几部分的结构已标准化，钻模板也有不同的结构。使用时，只要根据工件形状、尺寸和加工要求，专门设计制造相应的定位、夹紧装置和钻套等，装在

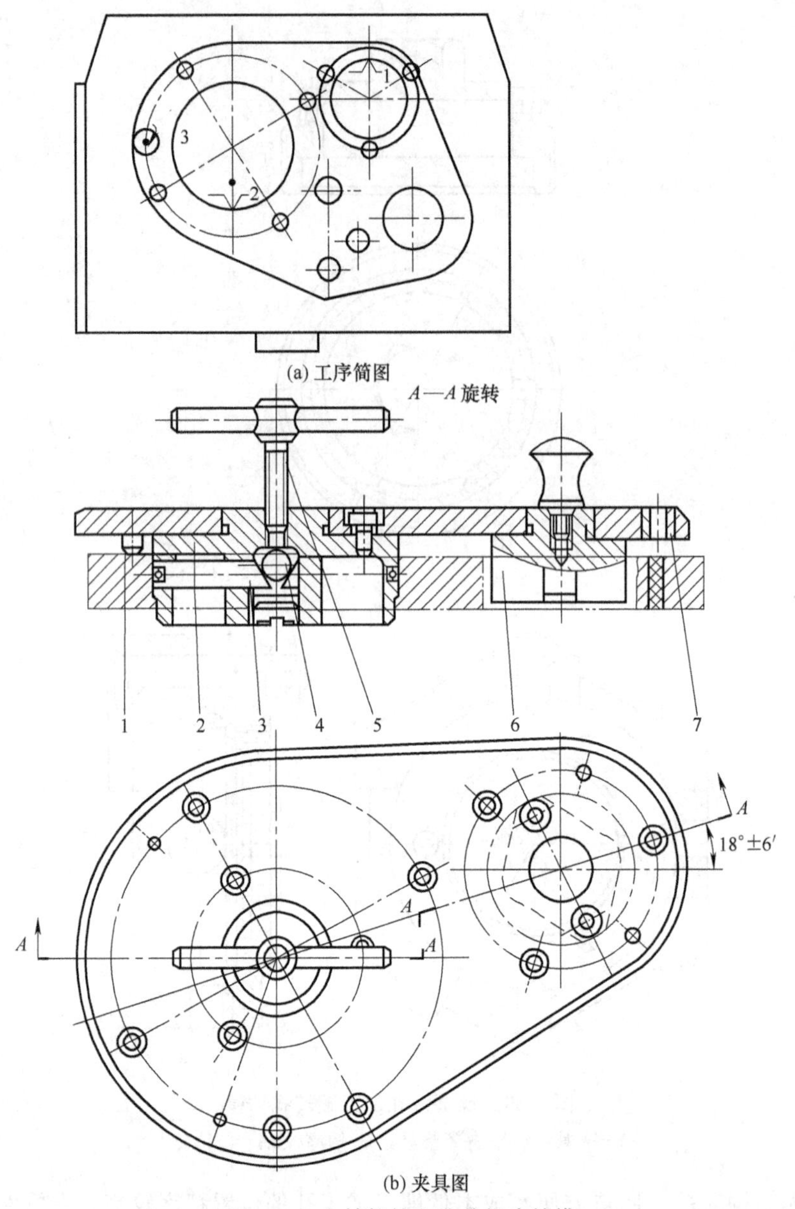

(b) 夹具图

图 6-40 主轴箱钻七孔盖板式钻模

1—支承钉；2—圆柱销；3—柱塞；4—钢球；5—螺杆；6—菱形销；7—钻套

夹具体的平台或钻模板的适当位置，就可用于加工。使用时转动手柄 7，经过齿轮齿条的传动和左右滑柱的导向，便能带动钻模板升降。钻模板在升降至一定高度后，必须自锁。锁紧机构中用得最广泛的是利用齿轮轴 6 上的双向圆锥产生锁紧力的锁紧机构。

由于滑柱和导孔为间隙配合，因此被加工孔的垂直度和位置度难以达到较高的精度。对于加工孔的垂直度和位置精度要求不高的中小型工件，宜采用滑柱式钻模，以缩短夹具的设计制造周期。

气动滑柱钻模的滑柱与钻模板上下移动是由双向作用活塞式气缸推动的，与手动相比，具有结构简单、不需要机械锁紧机构和动作快及效率高的优点。

(2) 钻模类型的选择

钻模设计时，首先要根据工件的尺寸、形状、重量、加工要求和批量等选择夹具的结构

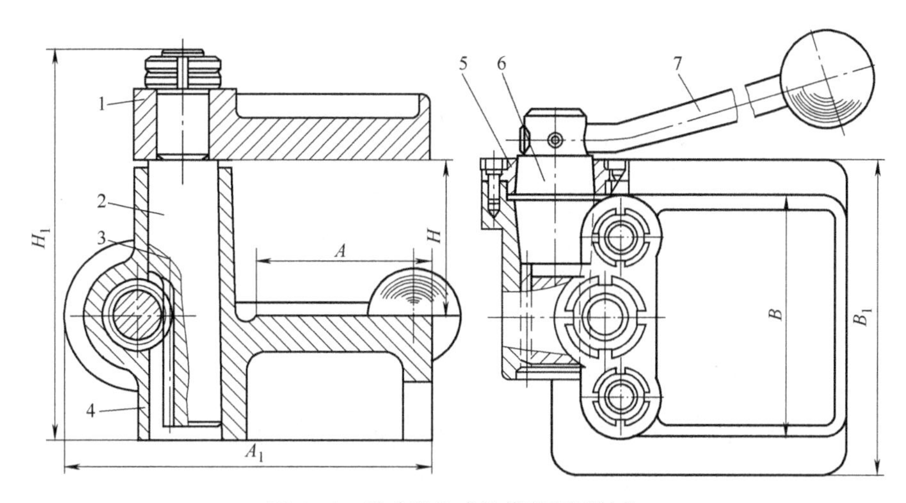

图6-41　手动滑柱式钻模的通用结构

1—钻模板；2—滑柱（两根）；3—齿条柱；4—夹具体；5—套环；6—齿轮轴；7—手柄

类型。在选择时，应注意以下几点。

① 工件加工精度要求高且钻孔直径大于10mm时，应选用固定式钻模。

② 翻转式钻模和移动式钻模适用于中小型工件上孔的加工，工件装入夹具后的总重不宜超过10kg。

③ 加工同一圆周上或同一平面内多个平行孔系时，若夹具和工件的总重量超过15kg，宜采用固定式钻模在摇臂钻床上加工；若生产批量大，也可在立式钻床或组合机床上采用多轴传动头进行加工。

④ 对于孔的垂直度和孔距精度要求不高的小型工件，宜采用滑柱式钻模。

(3) 钻床夹具的设计要点

钻床夹具的结构特点是它具有特有的钻套和钻模板。

① 钻套。钻套在钻模中的作用是保证被加工孔的位置精度；引导刀具，防止其在加工过程中发生偏斜；提高刀具的刚性，防止加工时振动。

a. 钻套的类型。钻套可分为标准钻套和特殊钻套两大类。

已列入国家标准的钻套称为标准钻套。其结构参数、材料、热处理等可查“夹具标准”、或“夹具手册”。

标准钻套又分为固定钻套、可换钻套和快换钻套三种。

(a) 固定钻套。图6-42(a)、图6-42(b) 是固定钻套（JB/T 8045.1—1999）的两种形式。钻套安装在钻模板或夹具体中，其配合为$\frac{H7}{n6}$或$\frac{H7}{r6}$。固定钻套结构简单，钻孔精度高，适用于单一钻孔工序和小批生产。

(b) 可换钻套。可换钻套（JB/T 8045.1—1999）如图6-42(c) 所示。当工件为单一钻孔工步、大批量生产时，为便于更换磨损的钻套，选用可换钻套。钻套与衬套（JB/T 8045.1—1999）之间采用$\frac{H7}{m6}$或$\frac{H7}{k6}$配合，衬套与钻模板之间采用$\frac{H7}{n6}$配合。当钻套磨损后，可卸下螺钉，更换新的钻套。螺钉能防止钻套加工时转动及退刀时脱出。

(c) 快换钻套。快换钻套（JB/T 8045.1—1999）如图6-42(d) 所示。当工件需钻、扩、铰多工步加工时，能快速更换不同孔径的钻套，应选用快换钻套。更换钻套时，将钻套

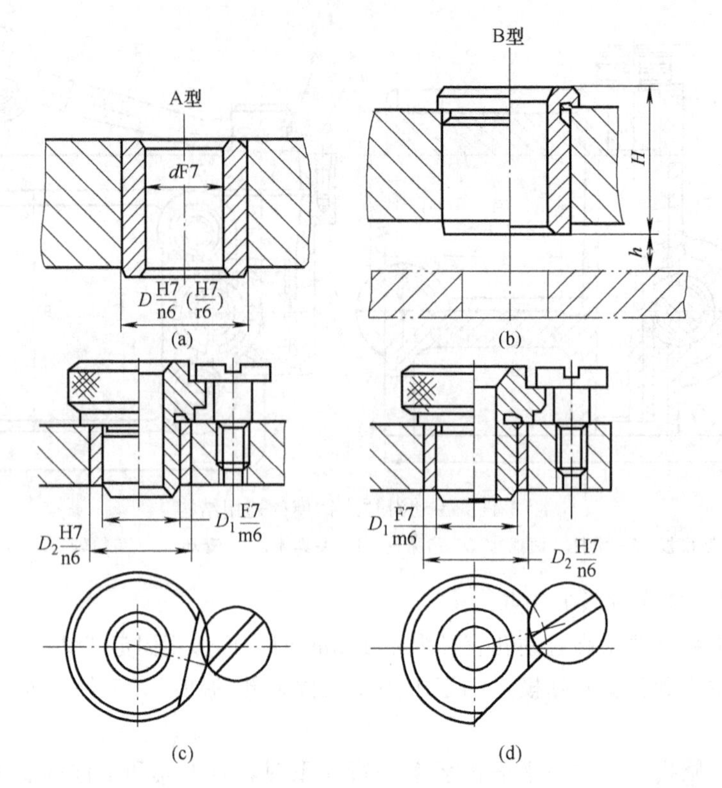

图 6-42　标准钻套

缺口转至螺钉处，即可取出钻套。削边的方向应考虑刀具的旋向，以免钻套自动脱出。

（d）特殊钻套。因工件的形状或被加工孔的位置需要而不能使用标准钻套时，需自行设计的钻套称特殊钻套。常见的特殊钻套如图 6-43 所示。图 6-43(a) 为加长钻套，在加工凹面上的孔时使用。为减少刀具与钻套的摩擦，可将钻套引导高度 H 以上的孔径放大。图 6-43(b) 为斜面钻套，用于在斜面或圆弧面上钻孔，排屑空间的高度 $h<0.5$mm，可增加钻头刚度，避免钻头引偏或折断。图 6-43(c) 为小孔距钻套，用定位销确定钻套方向。图 6-43(d) 为兼有定位与夹紧功能的钻套，钻套与衬套之间一段为圆柱间隙配合，一段为螺纹连接，钻套下端为内锥面，具有对工件定位、夹紧和引导刀具三种功能。

b. 钻套的设计

（a）钻套高度。钻套高度（H）对刀具的导向性能和刀具的寿命影响很大。H 较大时，导向性能好，但刀具与钻套的摩擦较大。H 过小，则导向性能不良。一般取高度 H 和钻套孔径 d 之比 $H/d=1\sim2.5$。对于加工精度要求较高的孔，或加工小孔其钻头刚性较差时，H 应取大值。

（b）排屑间隙。如图 6-42(b) 所示，钻套的底面与工件表面之间一般应留排屑间隙 (h)，此间隙必须适中，否则会影响钻套的导向作用和正常排屑。钻削易排屑的铸铁时，常取 $h=(0.3\sim0.7)d$；钻削较难排屑的钢件时，常取 $h=(0.7\sim1.5)d$；工件精度要求高时，可取 $h=0$，使切屑全部从钻套中排出。

（c）钻套的内径尺寸及公差。钻套的内径尺寸及公差主要取决于刀具的种类和被加工孔的尺寸精度。钻套内径的基本尺寸 d 应为所用刀具的最大极限尺寸，其公差应按基轴制的间隙配合确定。一般钻孔和扩孔时其公差选用 F7 或 F8，粗铰孔时选用 G7，精铰孔时选

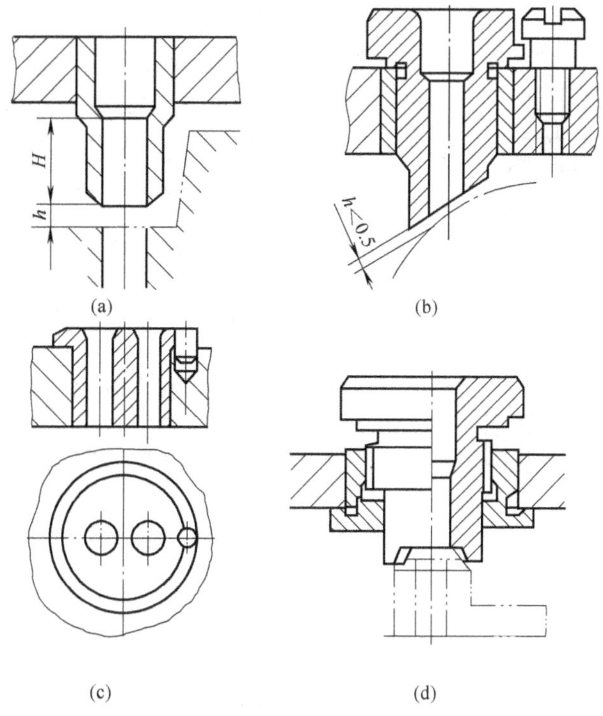

图 6-43 特殊钻套

G6。若被加工孔为基准孔（如 H7、H9）时，钻套导向孔的基本尺寸可取被加工孔的基本尺寸，钻孔时其公差取 F7 或 F8，铰 H7 孔时取 F7，铰 H9 孔时取 E7。若刀具用圆柱部分导向（如接长的扩孔钻、铰刀等）时，可采用$\frac{H7}{f7(g6)}$配合。

“夹具手册”中一般列有钻套内、外径尺寸及公差的数值，设计时可查取。

（d）钻套的材料。钻套的材料必须有很高的耐磨性，当孔径 $d \leqslant 25$mm 时，用优质工具钢 T10A 制造，热处理硬度为 60～64HRC。当孔径 $d > 25$mm 时，用 20 钢制造，渗碳深度 0.8～1.2mm，淬火后达到硬度 60～64HRC。

② 钻模板。钻模板用于安装钻套，并确保钻套在钻模上的正确位置。常见的钻模板按其与夹具体连接的方式可分为固定式、铰链式、可卸式和悬挂式等几种。

a. 固定式钻模板。固定式钻模板如图 6-44 所示，钻模板直接固定在夹具体上。固定的方法通常是采用两个圆锥销定位及螺钉紧固的结构，如图 6-44(a) 所示；对于简单的钻模，也可采用整体铸造［如图 6-44(b) 所示］，以及焊接结构［如图 6-44(c) 所示］。这种钻模

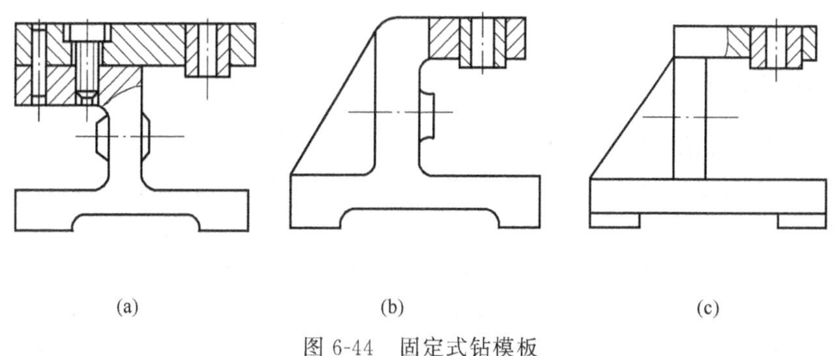

图 6-44 固定式钻模板

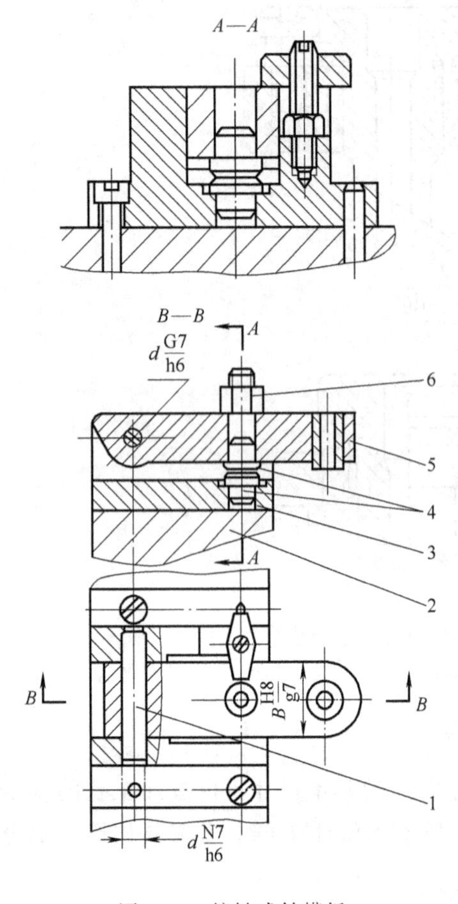

图 6-45 铰链式钻模板

1—铰链销；2—夹具体；3—铰链座；4—支承钉；5—钻模板；6—菱形螺母

板的结构较简单，制造方便，钻套的位置精度较高，设计时要注意装卸工件的方便。

b. 铰链式钻模板。当钻模板妨碍工件装卸或钻孔后需攻螺纹时，可采用如图 6-45 所示的铰链式钻模板。钻模板用铰链装在夹具体上，因此，它可以绕铰链轴翻转。铰链销 1 与钻模板 5 的销孔采用$\frac{G7}{h6}$配合，与铰链座 3 的销孔采用$\frac{N7}{h6}$配合。钻模板 5 与铰链座 3 之间采用$\frac{H8}{g7}$配合。钻套导向孔与夹具安装面的垂直度可通过调整两个支承钉 4 的高度加以保证。加工时，钻模板 5 由菱形螺母 6 锁紧。由于铰链存在间隙，所以其加工精度不如固定式钻模板高，但装卸工件较方便。

c. 可卸式钻模板。如图 6-46 所示为可调式钻模上采用了可卸钻模板。钻模板以两个定位孔在夹具体上的圆柱销 2 和菱形销 4 上定位，并用铰链螺栓将钻模板和工件一起夹紧。加工完毕后需将钻模板卸下，才能装卸工件。使用这种钻模板时。装卸钻模板较费力费时，钻套的位置精度较低，一般多在使用其他类型的钻模板不便于装夹工件时才采用。

d. 悬挂式钻模板。在立式钻床上采用多轴传动头加工平行孔系时，所用的钻模板常通过两导柱直接悬挂在传动箱上，并随机床主轴往复移动，这种钻模板称为悬挂式钻模板。

如图 6-47 所示为立轴钻床所使用的多轴传动头及其钻模板的工作情况。工件以外圆和端面在定位盘 7 中定位。传动头以锥柄和机床主轴连接。加工时，主轴通过内齿轮 2 带动 8 根工作轴 8 转动，并随主轴做进给运动。随着机床主轴下降，钻模板借弹簧的压力通过摆块将工件压紧。主轴继续进给，钻头同时钻削 8 个孔。钻削完毕，钻模板随主轴上升，直至钻头退出工件恢复原位为止。因此，装卸工件时可省去移开钻模板的时间。

6.3.3 钻床夹具设计实例

实例 1 拨叉两孔钻床夹具设计

图 6-48 所示为拨叉零件图。材料为 HT200 铸铁，中批生产。需设计加工 ϕ12H7mm 和 ϕ25H7mm 两孔的钻床夹具设计。

工件的结构形状不规则，臂部刚性较差，待加工的两孔 ϕ12H7mm 和 ϕ25H7mm 直径精度高（H7），表面粗糙度低（Ra 为 1.6μm,），其中 ϕ25H7mm 为深孔（$L/D\approx5$），工艺规程安排钻、扩、铰工步进行加工。由零件图可知，待加工孔 ϕ25H7mm 和已加工孔 ϕ10H8mm 的距

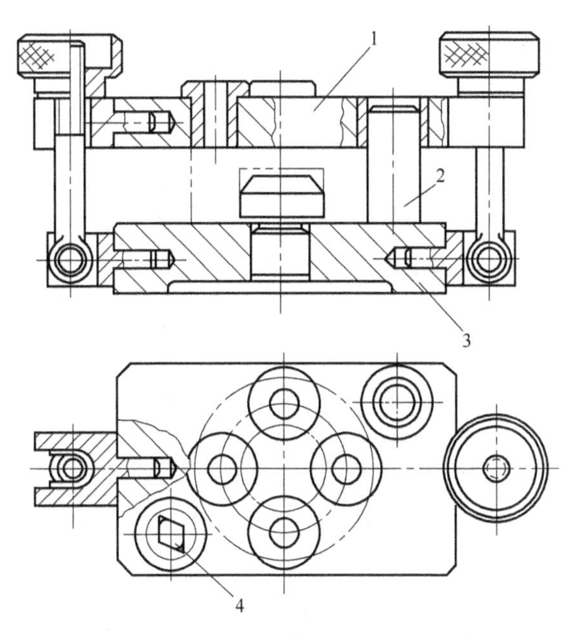

图 6-46　带可卸钻模板的可调式钻模

1—可卸钻模板；2—圆柱销；3—夹具体；4—菱形销

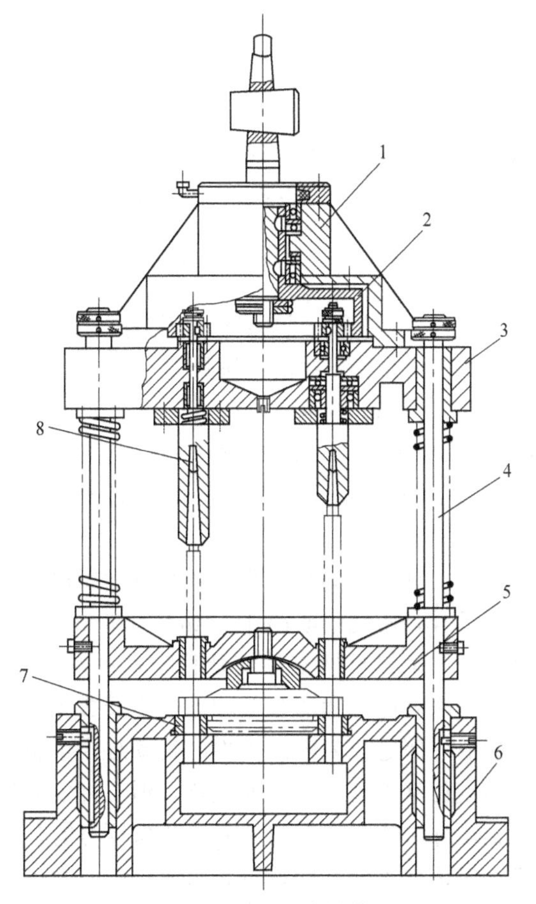

图 6-47　悬挂式钻模

1—传动箱；2—内齿轮；3—传动箱盖板；4—导杆；5—钻模板；6—夹具体；7—定位盘；8—工作轴

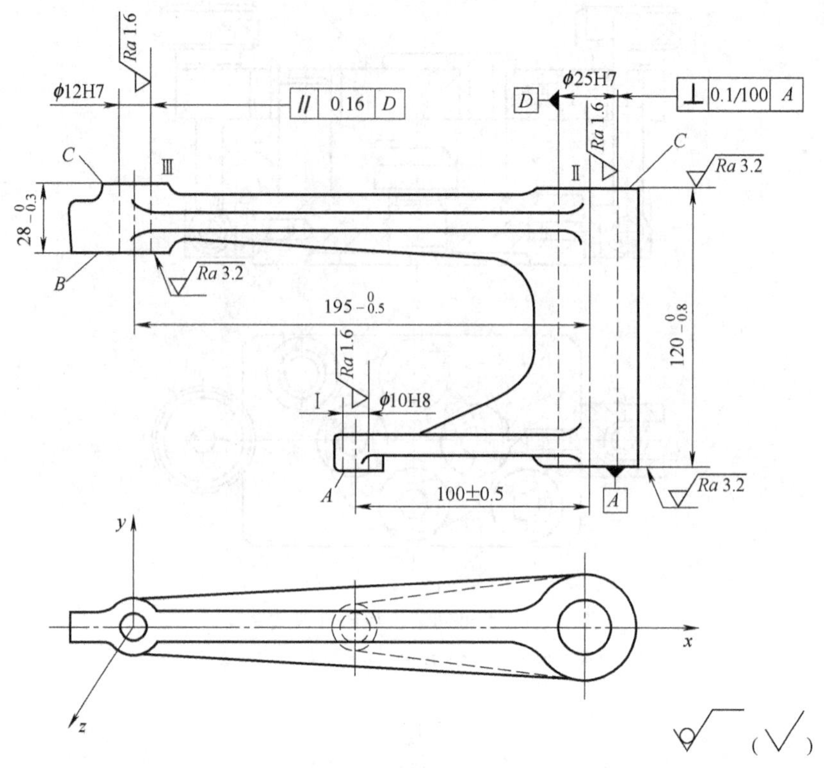

图 6-48　拨叉零件图

离尺寸为 100mm±0.5mm，并且与端面 A 的垂直度为 0.1/100；待加工的两孔的孔心距为 $195_{-0.5}^{\ 0}$mm（也可用 194.75mm±0.25mm 表示），并且两孔轴线平行度为 0.16mm，这些要依靠所设计的钻模来保证。

(1) 定位方案确定

本道工序加工前，平面 A、B、C 和孔 ϕ10H8mm 均已加工达到图纸要求。

方案一：以平面 C 、ϕ25H7mm 孔外廓的半圆周，ϕ12H7mm 外廓的一侧作为定位基准，限制工件的六个自由度，而加工从 A、B 面钻孔。

方案二，以孔 ϕ10H8mm 及平面 A、B 和工件外廓的一侧为基准，实现工件的完全定位。

方案三，以平面 A、孔 ϕ10H8mm 及 ϕ25H7mm 外廓的半圆周定位，满足完全定位要求。

从保证工件的加工要求和夹具结构的复杂程度两个方面对以上方案分析比较。方案一可使工件安装稳定，但基准不重合，两孔中心距 100mm±0.5mm 难以保证，并且钻模板不在同一平面上，夹具结构复杂。方案二虽然工件安装稳定，基准又相重合，但是平面 A 和 B 形成台阶式的定位基准。由于两高度尺寸的公差较大，会造成工件倾斜，使孔与端面的垂直度误差增大。此外，以外廓的一侧定位来限制工件的转动自由度也不易保证孔壁加工的均匀性。方案三能使工件加工的定位基准与设计基准重合，但工件安装稳定性较差。若采用辅助支承来承受钻削 ϕ12H7mm 孔时的轴向分力，则夹具结构较为复杂。综合考虑三个方案的优缺点，结合工件批量生产，保证加工要求的特点，因此选定方案三进行定位元件的设计。

定位元件选用带肩的短圆柱销与孔 ϕ10H8mm 间隙配合，用带肩定位套与短圆柱销的两肩平面（组合后磨平，并和两钻套轴线保持垂直）来支承 A 面，用活动 V 形块对 ϕ25H7mm

外廓的半圆周进行定位。在工件的平面 B 上，设计辅助支承，以增加悬臂的刚度，防止工件受力后发生倾斜或变形，如图 6-49 所示。

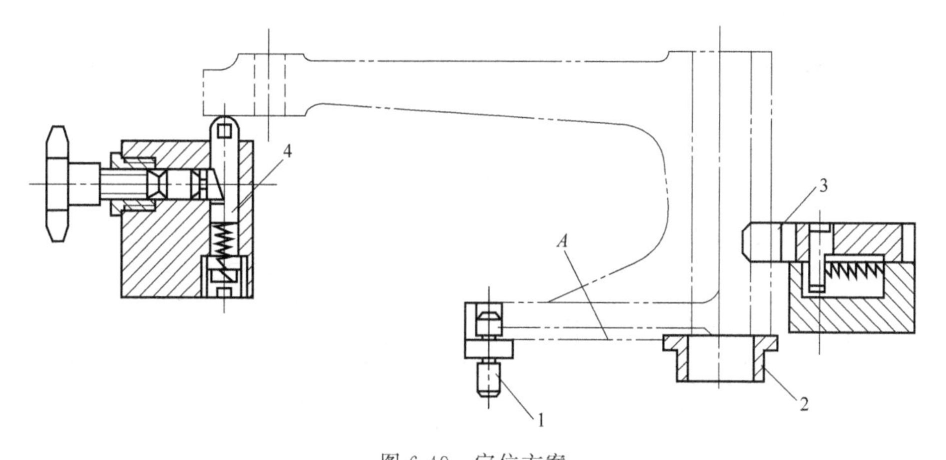

图 6-49　定位方案

1—带肩短圆柱销；2—带肩定位套；3—活动 V 形块；4—辅助支承

(2) 夹紧装置设计

夹紧装置选用螺旋压板机构，使夹紧力作用在靠近 ϕ25H7mm 的加强筋上。在 ϕ12H7mm 孔附近由于使用自位式辅助支承来承受钻孔的轴向分力，且孔径较小，因此不需施加夹紧力。对于钻削时所产生的转矩，一方面依靠支承点在中央的螺旋压板机构的夹紧力所产生的摩擦阻力矩来平衡；另一方面则由活动 V 形块中弹簧力的作用，使工件被压紧在短圆柱销上。

(3) 导向元件选择

由于两孔 ϕ12H7mm、ϕ25H7mm 加工均需依次进行钻、扩、铰操作，所以钻套必须选用加长的快换钻套。钻模板选用固定式，并设置加强筋以提高其刚度。如图 6-50 所示。钻

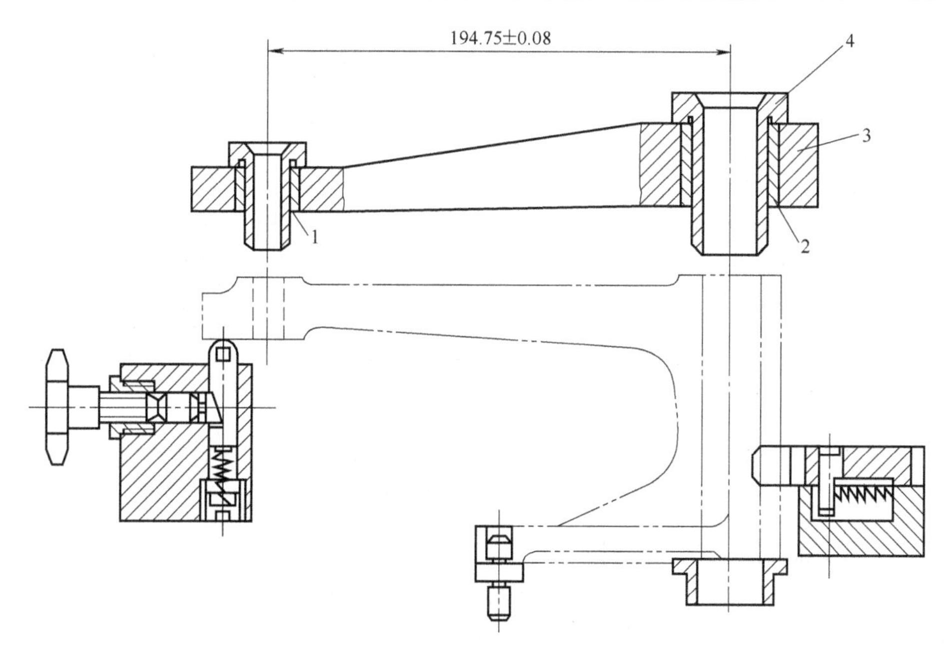

图 6-50　导向装置设计

1,4—加长钻套；2—衬套；3—带加强筋钻模板

模板上的两个钻套座孔的孔心距取 194.75mm±0.08mm。钻模板在夹具体上用两个销钉定位和螺钉固定。

(4) 夹具总体结构

拨叉钻 ϕ12H7mm 和 ϕ25H7mm 两孔的夹具如图 6-51 所示。此钻床夹具安装在摇臂钻床上使用。

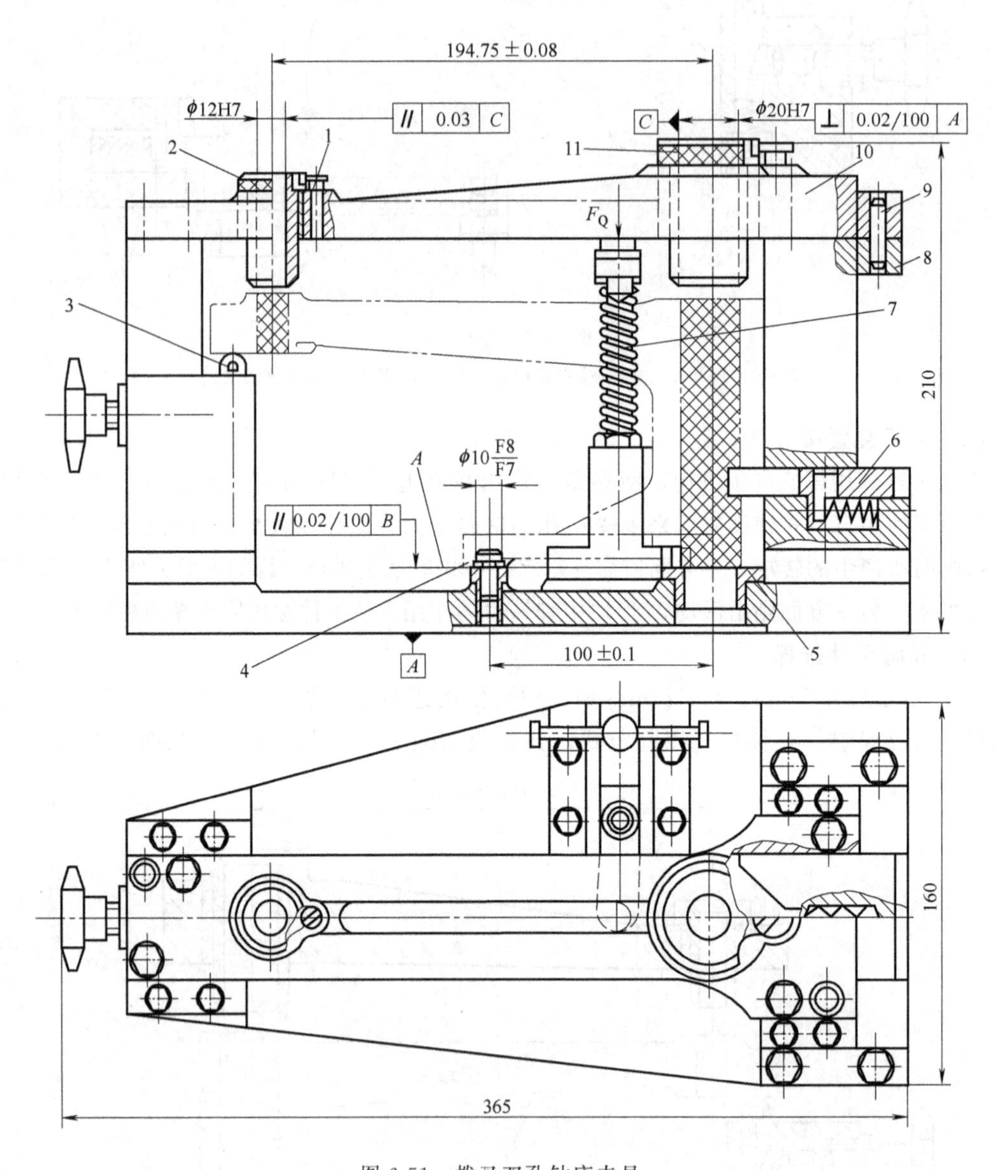

图 6-51 拨叉双孔钻床夹具

1—螺钉；2，11—加长快换钻套；3—辅助支承；4—带肩短圆柱销；5—带肩定位套；6—活动 V 形块；7—螺旋压板机构；8—夹具体；9—销钉；10—带筋钻模板

实例 2 托架斜孔钻床夹具设计

图 6-52 为托架工序图，工件的材料为铸铝，年产 1000 件，已加工面为 ϕ33H7 孔及其两端面 A、C 和距离为 44mm 的两侧面 B。本工序加工两个 M12mm 的底孔 ϕ10.1mm，试设计钻床夹具。

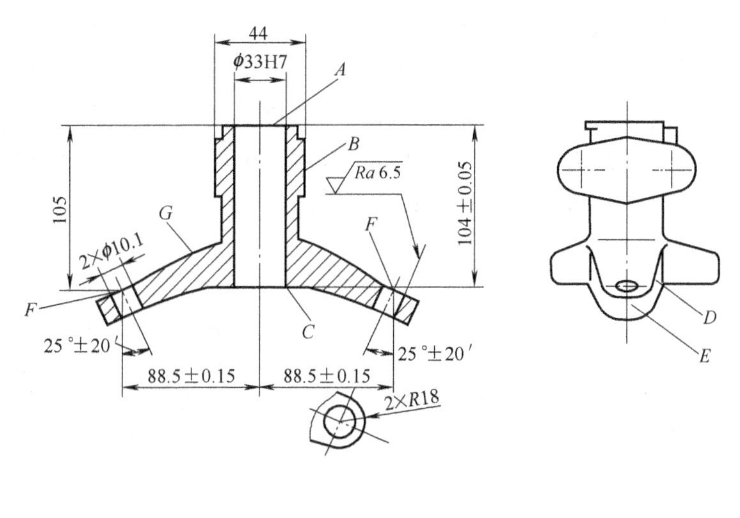

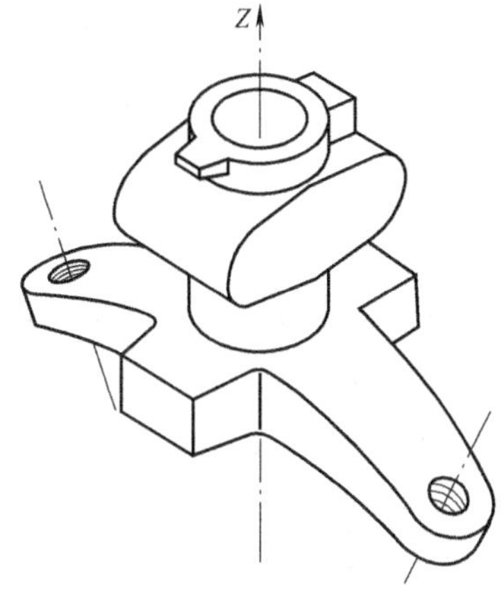

图 6-52 托架工序图

(1) 工艺分析

① 工件加工要求

a. ϕ10.1mm 孔轴线与 ϕ33H7 孔轴线的夹角为 25°±20′。

b. ϕ10.1mm 孔到 ϕ33H7 孔轴线的距离为 88.5mm±0.15mm。

c. 两加工孔对两个 R18mm 轴线组成的中心面对称（未注公差）。

此外，105mm 的尺寸是为了方便斜孔钻模的设计和计算而必须标注的工艺尺寸。

② 工序基准。根据以上要求，工序基准为 ϕ33H7 孔、A 面及两个 R18mm 的中间平面。

③ 其他一些需要考虑的问题。为保证钻套及加工孔轴线垂直于钻床工作台面，主要限位基准必须倾斜，主要限位基准相对钻套轴线倾斜的钻模称为斜孔钻模；设计斜孔钻模时，需设置工艺孔；两个 ϕ10.1mm 孔应在一次装夹中加工，因此钻模应设置分度装置；工件加工部位刚度较差，设计时应考虑加强。

(2) 托架斜孔分度钻床夹具结构设计

① 定位方案和定位装置的设计

方案 1：选工序基准 ϕ33H7 孔、A 面及 R18mm 作定位基面。如图 6-53(a) 所示，以心轴和端面限制五个自由度，在 R18mm 处用活动 V 形块 1 限制一个角度自由度 $\overset{\frown}{Z}$。加工部位设置两个辅助支承钉 2，以提高工件的刚度。此方案由于基准完全重合而定位误差小，但夹紧装置与导向装置易互相干扰，而且结构较大。

方案 2：选 ϕ33H7 孔、C 面及 R18mm 作定位基面。其结构如图 6-53(b) 所示，心轴及其端面限制五个自由度，用活动 V 形块 1 限制一个角度自由度 $\overset{\curvearrowright}{Z}$。在加工孔下方用两个斜楔作辅助支承。此方案虽然工序基准 A 与定位基准 C 不重合，但由于尺寸 105mm 精度不高，故影响不大；此方案结构紧凑，工件装夹方便。

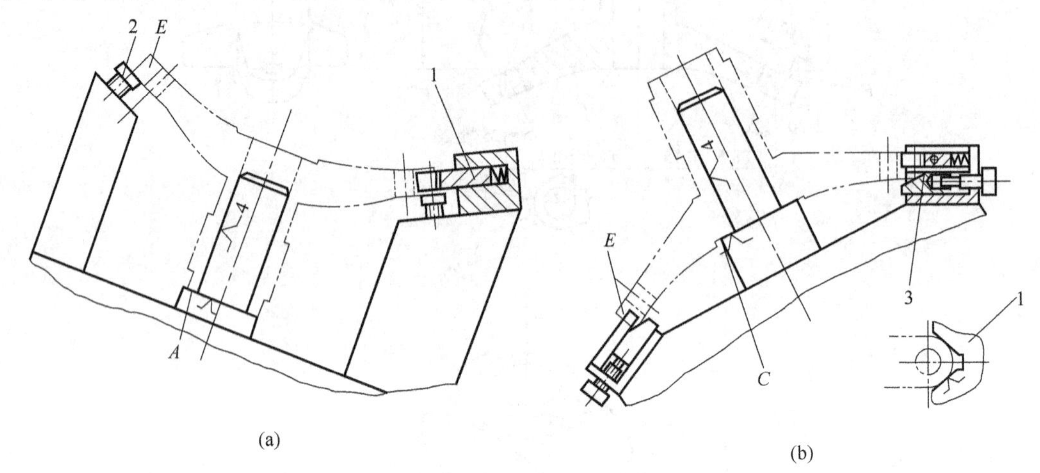

图 6-53　托架定位方案

1—活动 V 形块；2—辅助支承钉；3—斜楔辅助支承

为使结构设计方便，选用第二方案更有利。

② 导向方案。由于两个加工孔是螺纹底孔，可直接钻出；又因批量不大，故宜选用固定钻套。在工件装卸方便的情况下，尽可能选用固定式钻模板。导向方案如图 6-54 所示。

③ 夹紧方案。为便于快速装卸工件，采用螺钉及开口垫圈夹紧机构，如图 6-55 所示。

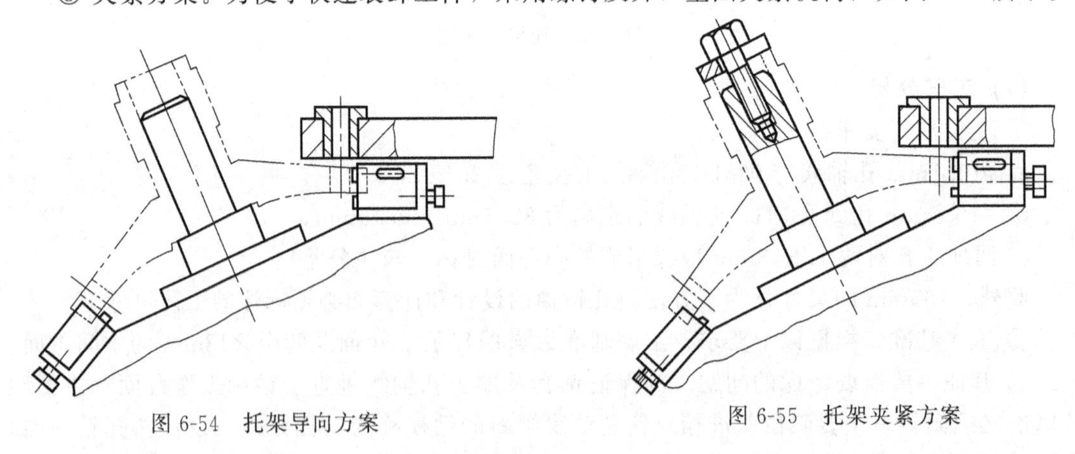

图 6-54　托架导向方案

图 6-55　托架夹紧方案

④ 分度方案。由于两个 ϕ10.1mm 孔对 ϕ33H7 孔的对称度要求不高（未标注公差），设计一般精度的分度装置即可。如图 6-56 所示，回转轴 1 与定位心轴做成一体，用销钉与分度盘 3 连接，在夹具体 6 的回转套 5 中回转。采用圆柱对定销 2 对定、锁紧螺母 4 锁紧。此分度装置结构简单、制造方便，能满足加工要求。

⑤ 夹具体。选用铸造夹具体，夹具体上安装分度盘的表面与夹具体安装基面 B 成 $25°\pm10'$倾斜角，安装钻模板的平面与 B 面平行，安装基面 B 采用两端接触的形式。在夹具体上设置工艺孔。

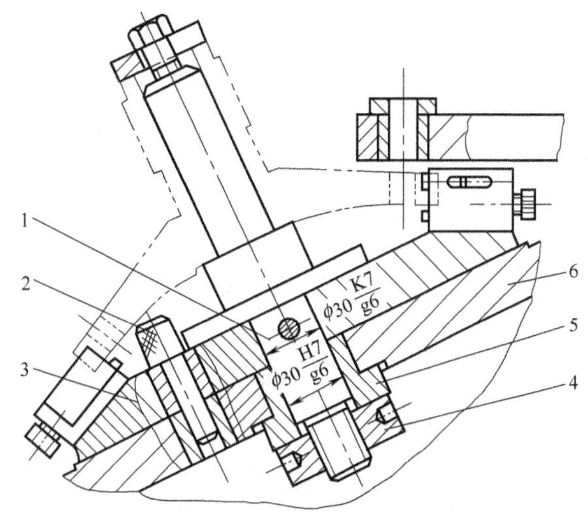

图 6-56 托架分度方案

1—回转轴；2—圆柱对定销；3—分度盘；
4—锁紧螺母；5—回转套；6—夹具体

图 6-57 是托架钻床夹具图。由于工件可随分度装置转离钻模板，所以装卸很方便。

(3) 斜孔钻床夹具上工艺孔的设置与计算

在斜孔钻床夹具上，钻套轴线与限位基准倾斜，其相互位置无法直接标注和测量，为此常在夹具的适当部位设置工艺孔，利用此孔间接确定钻套与定位元件之间的尺寸，以保证加工精度。如图 6-57 所示，在夹具体斜面的侧面设置了工艺孔 ϕ10H7。

设置工艺孔应注意以下几点。

① 工艺孔的位置必须便于加工和测量，一般设置在夹具体的暴露面上。

② 工艺孔的位置必须便于计算，一般设置在定位元件轴线上或钻套轴线上，在两者交点上更好。

③ 工艺孔尺寸应选用标准心棒的尺寸。

本方案的工艺孔符合以上原则。工艺孔到限位基面的距离为 75mm。通过图 6-58 的几何关系，可以求出工艺孔到钻套轴线的距离 X

$$X=BD=BF\cos\alpha=[AF-(OE-EA)\tan\alpha]\cos\alpha=[88.5-(75-1)\tan25^\circ]\cos25^\circ=48.94\text{mm}$$

在夹具制造中要求控制 75mm±0.05mm 及 48.94mm±0.05mm 这两个尺寸，即可间接地保证 88.5mm±0.15mm 的加工要求。

(4) 夹具总图上尺寸、公差及技术要求的标注

如图 6-57 所示，主要标注如下尺寸和技术要求：

① 最大轮廓尺寸 S_L。355mm、150mm、312mm。

② 影响工件定位精度的尺寸和公差 S_D。定位心轴与工件的配合尺寸 ϕ33g6。

③ 影响导向精度的尺寸和公差 S_T。钻套导向孔的尺寸、公差 ϕ10.1F7。

④ 影响夹具精度的尺寸和公差 S_J。工艺孔到定位心轴限位端面的距离 $L=$ 75mm ±0.05mm；工艺孔到钻套轴线的距离 $X=48.94$mm±0.05mm；钻套轴线对安装基面 B 的垂直度 ϕ0.05mm；钻套轴线与定位心轴轴线间的夹角 25°±10′。回转轴与夹具体回转套的配合尺寸 $\phi30\ \frac{H7}{g6}$；圆柱对定销 10 与分度套及夹具体上固定套的配合尺寸 $\phi12\ \frac{H7}{g6}$。

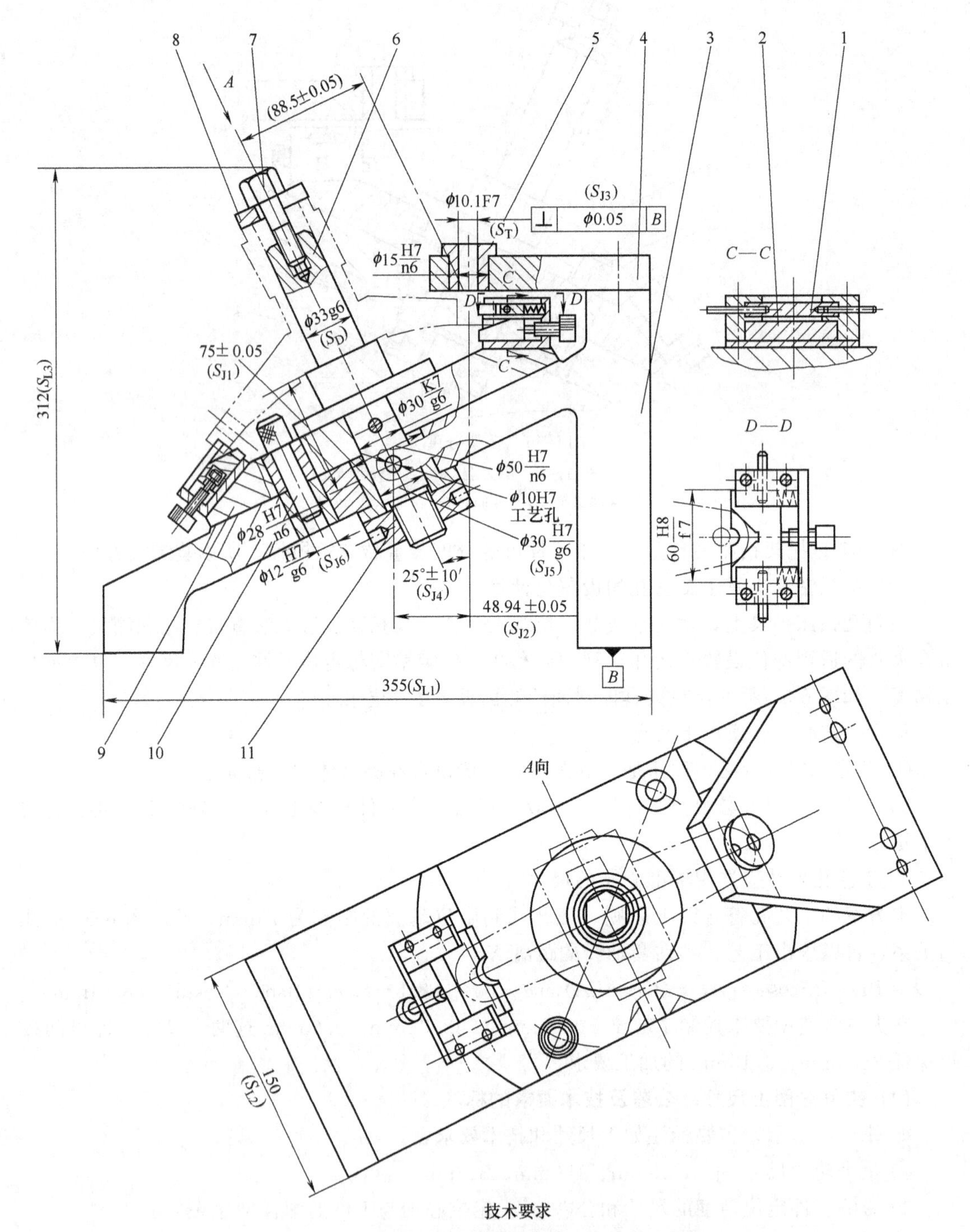

技术要求

1.工件随分度盘转离钻模板后再进行装夹。

2.工件在定位夹紧后才能拧动辅助支承旋钮，拧紧力应适当。

3.夹具的非工作表面喷涂灰色漆。

图 6-57　托架钻床夹具图

1—活动 V 形块；2—斜楔辅助支承；3—夹具体；4—钻模板；5—钻套；6—定位心轴；7—夹紧螺钉；8—开口垫圈；9—分度盘；10—圆柱对定销；11—锁紧螺母

⑤ 其他重要尺寸。回转轴与分度盘的配合尺寸 $\phi30\ \frac{K7}{g6}$；分度套与分度盘 9 及固定衬套与夹具体 3 的配合尺寸 $\phi28\ \frac{H7}{n6}$；钻套 5 与钻模板 4 的配合尺寸 $\phi15\ \frac{H7}{n6}$；活动 V 形块 1 与座架的配合尺寸 $60\ \frac{H8}{f7}$等。

⑥ 需标注的技术要求：工件随分度盘转离钻模板后再进行装夹；工件在定位夹紧后才能拧动辅助支承旋钮，拧紧力应适当；夹具的非工作表面喷涂灰色漆。

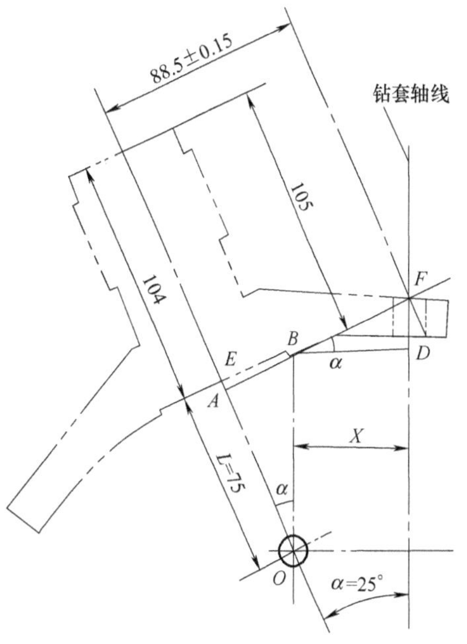

图 6-58　用工艺孔确定钻套位置

（5）工件的加工精度分析

本工序的主要加工要求是：尺寸 88.5mm±0.15mm 和角度 25°±20′。加工孔轴线与两个 $R18$mm 半圆面的对称度要求不高，可不进行精度分析。

① 定位误差 Δ_D。工件定位孔为 $\phi33$H7（$\phi33^{+0.025}_{0}$mm），圆柱心轴为 $\phi33$g6（$\phi33^{-0.009}_{-0.025}$mm），在尺寸 88.5mm 方向上的基准位移误差为

$$\Delta_Y = X_{max} = 0.025 + 0.025 = 0.05\text{mm}$$

工件的定位基准 C 面与工序基准 A 面不重合，定位尺寸 s=104mm±0.05mm，因此

$$\Delta'_B = 0.1\text{mm}$$

如图 6-59(a) 所示，Δ'_B对尺寸 88.5mm 形成的误差为

$$\Delta_B = \Delta'_B \tan\alpha = 0.1\tan25° = 0.047\text{mm}$$

因此尺寸 88.5mm 的定位误差为

$$\Delta_D = \Delta_Y + \Delta_B = 0.05 + 0.047 = 0.097\text{mm}$$

② 对刀误差 Δ_T。因加工孔处工件较薄，可不考虑钻头的偏斜。钻套导向孔尺寸为 $\phi10.1$F7（$\phi10.1^{+0.028}_{+0.013}$mm）；钻头尺寸为 $\phi10.1_{-0.036}^{\ 0}$mm。对刀误差为

$$\Delta'_T = 0.028 + 0.036 = 0.064\text{mm}$$

在尺寸 88.5mm 方向上的对刀误差如图 6-59(b) 所示

$$\Delta_T = \Delta'_T \cos\alpha = 0.064\cos25° = 0.058\text{mm}$$

③ 安装误差 Δ_A。$\Delta_A = 0$。

④ 夹具误差 Δ_J。

夹具误差 Δ_J 由以下几项组成。

a. 尺寸 L 的公差 $\delta_L = \pm0.05$mm，如图 6-59(c) 所示，它在尺寸 88.5mm 方向上产生的误差为

$$\Delta_{J1} = \delta_L \tan\alpha = 0.1\tan25° = 0.046\text{mm}$$

b. 尺寸 X 的公差，$\delta_X = \pm0.05$mm，它在尺寸 88.5mm 方向上产生的误差为

$$\Delta_{J2} = \delta_X \cos\alpha = 0.1\cos25° = 0.09\text{mm}$$

c. 钻套轴线对底面的垂直度 $\delta_\perp = \phi0.05$mm，它在尺寸 88.5mm 方向上产生的误差为

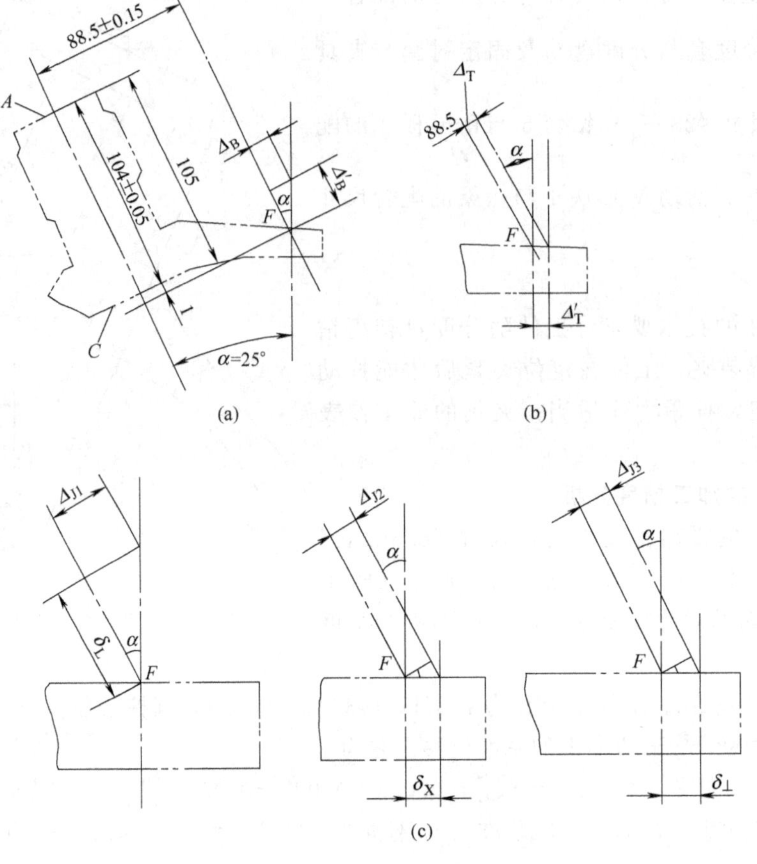

图 6-59 各项误差对加工尺寸的影响

$$\Delta_{J3}=\delta_\perp\cos\alpha=0.05\cos25°=0.045\text{mm}$$

d. 回转轴与夹具体回转套的配合间隙给尺寸 88.5mm 造成的误差

$$\Delta_{J4}=X_{max}=0.021+0.02=0.041\text{mm}$$

e. 钻套轴线与定位心轴轴线的角度误差

$$\Delta_{J\alpha}=\pm10'$$

它直接影响 25°±20′的精度。

f. 分度误差 Δ_F。仅影响两个 R18mm 的对称度，对 88.5mm 及 25°均无影响。

⑤ 加工方法误差 Δ_G。对于孔距 88.5mm±0.15mm，$\Delta_G=0.3/3=0.1$mm；对角度 25°±20′，$\Delta_G=40'/3=13.3'$。

托架斜孔钻模加工精度计算列于表 6-3 中。

表 6-3 托架斜孔钻模加工精度计算

加工要求 / 误差名称	角度 25°±20′	孔距 88.5mm±0.15mm
定位误差 Δ_D	0	$\Delta_D=\Delta_Y+\Delta_B=0.05+0.047=0.097$mm
对刀误差 Δ_T	0(不考虑钻头的偏斜)	$\Delta_T=\Delta'_T\cos\alpha=0.058$mm
夹具误差 Δ_J	±10′	$\Delta_J=\sqrt{\Delta_{J1}^2+\Delta_{J2}^2+\Delta_{J3}^2+\Delta_{J4}^2}=\sqrt{0.046^2+0.09^2+0.045^2+0.041^2}=0.118$mm
加工方法误差 Δ_G	13.3′	$\Delta_G=0.1$mm
加工总误差 $\Sigma\Delta$	$\sqrt{20'^2+13.3'^2}=24'$	$\Sigma\Delta=\sqrt{\Delta_D^2+\Delta_T^2+\Delta_J^2+\Delta_G^2}=\sqrt{0.097^2+0.058^2+0.118^2+0.1^2}=0.192$mm
夹具精度储备 J_C	$40'-24'=16'>0$	$J_C=0.3-0.192=0.108\text{mm}>0$

经计算，该夹具有一定的精度储备，能满足加工尺寸的精度要求。

6.3.4 实例思考

图 6-60 为法兰钻四孔工序图，本工序加工四个均布的 $\phi10$mm 孔。

图 6-61 为用于该工序的分度式钻模。工件以端面、$\phi82$mm 止口和四个 $R10$mm 的圆弧面之一在回转台 7 和活动 V 形块 10 上定位。逆时针转动手柄 11，使活动 V 形块 10 转到水平位置，在弹簧力作用下，卡在 $R10$mm 的圆弧面上，限制工件绕轴线的自由度；通过螺母 2 和开口垫圈 3 压紧工件。采用铰链式钻模板 1，便于装卸工件。钻完一个孔后，拧松锁紧螺钉 14，使滑柱 13、锁紧块 12 与回转台 7 松开，拉出手柄 11 并旋转 90°，使活动 V 形块 10 脱离工件，向上推动手柄 5，使对定爪 6 脱开分度盘 8，转动回转台 7，对定爪 6 在弹簧销 4 的作用下自动插入分度盘 8 的下一个槽中，实现分度对定；然后拧紧锁紧螺钉 14，通过滑柱 13、锁紧块 12 锁紧回转台 7，便可钻削第二个孔。依同样方法加工其他孔。

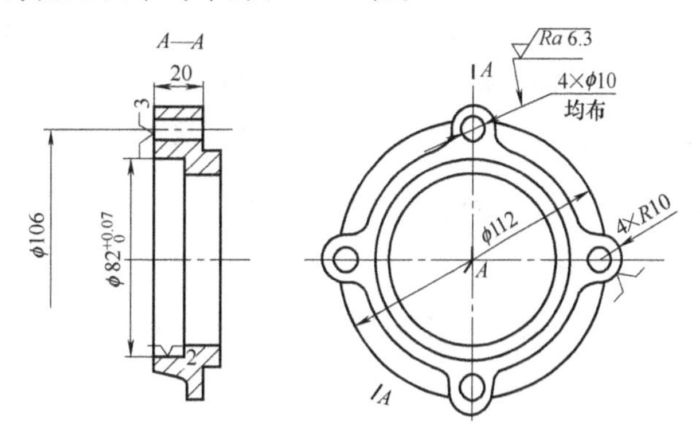

图 6-60 法兰钻四孔工序图

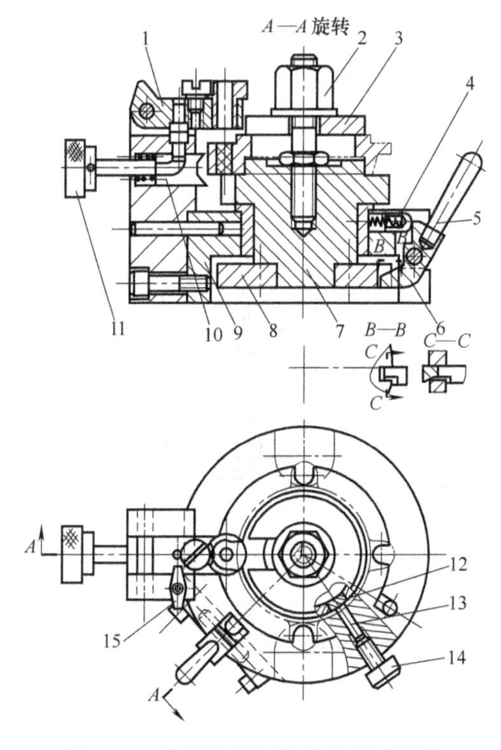

图 6-61 法兰盘钻四孔的分度式钻模

1—铰链式钻模板；2—螺母；3—开口垫圈；4—弹簧销；5，11—手柄；6—对定爪；7—回转台；8—分度盘；9—夹具体；10—活动 V 形块；12—锁紧块；13—滑柱；14—锁紧螺钉；15—菱形螺母

试说明该分度装置的组成及其元件。

6.4 镗床夹具

镗床夹具又称镗模，主要用于加工箱体、支架类等零件上的孔或孔系。采用镗模，可以不受镗床精度的影响而加工出有较高精度要求的孔系。镗模不仅广泛用于镗床和组合机床上，也可以在一般通用机床（如车床、铣床和摇臂钻床等）上用于加工有较高精度要求的孔及孔系。

6.4.1 实例分析

（1）实例

图 6-62 为车床尾座孔镗削加工的示意图。

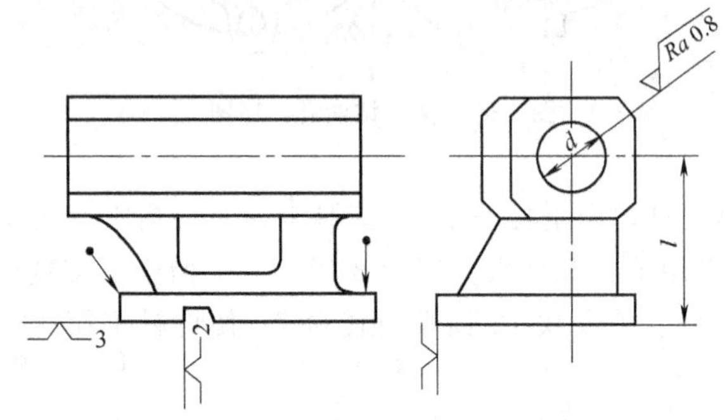

图 6-62 车床尾座孔镗削加工示意图

（2）分析

图 6-63 为镗削车床尾座孔的镗模，镗模的两个支承分别设置在刀具的前方和后方，镗刀杆 9 和主轴之间通过浮动接头 10 连接。工件以底面、槽及侧面在定位板 3、4 及可调支承钉 7 上定位，限制六个自由度。采用联动夹紧机构，拧紧夹紧螺钉 6，压板 5、8 同时将工件夹紧。镗模支架 1 上装有滚动回转镗套 2，用以支承和引导镗刀杆。镗模以底面 A 作为安装基面安装在机床工作台上，其侧面设置找正基面 B，因此可不设定位键。

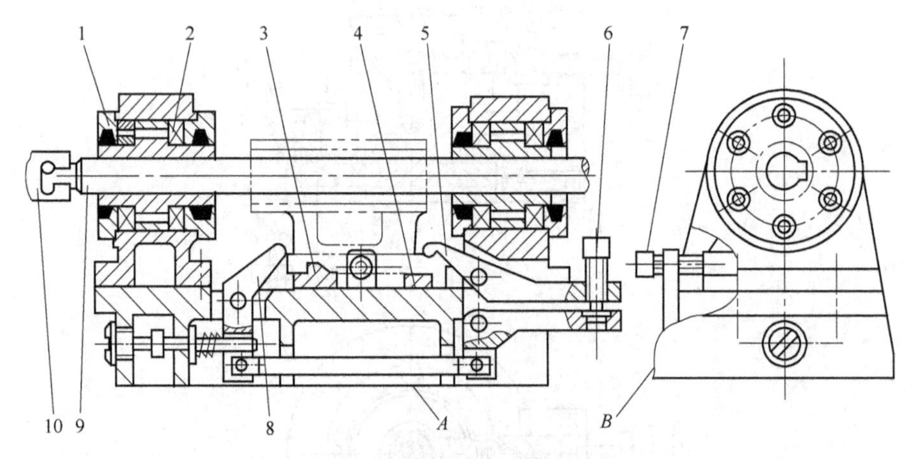

图 6-63 镗削车床尾座孔的镗模

1—支架；2—镗套；3,4—定位板；5,8—压板；6—夹紧螺钉；
7—可调支承钉；9—镗刀杆；10—浮动接头

6.4.2 相关知识

（1）镗床夹具的类型

镗床夹具具有钻床夹具的特点，由镗套引导镗刀或镗杆进行镗孔，工件上孔或孔系的位置精度主要由镗床夹具的精度保证。由于箱体孔系的加工精度要求较高，因此镗床夹具的制造精度比钻床夹具高得多。

按镗套布置方式的不同，可将镗模结构分为以下四种类型。

① 单支承前引导镗模。如图6-64所示，镗套布置在刀具的前方，刀具与机床主轴刚性连接。主要用于加工孔径 $D>60$mm、加工长度 $L<D$ 的通孔。一般镗杆的导向部分直径 $d<D$。因导向部分直径不受加工孔径大小的影响，故在多工步加工时，可不更换镗套。这种方式便于在加工过程中进行观察和测量，特别适合需要锪平面的工序。缺点是切屑容易带入镗套。为了便于排屑，一般取 $h=(0.5\sim1)D$，但 h 不应小于20mm。

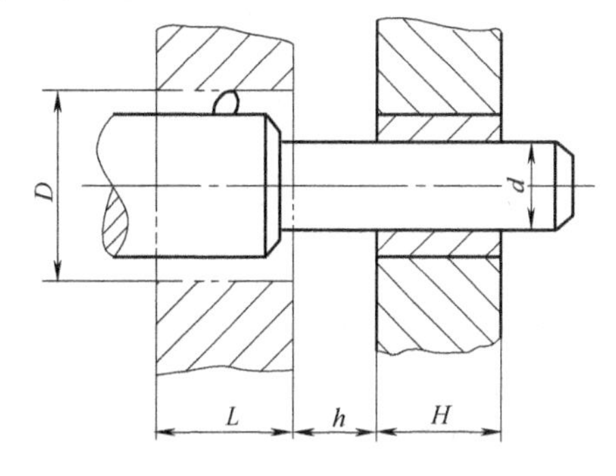

图6-64 单支承前引导镗孔

② 单支承后引导镗模。如图6-65所示，镗套布置在刀具的后方，刀具与机床主轴刚性连接。用于立镗时，切屑不会影响镗套。

当镗削 $D<60$mm、$L<D$ 的通孔或盲孔时，如图6-65(a)所示，可使镗杆导向部分的尺寸 $d>D$。这种形式的镗杆刚度好，加工精度高，装卸工件和更换刀具方便，多工步加工时可不更换镗杆。

当加工孔长度 $L=(1\sim1.25)D$ 时，如图6-65(b)所示，应使镗杆导向部分直径 $d<D$，以便镗杆导向部分可进入加工孔，从而缩短镗套与工件之间的距离 h 及镗杆的悬伸长度 L_1。

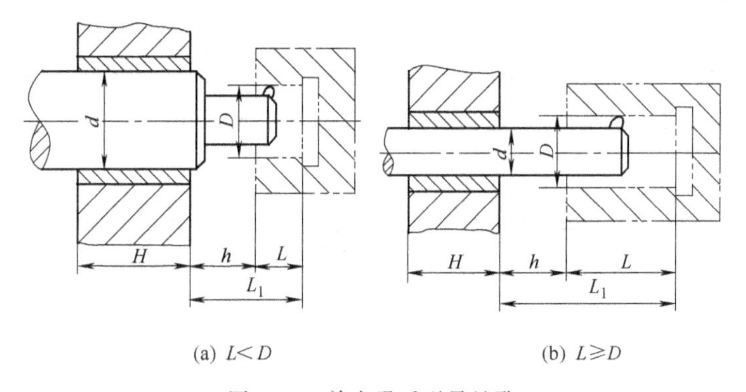

图6-65 单支承后引导镗孔

为便于刀具及工件的装卸和测量，单支承镗模的镗套与工件之间的距离 h 一般在20～80mm，常取 $h=(0.5\sim1.0)D$。

③ 双支承后引导镗模。图6-66为双支承后引导镗孔示意图，两个支承设置在刀具的后方，镗杆与主轴浮动连接。为保证镗杆的刚性，镗杆的悬伸量 $L_1<5d$；为保证镗孔精度，两个支承的导向长度 $L>(1.25\sim1.5)L_1$。双支承后引导镗模可在箱体的一个壁上镗孔，此类镗模便于装卸工件和刀具，也便于观察和测量。

④ 双支承前后支承引导镗模。前后支承引导镗模上有两个引导镗刀杆的支承，镗杆与机床主轴采用浮动连接，镗孔的位置精度由镗模保证，消除了机床主轴回转误差对镗孔精度的影响。

如图6-63所示的镗削车床尾座孔镗模，镗模的两个支承分别设置在刀具的前方和后方。前后双支承镗模应用得最普遍，一般用于镗削孔径较大、孔的长径比 $L/D>1.5$ 的通孔或孔

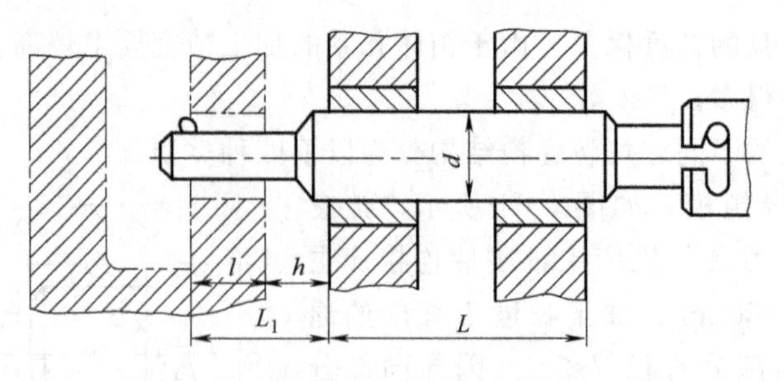

图 6-66　双支承后引导镗孔

系，其加工精度较高，但更换刀具不方便。

当工件同一轴线上孔数较多，且两支承间距离 $L>10d$（d 为镗杆直径）时，在镗模上应增加中间支承，以提高镗杆刚度。

(2) 镗床夹具的设计要点

设计镗床夹具时，除合理确定其类型并处理好工件的定位及夹紧外，还必须解决镗套、镗杆、支架和底座等设计问题。

① 镗套

a. 镗套的结构形式。镗套的结构和精度对被镗孔的精度及表面粗糙度有直接影响。

一般将镗套分为如下两种。

(a) 固定式镗套。如图 6-67 所示为标准的固定式镗套（JB/T 8046.1—1999），其结构与钻模中的可换或快换钻套基本相似。它紧固在镗模的支架上，镗孔时不随镗杆转动，故镗杆在镗套内既有相对转动，又有相对移动。这种镗套的结构已标准化，它有两种类型：A 型不带油杯和油槽，镗套易磨损，只适宜在低速情况下工作；B 型带有压配式油杯，内孔开有油槽，以便在加油中滴油润滑，镗孔时可适当提高切削速度。

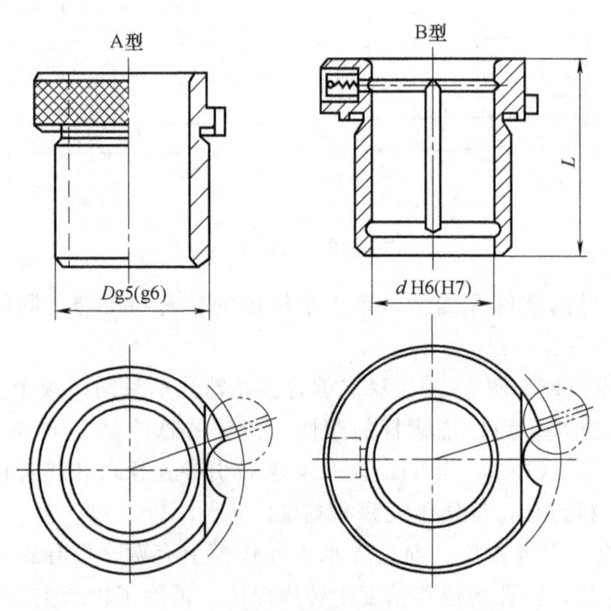

图 6-67　固定式镗套

固定式镗套外形尺寸小、结构简单、精度高，但镗杆在镗套内一面回转，一面做轴向移动，镗套容易磨损，故只适用于低速镗孔。一般摩擦面线速度 $v<0.3\text{m/s}$。

(b) 回转式镗套。在镗孔过程中随镗杆一起转动，镗杆相对镗套只有相对移动而无转动，从而减少了镗套的磨损，不会因摩擦发热出现“卡死”现象。因此，这类镗套适用于高速镗孔。

回转式镗套又分为滑动式和滚动式两种。

图6-68(a) 为滑动式回转镗套，镗套1可在滑动轴承2内回转，镗模支架3上设置油杯，经油孔将润滑油送到回转副，使其充分润滑。镗套中间开有键槽，镗杆上的键通过键槽带动镗套回转。这种镗套的径向尺寸较小，适用于孔心距较小的孔系加工，且回转精度高，减振性好，承载能力大，但需要充分润滑。摩擦面线速度不能大于0.3～0.4m/s，常用于精加工。

图6-68(b) 为滚动式回转镗套，镗套6支承在两个滚动轴承4上，轴承安装在镗模支架3的轴承孔中，支承孔两端分别用轴承端盖5封住。这种镗套由于采用了标准的滚动轴承，所以设计、制造和维修方便，而且对润滑要求较低，镗杆转速可大大提高，一般摩擦面线速度V＞0.4m/s。但径向尺寸较大，回转精度受轴承精度的影响。可采用滚针轴承以减小径向尺寸，采用高精度轴承以提高回转精度。

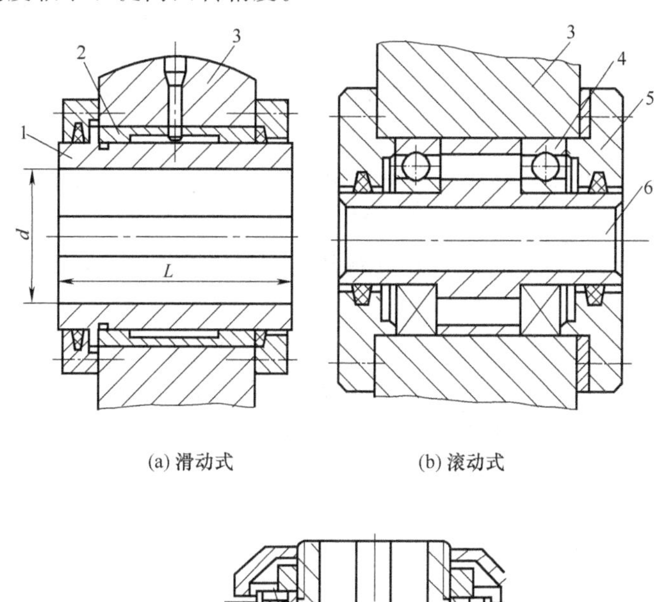

(a) 滑动式　　(b) 滚动式

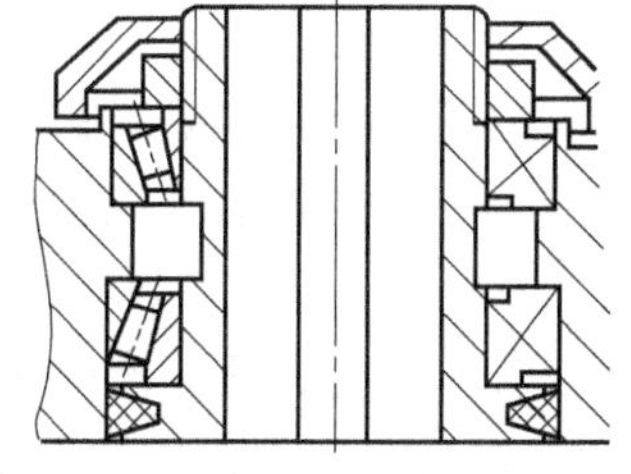

(c) 立式镗孔用

图6-68　回转式镗套

1,6—镗套；2—滑动轴承；3—镗模支架；4—滚动轴承；5—轴承端盖

图6-68 (c) 为立式镗孔用的回转镗套，它的工作条件差。为避免切屑和切削液落入镗套，需设置防护罩。为承受轴向推力，一般采用圆锥滚子轴承。

滚动式回转镗套一般用于镗削孔距较大的孔系，当被加工孔径大于镗套孔径时，需在镗套上开引刀槽，使装好刀的镗杆能顺利进入。为确保镗刀进入引刀槽，镗套上有时设置尖头键，如图6-69所示。

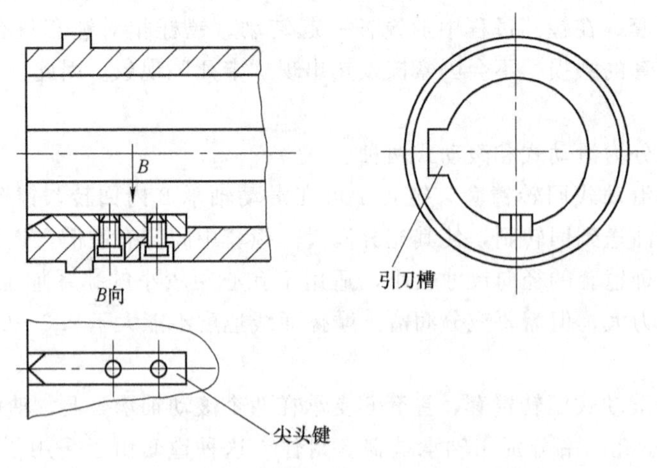

图 6-69　回转镗套的引刀槽及尖头键

b. 镗套的尺寸。镗套的内径取决于镗杆引导部分的直径 d；镗套的长度 H 则与镗套的类型和布置方式有关，一般取：固定式镗套 $H=(1.5\sim2)d$，滑动回转式镗套 $H=(1.5\sim3)d$；滚动回转式镗套，$H=0.75d$。

对于单支承所采用的镗套，或加工精度要求较高时，H 应取较大值。

c. 镗套的技术要求

(a) 镗套材料及热处理。镗套材料可选用铸铁、青铜、粉末冶金或钢制成，硬度一般应低于镗杆的硬度。当生产批量不大或孔径较大时，多选铸铁（时效）；负荷大时采用 50 钢或 20 钢，渗碳淬硬至 55～60HRC；青铜比较贵，多用于高速镗削及生产批量较大的场合。

(b) 镗套的公差和粗糙度。镗套内径的公差带为 H6 或 H7；镗套外径的公差带，粗镗用 g6，精镗用 g5；镗套内径与外径的同轴度公差一般为 ϕ0.01mm，内径的圆度误差对被镗孔的形状精度影响极大，故其圆柱度公差一般按 0.01～0.002mm 取值，粗糙度 Ra 值为 0.4～0.1μm。外圆粗糙度 Ra 值取 0.8～0.4μm。

② 镗杆设计

a. 镗杆的结构。镗杆有整体式和镶条式两种。图 6-70 为用于固定式镗套的镗杆导向部分结构。当镗杆导向部分直径 $d<50$mm 时，常采用整体式结构。图 6-70(a) 为开油槽的镗杆，镗杆与镗套的接触面积大，磨损大，若切屑从油槽内进入镗套，则易出现“卡死”现象。但镗杆的刚度和强度较好。

图 6-70(b)、图 6-70(c) 为有较深直槽和螺旋槽的镗杆，这种结构可大大减少镗杆与镗套的接触面积，沟槽内有一定的存屑能力，可减少“卡死”现象，但其刚度较低。

当镗杆导向部分直径 $d>50$mm 时，常采用如图 6-70(d) 所示的镶条式结构。镶条应采用摩擦因数小和耐磨的材料，如铜或钢。镶条磨损后，可在底部加垫片，重新修磨使用。这种结构的摩擦面积小，容屑量大，不易“卡死”。

图 6-71 为用于回转镗套镗杆引进结构。图 6-71(a) 在镗杆前端设置平键，键下装有压缩弹簧，键的前部有斜面，适用于开有键槽的镗套。无论镗杆以何位置进入镗套，平键均能自动进入键槽，带动镗套回转。如图 6-71(b) 所示的镗杆上开有键槽，其头部做成小于 45°的螺旋引导结构，可与如图 6-69 所示装有尖头键的镗套配合使用。

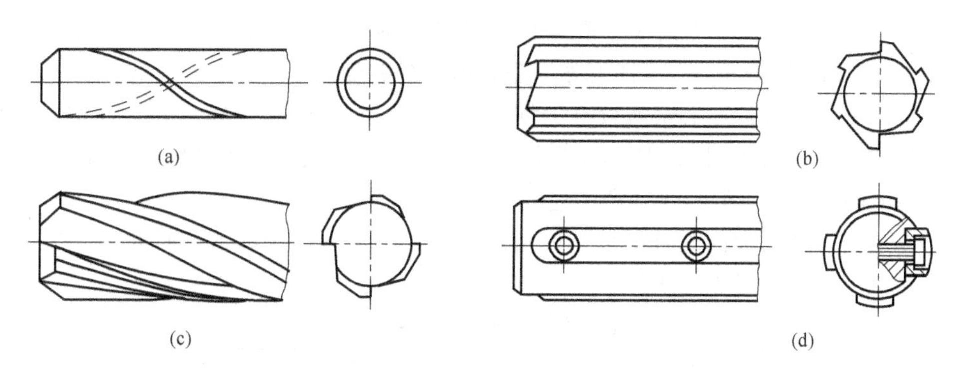

图 6-70 用于固定式镗套的镗杆导向部分结构

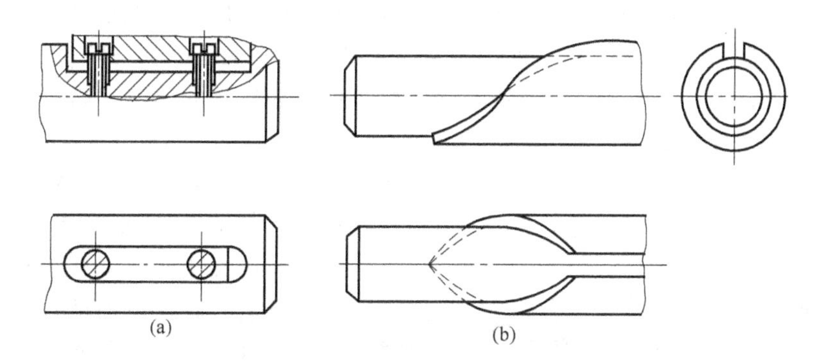

图 6-71 用于回转镗套镗杆引进结构

b. 镗杆的尺寸。镗杆的尺寸对镗杆刚性的影响很大，镗杆尺寸的设计主要是确定恰当的直径和长度。确定镗杆直径时，应保证镗杆的刚度和镗孔时应有的容屑空间，一般取 $d=(0.6\sim0.8)D$。设计镗孔时，镗孔直径 D、镗杆直径 d、镗刀截面 $B\times B$ 之间的关系，一般应符合下式

$$(D-d)/2=(1\sim1.5)B$$

或参考表 6-4 选取。

表 6-4 镗孔直径 D、镗杆直径 d 与镗刀截面 $B\times B$ 的尺寸关系 /mm

D	30～40	40～50	50～70	70～90	90～100
d	20～30	30～40	40～50	50～65	65～90
$B\times B$	8×8	10×10	12×12	16×16	16×16 20×20

同一镗杆上的直径应尽量取得一致，避免阶梯形状。镗杆上若安装几把镗刀时，为减小镗杆变形，可采用对称装刀法，使径向切削力平衡。

镗杆的长度与被加工孔的长度、孔的轴向间距以及进给方式等有关。而镗杆的长度对镗杆挠曲变形的影响很大。因此，在设计镗杆时，应尽量缩短其工作长度。一般对于前后引导的镗杆，其工作长度与直径之比以不超过 10∶1 为宜。对于悬臂切削的镗杆，悬伸长度与导向部分的直径之比应以 $L/d<4\sim5$ 为宜。

c. 镗杆的技术要求。镗杆的制造精度对其回转精度有很大影响，所以其导向部分的直径公差要求较高，一般取：镗杆引导表面的直径公差：粗镗取 g6，精镗取 g5。

镗杆引导表面的圆度及圆柱度应控制在直径公差的一半内，且 500mm 长度内的直线度

公差不超过 0.01mm。镗杆上的装刀孔对镗杆轴线的对称度公差为 0.01～0.1mm，垂直度公差为 100∶0.01～0.02mm；镗杆引导部分表面的粗糙度为 Ra=0.4～0.2μm。

镗杆要求表面硬度高而芯部有较好的韧性。因此，镗杆材料一般多采用 45 钢或 40Cr 钢经热处理后制成，也可采用 20 钢、20Cr 钢经渗碳淬火后制成，对要求较高的镗杆，可用氮化钢 38CrMoAlA 制成，但其热处理工艺较复杂。

镗套与镗杆及与衬套的配合必须合理确定，配合过紧容易研坏或“咬死”，过松则不能保证加工精度。设计时可参考表 6-5。

表 6-5　镗套与镗杆、衬套等的配合

配合表面	镗套与镗杆	镗套与衬套	衬套与支架
配合性质	H7/g6(H7/h6),H6/g5(H6/h5)	H7/h6(H7/js6),H6/h5(H6/j5)	H7/n6 ,H6/n5

一般被镗孔的精度低于 IT8 级公差或粗镗时，镗杆应选用 IT6 级公差；当精度为 IT7 级公差的孔时，则选用 IT5 级公差。回转式镗套与镗杆采用 H7/h6 或 H7/h5 配合，当孔的加工精度（如同轴度）要求高时，常采用镗套按镗杆尺寸配作的方法，确保配合间隙小于 0.01mm，但此时只适宜低速镗削。

③ 浮动接头。双支承镗模的镗杆均采用浮动接头与机床主轴连接。如图 6-72 所示，镗杆 1 上拨动销 3 插入接头体 2 的槽中，镗杆与接头体之间留有浮动间隙，接头体的锥柄安装在主轴锥孔中。主轴的回转可通过接头体、拨动销传给镗杆。

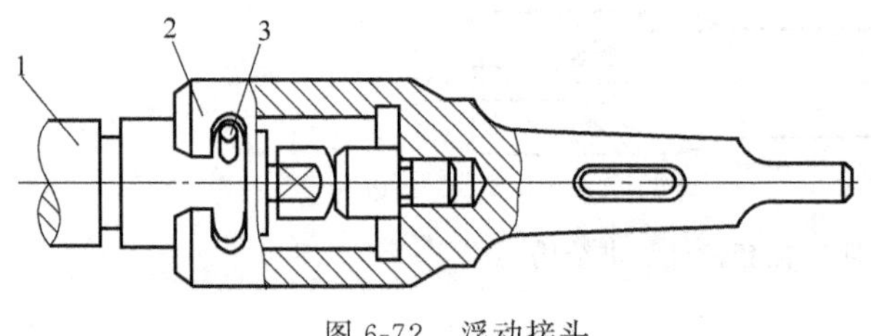

图 6-72　浮动接头

1—镗杆；2—接头体；3—拨动销

④ 镗模支架与底座的设计

a. 支架。支架是组成镗模、供安装镗套并承受切削力的重要元件。因此，它必须具有足够的刚度和精度的稳定性。所以，在结构上应保证支架有足够大的安装基面和设置必要的加强筋。支架和底座的连接要牢固，一般采用两个圆柱销定位，内六角螺钉紧固，避免采用焊接结构。

结构上要注意不允许镗模支架承受夹紧反力，以免支架产生变形而影响导向精度。如图 6-73(a) 所示的设计是错误的，夹紧反力会使支架变形，应使用图 6-73(b) 的结构，使夹紧

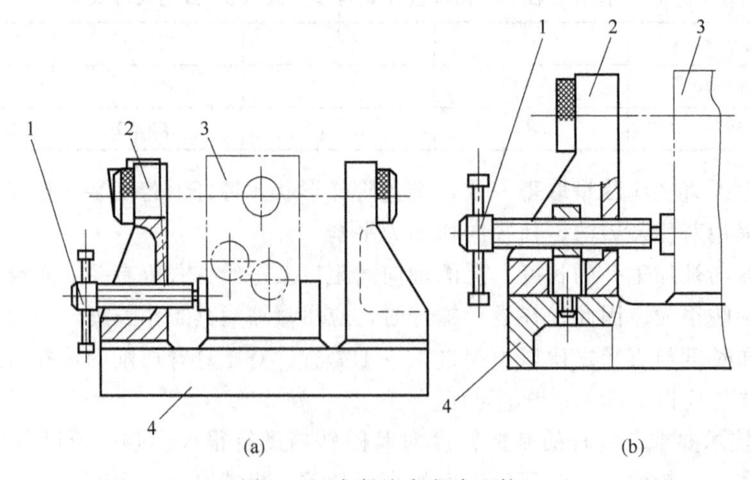

图 6-73　夹紧施力方式比较

1—夹紧螺钉；2—镗模支架；3—工件；4—镗模底座

反力与支架无关。

镗模支架的典型结构和尺寸可参见表 6-6。

表 6-6 镗模支架典型结构和尺寸 /mm

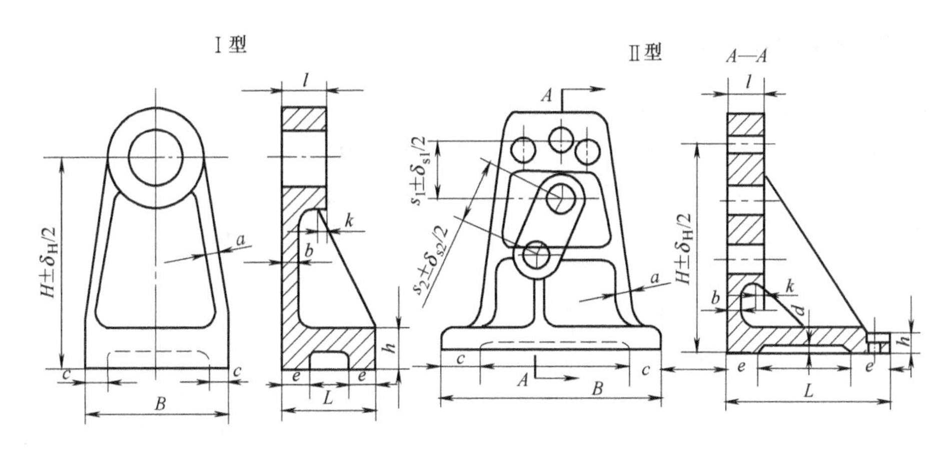

型式	B	L	H	s_1，s_2	l	a	b	c	d	e	h	k
Ⅰ	(1/2～1/5)H	(1/3～1/2)H	按工件相应尺寸取			10～20	15～25	30～40	3～5	20～30	20～30	3～5
Ⅱ	(2/3～1)H	(1/3～2/3)H										

注：本表材料为铸铁，对铸钢件，厚度可减薄。

b. 底座。底座要承受安装在其上的各种装置、元件、工件的重量以及切削力和夹紧力的作用。因此，底座必须具有足够的强度和刚度。通常在结构上可采取合理的形状、适当的壁厚及内腔设置十字形加强筋等措施来满足上述要求，见表 6-7 中的图示结构。

表 6-7 镗模底座典型结构尺寸及技术要求 /mm

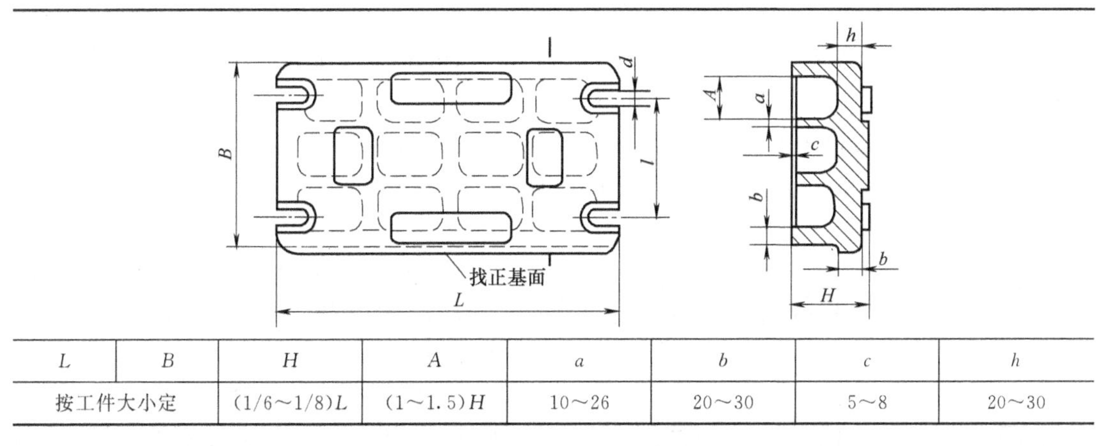

L	B	H	A	a	b	c	h
按工件大小定		(1/6～1/8)L	(1～1.5)H	10～26	20～30	5～8	20～30

底座的上平面，应按连接需要做出高度约 3～5mm 的凸台面，加工后经过刮研，使有关元件安装时接触紧贴。凸台表面应与夹具底面平行或垂直，其公差值一般为 100mm∶0.01mm。为了保证镗模在机床上的正确安装及定位元件相对安装基面位置的准确，应使安装基面经刮研后其平面度（只准凹）公差值控制在 0.05mm 范围内，表面粗糙度值为 $Ra=1.6\mu m$。具体结构尺寸及技术要求可参阅表 6-7。

镗模的结构尺寸一般较大，为在机床上安装牢固，底座上应设置适当数目的耳座。另外，还必须在适当位置设置起重吊环，以便镗模的搬运。

支架和底座的材料常采用铸铁（HT200）毛坯。为保证其尺寸精度的稳定不变，铸件毛坯应进行时效处理，必要时在精加工后要进行二次时效。

6.4.3 镗床夹具设计实例

实例　支架壳体两孔加工的镗床夹具设计

如图 6-74 所示，对于支架壳体零件，本工序需加工 2×ϕ20H7mm，ϕ35H7mm 和 ϕ40H7mm 共四个孔。其中 ϕ35H7mm 和 ϕ40H7mm 采用粗精镗，2×ϕ20H7 孔采用钻、扩、铰方法加工。工件材料为 HT400 铸件毛坯，中批生产。试设计该支架壳体镗孔夹具。

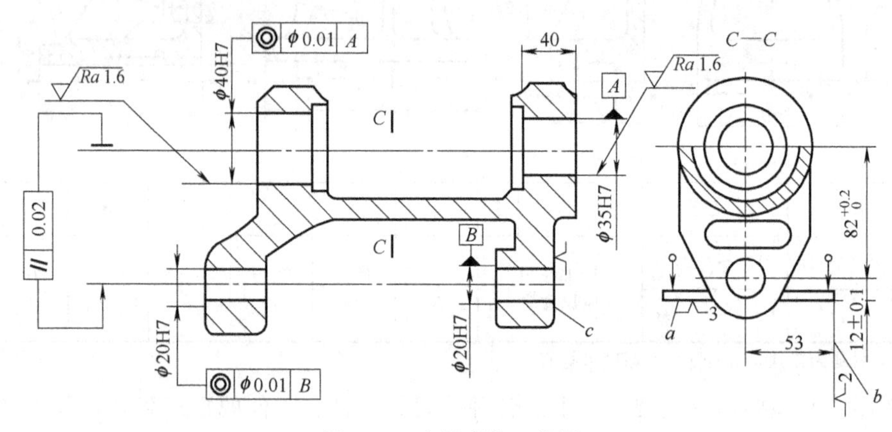

图 6-74　支架壳体工序图

(1) 镗床夹具结构分析

根据工艺规程，支架壳体四孔加工之前，其他各表面均已加工好，本工序的加工要求如下。

a. ϕ20H7mm 孔轴线到 a 面的距离为 12mm±0.1mm，ϕ20H7mm 孔轴线与 ϕ35H7mm 孔轴线、ϕ40H7mm 孔轴线中心距为 $82^{+0.2}_{0}$mm。

b. ϕ35H7mm 孔和 ϕ40H7mm 孔及 2×ϕ20H7mm 孔同轴度公差均为 ϕ0.01mm。

c. 2×ϕ20H7mm 孔轴线对 ϕ35H7mm 孔和 ϕ40H7mm 孔公共轴线的平行度公差为 0.02mm。

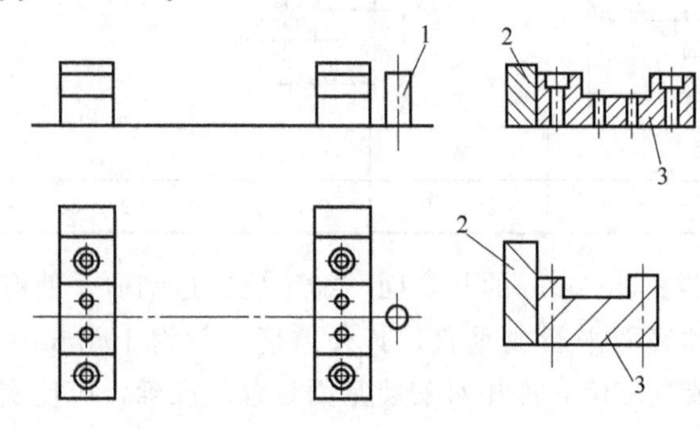

图 6-75　定位方案
1—挡销；2,3—支承板

① 定位方案确定。根据本工序的加工要求，需限制沿加工孔轴心线移动自由度外的其余五个自由度。

按照基准重合原则，选择 a、b、c 三面（见图 6-74）作为定位基准，底平面和侧平面选用两块支承板限制五个自由度，为了保证工件与镗套之间的距离，采用侧端面限制一个自由度，实现完全定位。如图 6-75 所示。

② 夹紧装置设计。根据夹紧力应指

向主要定位基面的原则确定夹紧方案。

方案一：用摆动弧形块夹压 ϕ35H7mm 和 ϕ40H7mm 孔的外圆柱面。

方案二：用四块移动压板分别压在工件底座的两侧。

前一方案的夹紧机构尺寸大，易使加工后的孔变形，影响加工精度。后一方案的夹紧不易使工件变形，操作方便。但工件装卸费时。选用方案二，如图 6-76（b）所示。

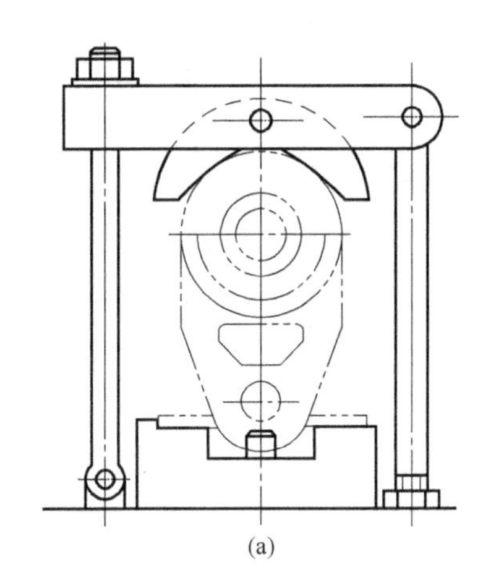
(a)

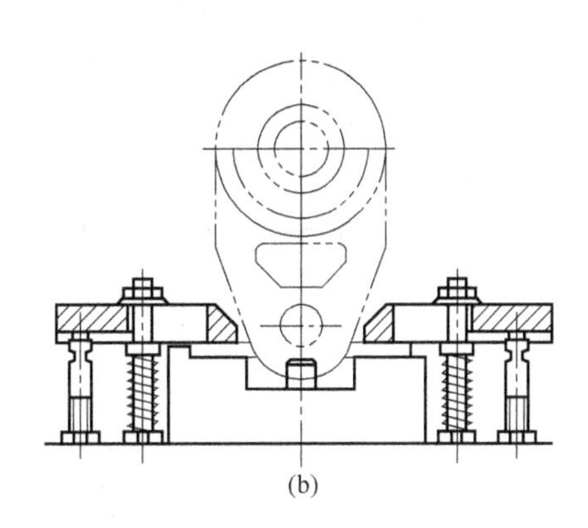
(b)

图 6-76　夹紧装置

③ 导向元件的选用。加工 ϕ35H7mm 孔和 ϕ40H7mm 孔采用固定式镗套，并采用双支承引导，以增强镗杆刚度。加工 $2\times\phi$20H7mm 孔时，因需钻、扩、铰，采用快换式钻套。

④ 夹具总体结构。如图 6-77 所示为支架壳体镗床夹具。底座 1 选用铸造毛坯，底座下部采用多条十字加强肋，以增强刚度；底座上加工出找正基面 K，便于镗模在镗床上安装；底座上还设计了四个吊装螺栓 10，方便夹具搬运和起吊。为保证加工精度，支架壳体零件镗孔夹具的装配总图应标注多项技术要求。

（2）支架壳体两孔加工精度分析

① ϕ35H7mm 和 ϕ40H7mm 同轴度误差 ϕ0.01mm。

a. 定位误差 Δ_D。由于两孔同轴度与定位方式无关，故

$$\Delta_D=0$$

b. 导向误差 Δ_T。它包括镗套和镗杆的配合间隙所产生的导向误差和两镗套位置误差所产生的导向误差。

镗套和镗杆的配合为 $\phi 25\dfrac{\mathrm{H6}\left(^{+0.013}_{\ 0}\right)}{\mathrm{h5}\left(^{\ 0}_{-0.009}\right)}$，其最大间隙为

$$X_{max}=0.013+0.009=0.022\text{mm}$$

两镗套间最大距离为 440mm，故

$$\tan\alpha=0.022/440=0.00005\text{mm}$$

被加工孔的长度为 40mm，这样，由于镗套与镗杆的配合间隙所产生的导向误差为

$$\Delta_{T1}=2\times40\times0.00005=0.004\text{mm}$$

又因前后两镗套孔轴线的同轴度公差为 0.005mm，故由于两镗套位置误差所产生的导

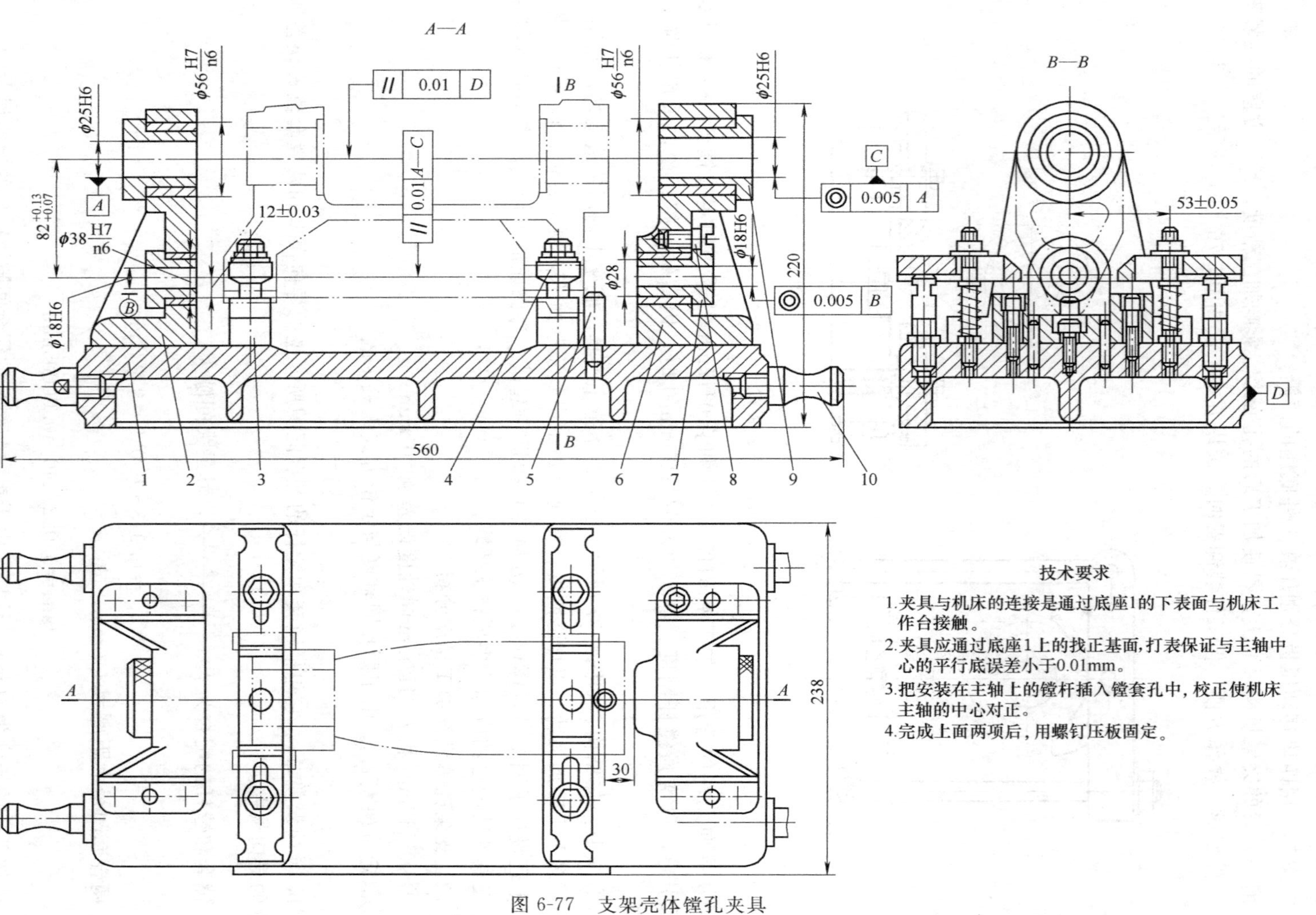

图 6-77 支架壳体镗孔夹具

1—底座；2,6—支架；3—支承块；4—压板；5—挡销；7—钻套；8—螺钉；9—镗套；10—吊装螺栓

向误差为

$$\Delta_{T2}=0.005mm$$

总的导向误差 Δ_T 为

$$\Delta_T=\Delta_{T1}+\Delta_{T2}=0.004+0.005=0.009mm$$

c. 安装误差 Δ_A。因两孔同时镗削，且镗杆由两镗套支承，则两孔同轴度与夹具位置误差无关，故

$$\Delta_A=0$$

d. 加工方法误差 Δ_G。

$$\Delta_G=\delta_{k/3}=0.01/3=0.0033mm$$

总加工误差 $\Sigma\Delta$

$$\Sigma\Delta=\sqrt{\Delta_D^2+\Delta_T^2+\Delta_A^2+\Delta_G^2}=\sqrt{0.009^2+0.0033^2}=0.0096mm$$

精度储备量 J_C

$$J_C=\delta_k-\Sigma\Delta=0.01-0.0096=0.0004mm>0$$

② 2×ϕ20H7mm 轴线对 ϕ35H7mm 和 ϕ40H7mm 孔公共轴线的平行度误差 0.02mm。

a. 定位误差 Δ_D。两组孔的平行度由镗套与钻套保证，与定位方式无关，故

$$\Delta_D=0$$

b. 导向误差 Δ_T。由于 2×ϕ20H7mm 两孔是在同一位置加工孔，所以 $\Delta_{T1}=0$；由前面计算可知，ϕ35H7mm 和 ϕ40H7mm 孔公共轴线的导向误差是 $\Delta_{T2}=0.005mm$，故

$$\Delta_T=\Delta_{T1}+\Delta_{T2}=0.005mm$$

c. 安装误差 Δ_A。因两组孔镗套的安装平行度误差是 0.01mm，故

$$\Delta_A=0.01mm$$

d. 加工方法误差 Δ_G

$$\Delta_G=\delta_{k/3}=0.02/3=0.0067mm$$

总加工误差 $\Sigma\Delta$

$$\Sigma\Delta=\sqrt{\Delta_D^2+\Delta_T^2+\Delta_A^2+\Delta_G^2}=\sqrt{0.005^2+0.01^2+0.0067^2}=0.013mm$$

精度储备量 J_C

$$J_C=\delta_k-\Sigma\Delta=0.02-0.013=0.007mm>0$$

③ 支架壳体镗孔加工精度计算

将支架壳体镗孔加工精度计算列于表 6-8 中。

表 6-8 支架壳体镗孔加工精度计算 mm

加工要求 / 误差名称	ϕ35H7 与 ϕ40H7 两孔同轴度 0.01mm	2×ϕ20H7 轴线对 ϕ35H7 和 ϕ40H7 公共轴线平行度 0.02mm
定位误差 Δ_D	0	0
导向误差 Δ_T	0.009	0.005
安装误差 Δ_A	0	0.01

续表

误差名称 \ 加工要求	ϕ35H7 与 ϕ40H7 两孔同轴度 0.01mm	2×ϕ20H7 轴线对 ϕ35H7 和 ϕ40H7 公共轴线平行度 0.02mm
加工方法误差 Δ_G	0.0033	0.0067
加工总误差 $\Sigma\Delta$	0.0096	0.013
夹具精度储量 J_C	0.0004	0.007

经计算，该夹具有一定的精度储备，能满足两孔的平行度和同轴度的精度要求。

6.4.4 实例思考

图 6-78 为某柴油机机体主轴承孔精加工的工序图。被加工表面为 A—B 轴线上的 9 挡同轴孔。各被加工孔本身的尺寸精度、表面粗糙度及各孔的位置度要求如工序图 6-78 所示。

图 6-79 为该工序所用的镗模。试对其结构进行分析（定位、夹紧及支承情况）。

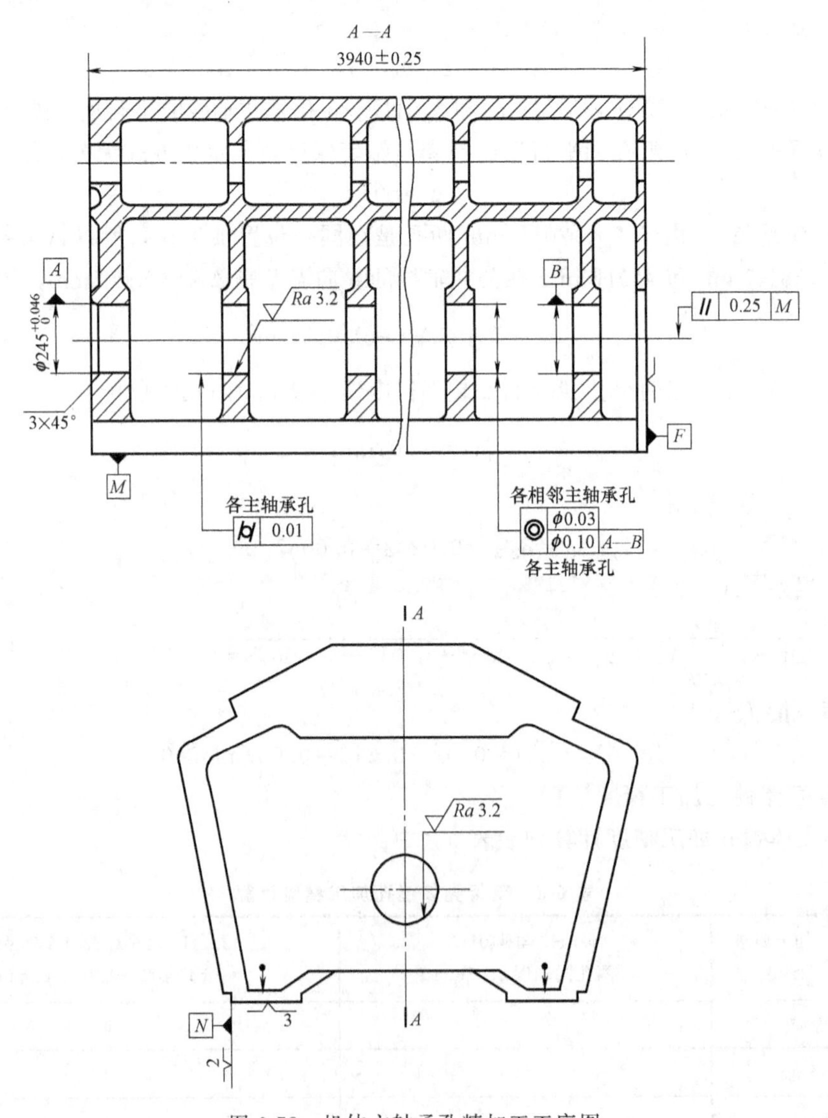

图 6-78　机体主轴承孔精加工工序图

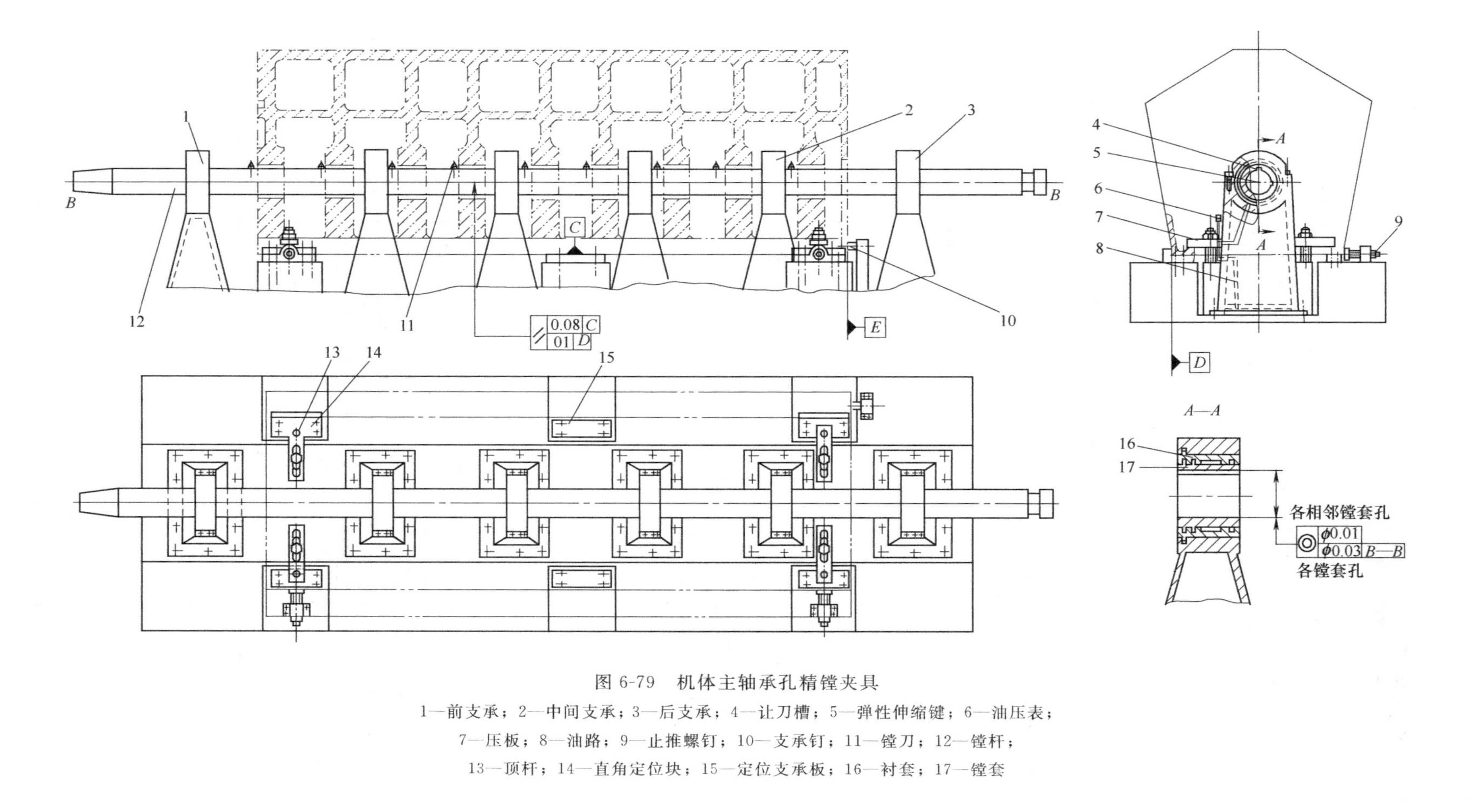

图 6-79　机体主轴承孔精镗夹具

1—前支承；2—中间支承；3—后支承；4—让刀槽；5—弹性伸缩键；6—油压表；7—压板；8—油路；9—止推螺钉；10—支承钉；11—镗刀；12—镗杆；13—顶杆；14—直角定位块；15—定位支承板；16—衬套；17—镗套

6.5 数控机床夹具

现代自动化生产中，数控机床的应用已越来越广泛。数控机床夹具必须适应数控机床的高精度、高效率、多方向同时加工、数字程序控制及单件小批生产的特点。数控机床夹具主要采用可调夹具、组合夹具、拼装夹具和数控夹具（夹具本身可在程序控制下进行调整）。

6.5.1 实例分析

(1) 实例

某箱体（图 6-80 工件 6）需在上镗削 A、B、C 三孔。设计镗孔的数控机床夹具。

(2) 分析

图 6-80 为镗箱体孔的数控机床夹具。工件在液压基础平台 5 及三个定位销钉 3 定位；通过基础平台内两个液压缸 8、活塞 9、拉杆 12、压板 13 将工件夹紧；夹具通过安装在基础平台底部的两个连接孔中的定位键 10 在机床 T 形槽中定位，并通过两个螺旋压板 11 固

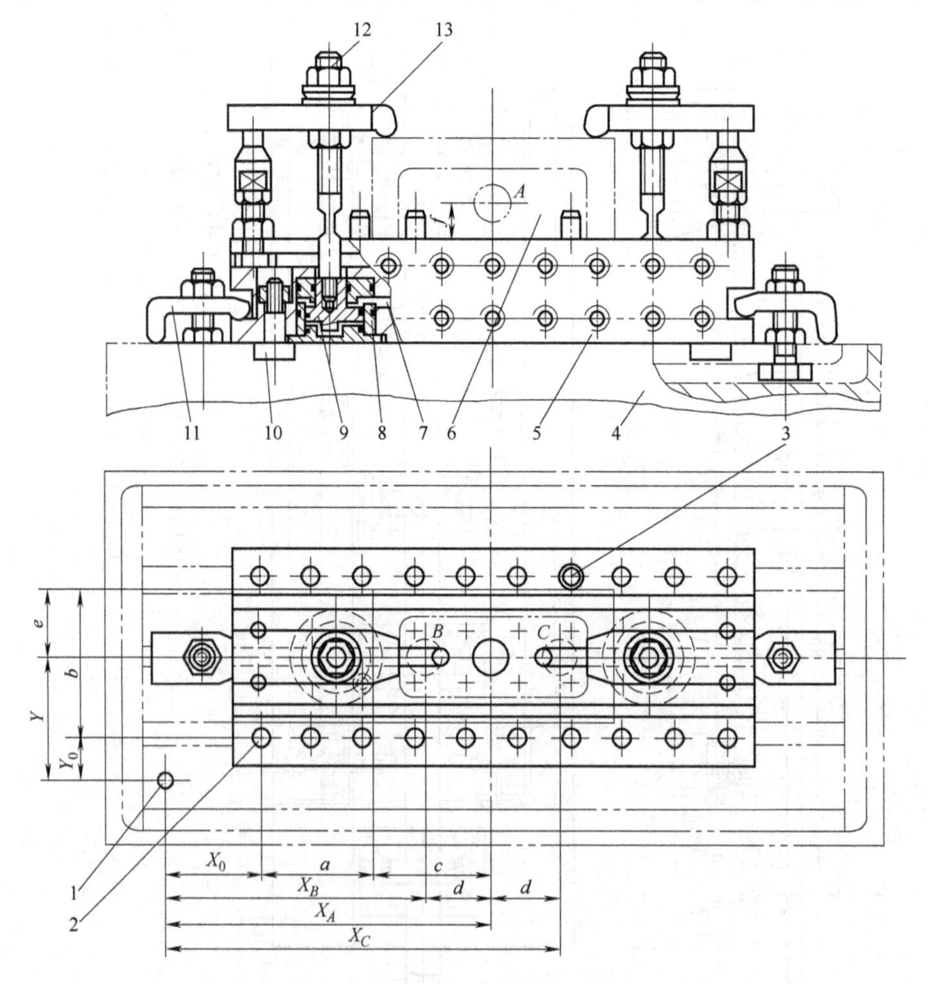

图 6-80 镗箱体孔的数控机床夹具

1,2—定位孔；3—定位销钉；4—数控机床工作台；5—液压基础平台；6—工件；7—通油孔；8—液压缸；9—活塞；10—定位键；11,13—压板；12—拉杆

定在机床工作台上。可选基础平台上的定位孔 2 作夹具的坐标原点，与数控机床工作台上的定位孔 1 的距离分别为 X_0、Y_0。三个加工孔的坐标尺寸可用机床定位孔 1 作为零点进行计算编程，称固定零点编程；也可选夹具上方便的某一定位孔作为零点进行计算编程，称浮动零点编程。

6.5.2　相关知识

（1）数控机床夹具的特点

数控加工具有工序集中的特点，较少出现工序间的频繁转换，而且工序基准确定之后，一般不能变动，因为数控加工的基准大多以坐标确立，一旦卸下工件，便无法再找到原坐标零点。因此，即使是批量生产，数控加工也大多使用可调夹具、成组夹具和模块化夹具，尤其是加工中心的夹具更为简单，通常仅由支承件、压板、夹紧件、紧固件等组成。

数控机床夹具必须适应数控机床的高精度、高效率、多方向同时加工、数字程序控制及单件小批生产的特点，因此主要采用可调夹具、组合夹具、拼装夹具。拼装夹具是在成组工艺基础上，用标准化、系列化的夹具零部件拼装而成的夹具。它有组合夹具的优点，比组合夹具有更好的精度和刚性、更小的体积和更高的效率，因而较适合柔性加工的要求，常用作数控机床夹具。

（2）设计时应注意的问题

数控机床夹具有高效化、柔性化和高精度等特点，设计时，除了应遵循一般夹具设计的原则外，还应注意以下几点。

① 数控机床夹具应有较高的精度，以满足数控加工的精度要求；

② 数控机床夹具应有利于实现加工工序的集中，即可使工件在一次装夹后能进行多个表面的加工，以减少工件装夹次数；

③ 数控机床夹具的夹紧应牢固可靠、操作方便；夹紧件的位置应固定不变，防止在自动加工过程中，元件与刀具相碰。

如图 6-81 所示为用于数控车床的液动自定心三爪卡盘，在高速车削时平衡块 1 所产生的离心力经杠杆 2 给卡爪 3 一个附加的力，以补偿卡爪夹紧力的损失。卡爪由活塞 5 经拉杆和楔槽轴 4 的作用将工件夹紧。

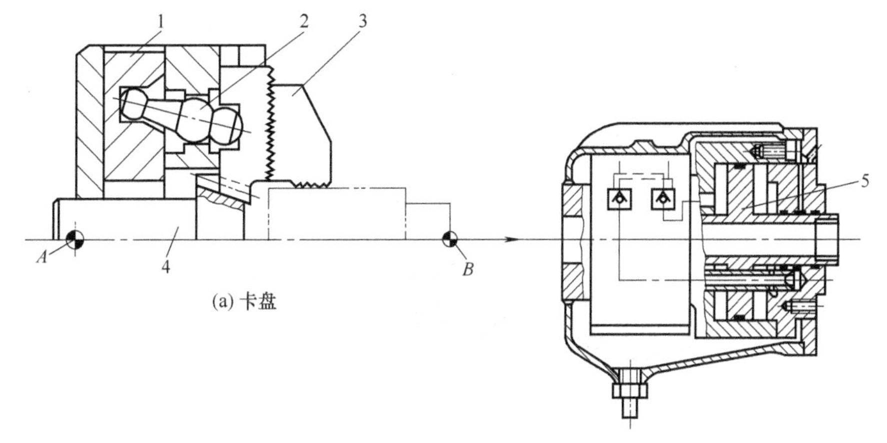

图 6-81　液动三爪自定心卡盘

1—平衡块；2—杠杆；3—卡爪；4—楔槽轴；5—活塞

④ 夹具上应具有工件坐标原点及对刀点。每种数控机床都有自己的坐标系和坐标原点，它们是编制程序的重要依据之一。设计数控机床夹具时，应按坐标图上规定的定位和夹紧表面以及机床坐标的起始点，确定夹具坐标原点的位置。如图 6-81 所示的 A 为机床原点，B 为工件在夹具上的原点。

⑤ 各类数控机床夹具在设计时，还应考虑自身的工艺特点，注意结构合理性。

数控车床夹具应更注意夹紧力的可靠性及夹具的平衡，例如图 6-81 所示的数控车床液动三爪自定心夹具。

数控铣床夹具通常可不设置对刀装置，由夹具坐标系原点与机床坐标系原点建立联系，通过对刀点的程序编制，采用试切法加工、刀具补偿功能、或采用机外对刀仪来保证工件与刀具的正确位置，位置精度由机床运动精度保证。数控铣床通常采用通用夹具装夹工件，例如机床用平口虎钳、回转工作台等，对大型工件，常采用液压、气压作为夹紧动力源。

数控钻床夹具，一般可不用钻模，而对加工方法、选用刀具形式及工件装夹方式上采取一些措施，保证孔的位置和加工精度。可先用中心钻定孔位，然后用钻削刀具加工孔深，孔的位置由数控装置控制。当孔属于细长孔时，可利用程序控制采用往复排屑钻削方式；再

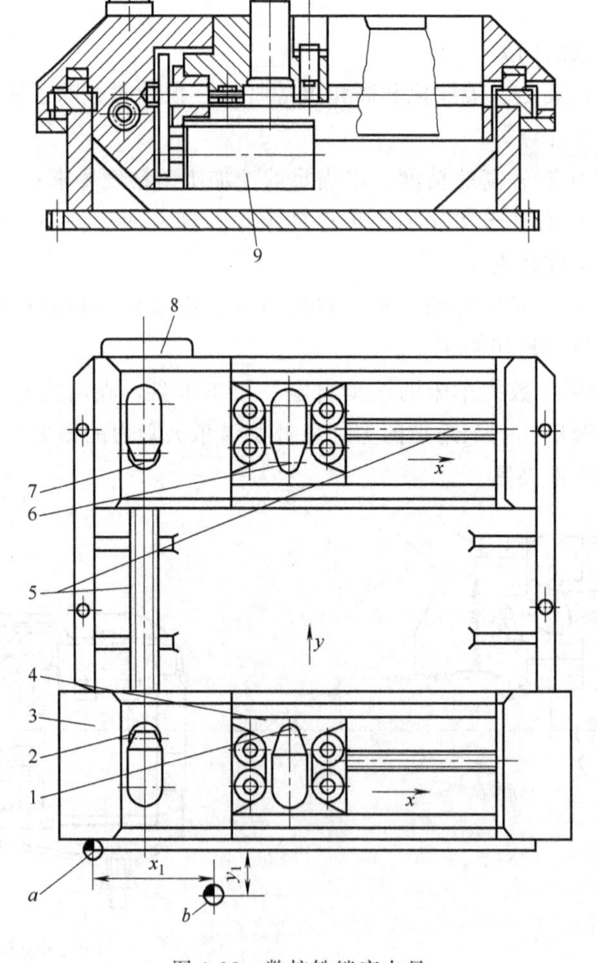

图 6-82　数控铣镗床夹具

1,2,6,7—定位夹紧元件；3—大滑板；4—小滑板；5—丝杠；8,9—步进电机

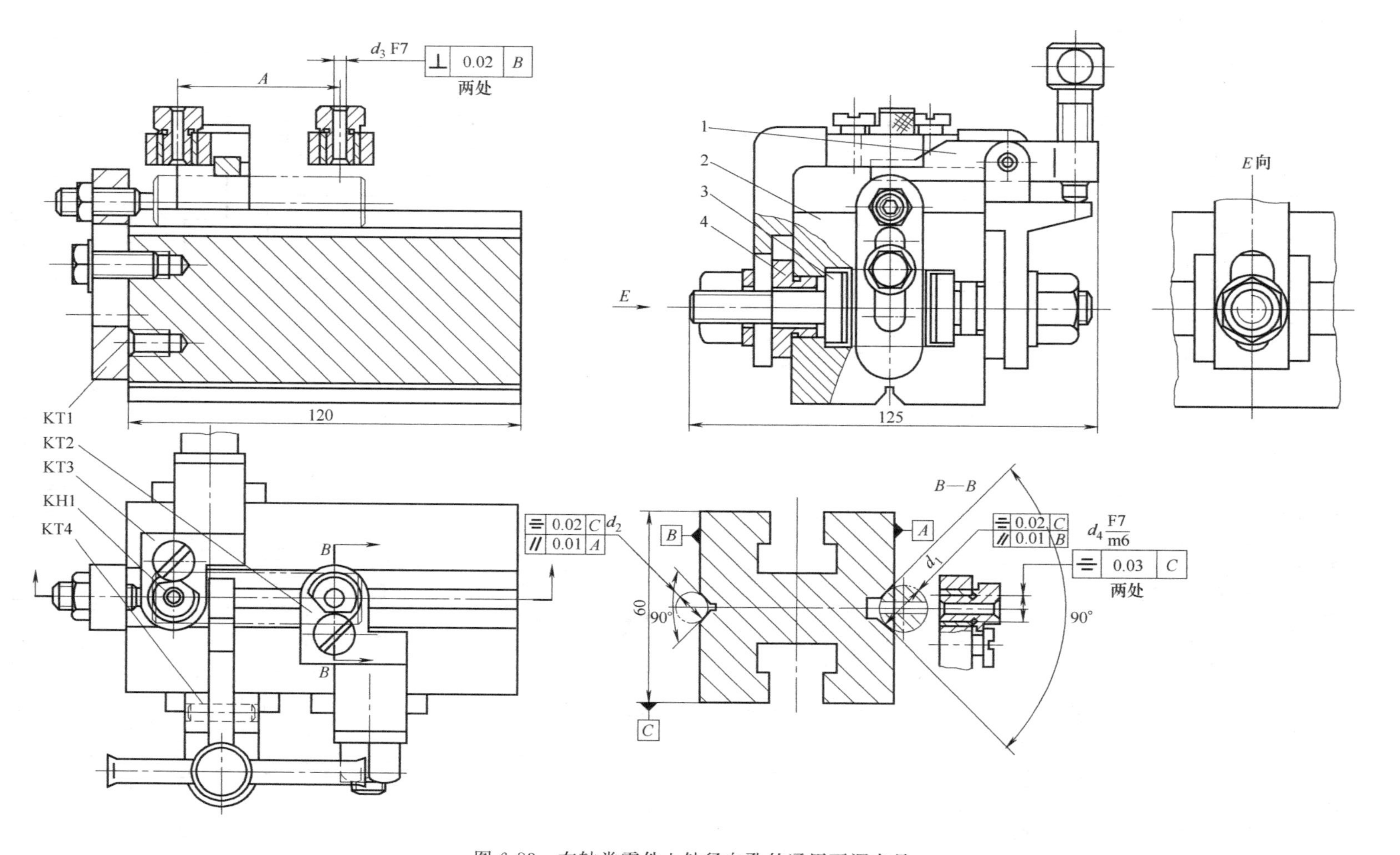

图 6-83 在轴类零件上钻径向孔的通用可调夹具

1—杠杆压板；2—夹具体；3—T形螺栓；4—十字滑块；

KH1—快换钻套；KT1—支承钉板；KT2，KT3—可调钻模板；KT4—压板座

者，采用高速钻削，刀具的刚度及切削性能都比较好。这样的加工方式，孔的垂直度比较能保证。

随着技术的发展，数控机床夹具的柔性化程度也在不断提高。如图 6-82 所示为数控铣镗床夹具，夹具主要由四个定位夹紧件构成。其中三个定位夹紧件可通过数控指令控制，控制其移动并确定坐标位置。当数控装置发出脉冲信号启动步进电动机 8 时，可通过丝杠 5 传至大滑板 3，使大滑板 3 做 y 向的坐标位置调整，大滑板上装有定位夹紧元件 2，可满足 y 方向工件定位夹紧的变动。定位夹紧元件 1、6 装在小滑板 4 上，由步进电机 9 收到信号后，经齿轮、丝杠传动做 x 方向的坐标位置调整。这种柔性夹具可适合工件的不同尺寸、不同形状的定位夹紧，同时在装夹后，就可以确定工件相对刀具或机床的位置，并比较方便地把工件坐标位置编入程序中。

6.5.3 实例思考

图 6-83 为在轴类零件上钻径向孔的通用可调夹具。该夹具可加工一定尺寸范围内的各种轴类工件上的 1～2 个径向孔。

图中夹具体 2 的上下两面均设有 V 形槽，适用于不同直径工件的定位。支承钉板 KT1 上的可调支承钉用作工件的端面定位。夹具体的两个侧面都开有 T 形槽，通过 T 形螺栓 3、十字滑块 4，使可调钻模板 KT2、KT3 及压板座 KT4 做上、下、左、右调节。压板座上安装杠杆压板 1，用以夹紧工件。

选择生产实际中适用于此夹具的钻径向孔的轴类零件，绘制零件图，并分析钻此零件时的夹具结构。

6.6 组合夹具

组合夹具是在夹具零部件标准化的基础上发展起来的一种新型的工艺装备，是一种标准化、系列化、通用化程度很高的机床夹具。

6.6.1 实例分析

(1) 实例

图 6-84 为法兰盘上钻 6×ϕ8mm 的径向孔工序图。

(2) 分析

图 6-85 为盘类零件钻径向孔分度组合夹具。它是由基础件 1、支承件 2、定位件 3、导向件 4、夹紧件 5、紧固件 6、其他件 7 和合件 8 组成的。

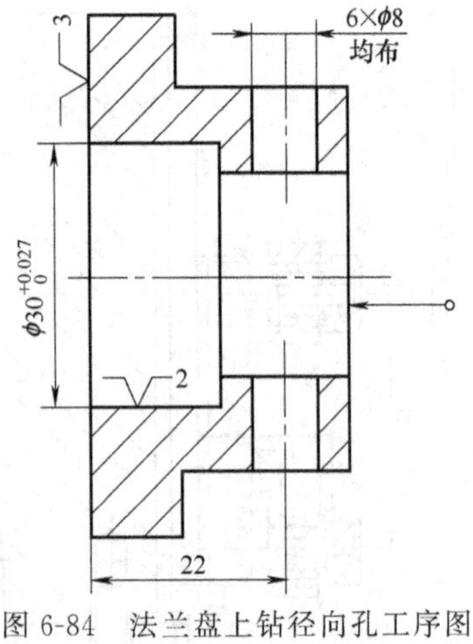

图 6-84 法兰盘上钻径向孔工序图

6.6.2 相关知识

(1) 组合夹具的特点

组合夹具由一套预先制造好的不同形状、不同规格、不同尺寸的标准元件和合件组装而成。它是根据工件的加工要求和设计专用夹具的原理组装出所需夹具，使用完毕，可方便地拆开元件，清洗干净入库，待下次组装新夹具时重复使用。

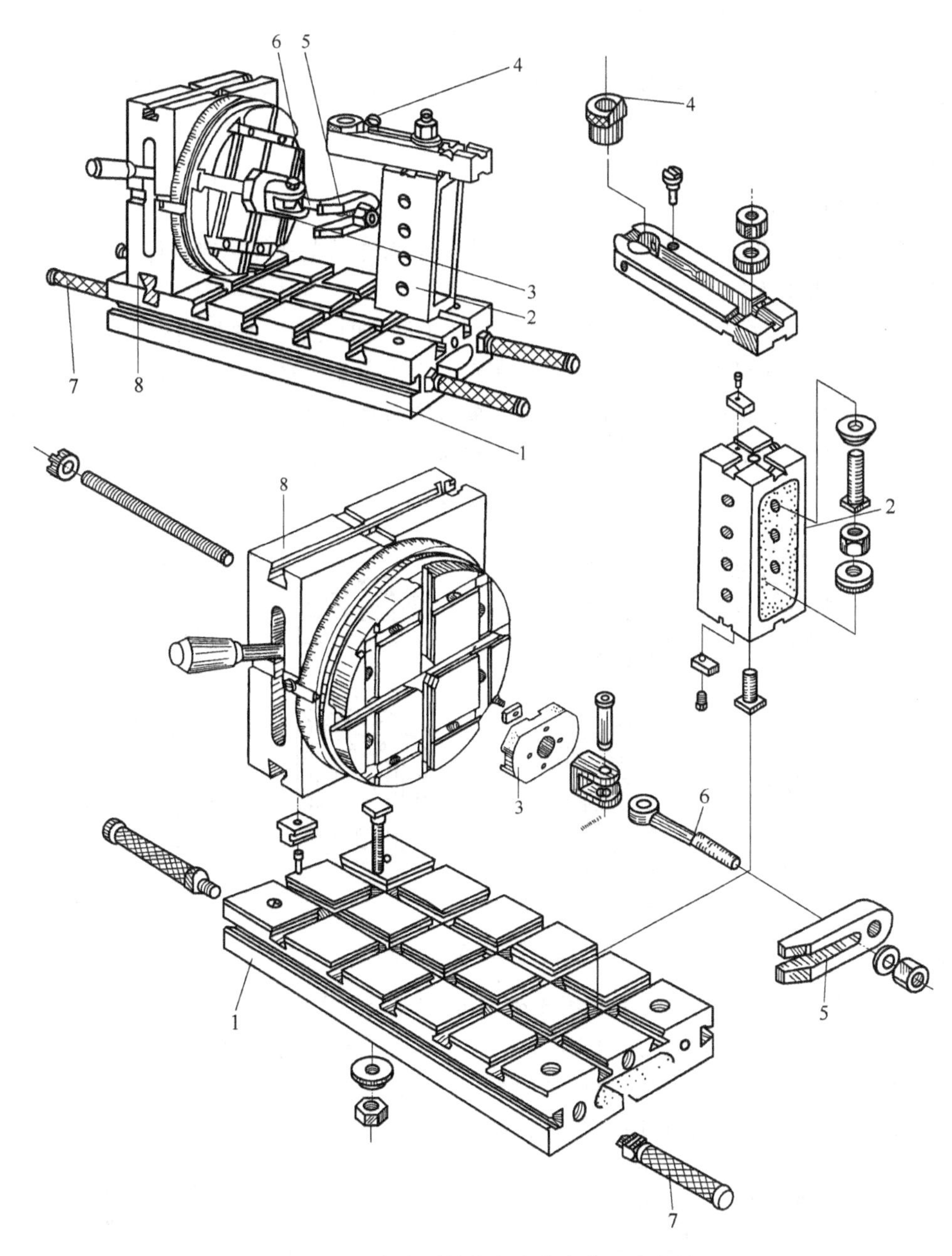

图 6-85　盘类零件钻径向分度孔组合夹具

1—基础件；2—支承件；3—定位件；4—导向件；5—夹紧件；6—紧固件；7—其他件；8—合件

组合夹具一般是为某一工件的某一工序组装的专用夹具，也可以组装成通用可调夹具或成组夹具。组合夹具适用于各类机床，但以钻模及车床夹具用得最多。

组合夹具把专用夹具的设计、制造、使用、报废的单向过程变为组装、拆散、清洗入库、再组装的循环过程。可用几小时的组装周期代替几个月的设计制造周期，从而缩短了生产周期；节省了工时和材料，降低了生产成本；还可减少夹具库房面积，有利于管理。

组合夹具的元件精度高、耐磨，并且实现了完全互换，元件精度一般为 IT6～IT7 级。用组合夹具加工的工件，位置精度一般可达 IT8～IT9 级，若精心调整，可以达到 IT7 级。

由于组合夹具有很多优点，又特别适用于新产品试制和多品种小批量生产，所以近年来发展迅速，应用较广。

组合夹具的主要缺点是体积较大、刚度较差、一次投资多、成本高，这使组合夹具的推广应用受到一定限制。

组合夹具有槽系和孔系两种。

(2) 组合夹具元件

按组合夹具元件功能的不同，可分为八大类：基础件、支承件、定位件、导向件、夹紧件、紧固件、其他件及合件。

① 基础件和支承件。基础件是组合夹具中尺寸最大的元件，它包括圆形、方形、矩形基础板和基础角铁四种结构，如图 6-86(a) 所示。它们主要用作夹具体，起夹具体的作用。

支承件是组合夹具的骨架，它通常在组合夹具中起承上启下的作用，把上面的其他元件通过支承件与下面的基础件连成一体。支承件有时可作为大型工件的定位件，当组装小夹具时，也可作为基础件，图 6-86(b) 为常用的几种支承件结构。

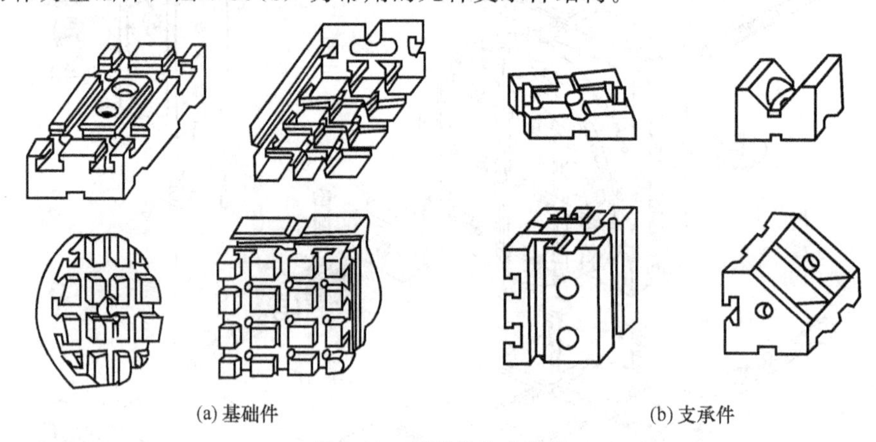
(a) 基础件　　(b) 支承件

图 6-86　基础件和支承件

② 定位件和导向件。定位件主要用于确定元件与元件之间或工件与元件之间的相对位置，还能提高组装强度和整个夹具的刚度，如图 6-87(a) 所示为几种定位件。

导向件是用来确定刀具与工件间相对位置，并在加工时起引导刀具的作用，它包括各种钻套、钻模板、导向支承等，如图 6-87(b) 所示。

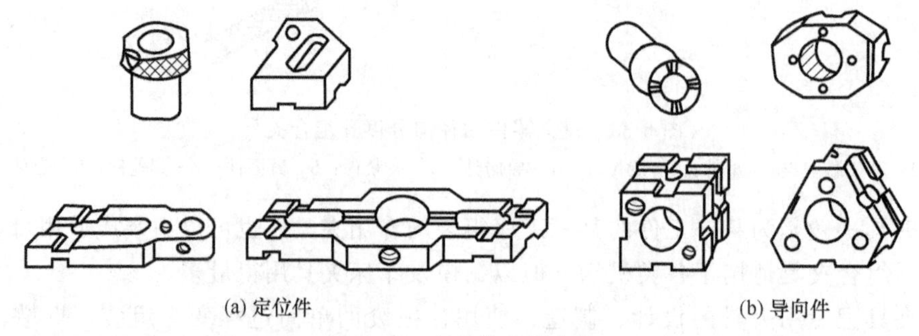
(a) 定位件　　(b) 导向件

图 6-87　定位件和导向件

③ 夹紧件和紧固件。夹紧件是指各种形状的压板，用于夹紧工件，如图 6-88(a) 所示。

紧固件是用来紧固组合夹具中的各种元件及紧固被加工工件，包括各种螺母、螺钉及垫圈等，如图 6-88(b) 所示。

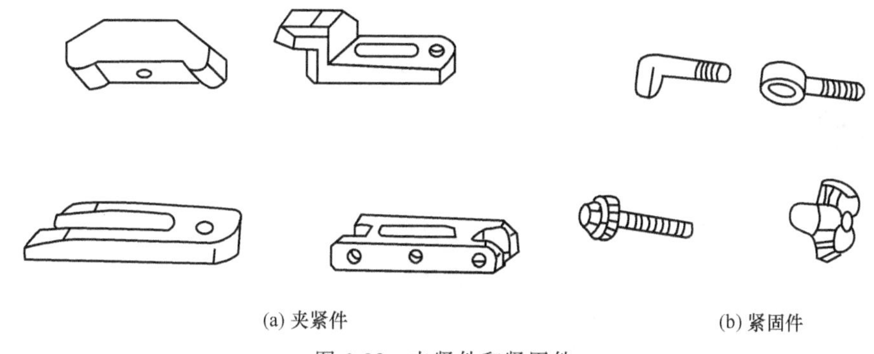

(a) 夹紧件　　(b) 紧固件

图 6-88　夹紧件和紧固件

④ 其他件和合件。其他件是以上六类元件之外的各种辅助元件，如图 6-89(a) 所示。

合件是由多种零件组合而成的，在装配过程中不拆散使用的独立部件。按其用途可分为定位合件、导向合件、分度合件、支承合件和夹紧合件等，如图 6-89(b) 所示。合件不仅使用方便，而且可以提高组装组合夹具的速度。

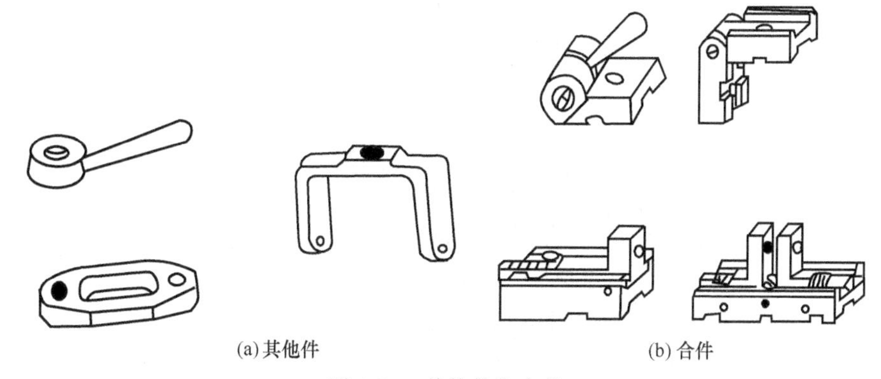

(a) 其他件　　(b) 合件

图 6-89　其他件和合件

随着组合夹具的推广和应用，为满足生产中的各种要求，出现了很多新元件和合件。例如密孔节距钻模板、带液压缸的基础板等。

组合夹具元件，为了适应工件外形尺寸需要，又分为大型、中型和小型三个系列。三个系列的主要区别在于外形尺寸和相应的螺钉直径、定位键宽度不同。目前应用较多的是中型系列。

6.6.3 实例思考

图 6-90 为车削管状工件的组合夹具，组装时选用 90°圆形基础板 1 为夹具体，以长、圆形支承 4、6、9 和直角槽方支承 2、筒式方支承 5 等组合成夹具的支架。工件在长、圆形支承 10、9 和 V 形支承 8 上定位用螺钉 11、3 夹紧。各主要元件由平键和槽通过方头螺钉紧固连接

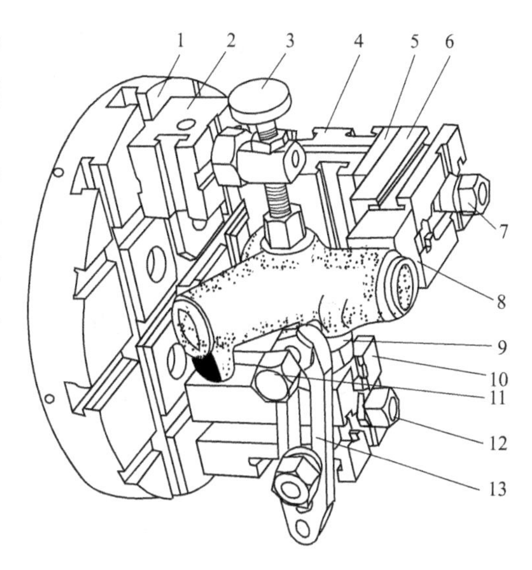

图 6-90　车削管状工件的组合夹具

1—90°圆形基础板；2—直角槽方支承；3,11—螺钉；4,6,9,10—长、圆形支承；5—筒式方支承；7,12—螺母；8—V 形支承；13—连接板

成刚体。

仔细阅读图 6-90，说明组合夹具的组成部分及其优缺点。

6-1 车床夹具的定位装置有什么设计特点？

6-2 车床夹具与车床主轴的连接方式有哪几种？

6-3 定位键起什么作用？它有几种结构形式？

6-4 如何确定铣床夹具对刀装置的位置尺寸及公差？

6-5 钻床夹具分哪些类型？各类钻模有何特点？

6-6 如何进行钻套的设计？

6-7 镗模支架的布置方式有几种？各适用什么场合？

6-8 镗套有几种？如何选用？

6-9 组合夹具有何优点？由哪些元件组成？

6-10 如图 6-91 所示为回水盖工序图。本工序加工回水盖上 2×G1 螺孔。加工要求是：两螺孔的中心距为 78mm±0.3mm。两螺孔的连心线与 ϕ9H9 两孔的连心线之间的夹角为 45°，两螺孔轴线应与底面垂直。试设计所需的车床夹具，对工件进行工艺分析，画出车床夹具草图，标注尺寸。

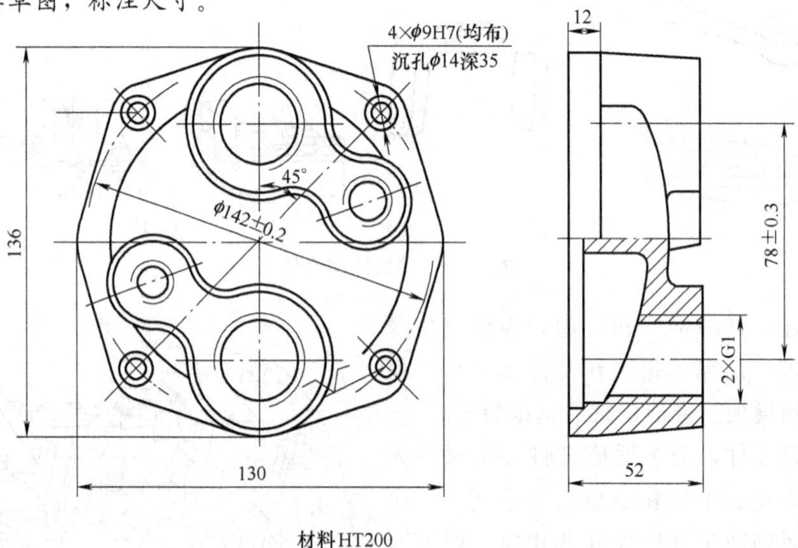

图 6-91 回水盖工序图

6-11 如图 6-92 所示为在杠杆零件上铣两斜面的工序图（铣削斜面如 A 向视图中粗线部分），工件形状不规则。孔 ϕ22H7 和其端面都已精加工过，设计所需的铣床夹具（画出草图）。

6-12 如图 6-93 所示为杠杆臂的工序图。孔 $\phi22^{+0.28}_{0}$ mm 及两头的上下端面均已加工。本工序在立式钻床上加工 $\phi10^{+0.10}_{0}$ mm 和 ϕ13mm 的孔，两孔轴线相互垂直，且与 $\phi22^{+0.28}_{0}$ mm 孔轴线的距离分别为 78mm±0.50mm 及 15mm±0.5mm。试对工件进行工艺分析，设计翻转式钻模（画出草图）。

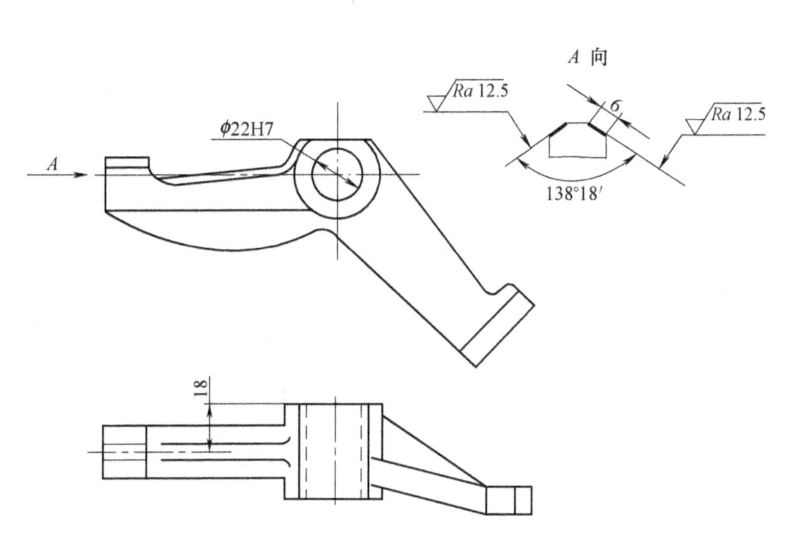

图 6-92　在杠杆零件上铣两斜面的工序图

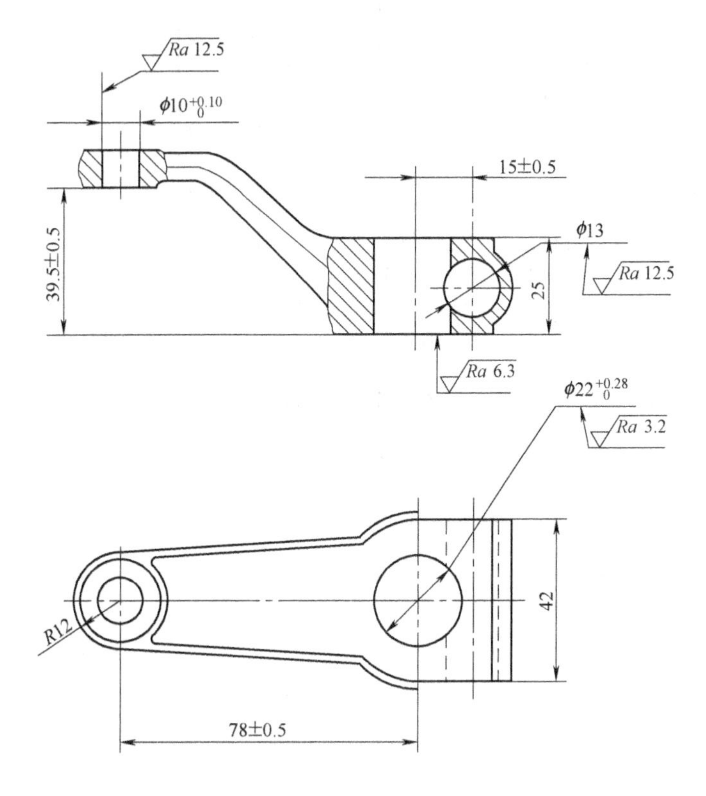

图 6-93　杠杆臂的工序图

6-13　图 6-94 为一减速箱箱体镗孔工序简图。需加工互为 90°的两组孔系，分别为 ϕ47H7、ϕ80H7 同轴孔和两端都为 ϕ47H7 的孔系，设计镗床夹具（画出草图）。

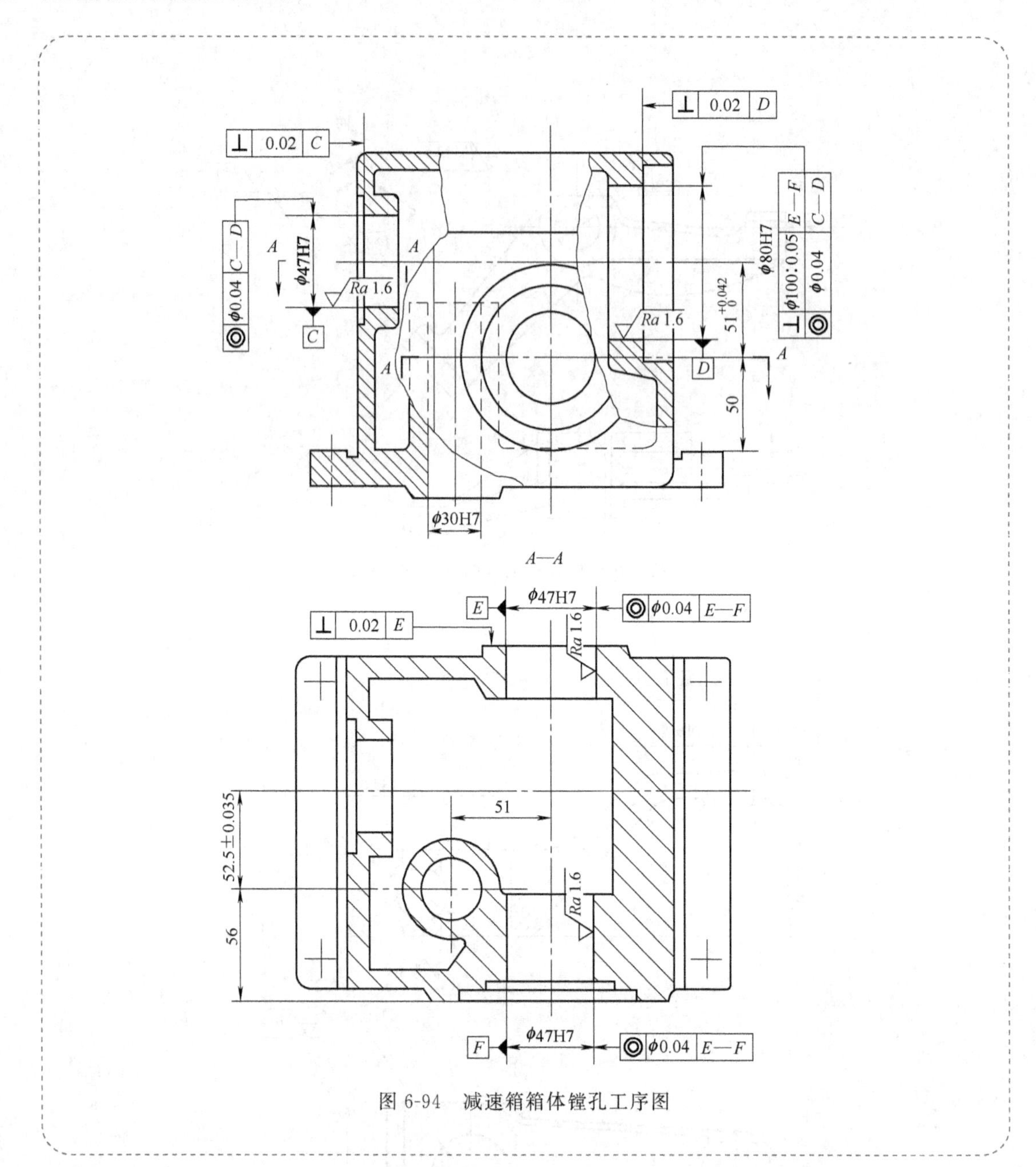

图 6-94 减速箱箱体镗孔工序图

参考文献

[1] 肖继德，陈宁平．机床夹具设计．第2版．北京：机械工业出版社，2006.
[2] 杨金凤，王春焱．机床夹具及应用．北京：北京理工大学出版社，2011.
[3] 王荣华．工艺装备设计．济南：山东科学技术出版社，1993.
[4] 吴拓．现代机床夹具设计．北京：化学工业出版社，2009.
[5] 杨黎明．机床夹具设计手册．北京：国防工业出版社，1996.
[6] 余光国．机床夹具设计．重庆：重庆大学出版社，1995.
[7] 白成轩．机床夹具设计新原理．北京：机械工业出版社，1997.